초음파탐상 실험실습

박익근 · 김철영 공저

▶▶ 실기 실습교재를 펴내며……

현재 비파괴검사에서 초음파탐상검사는 상당히 중요하다고 본다. 그 이유로는 이웃 나라 일본의 원전사고를 들 수 있다. 원전사고 후로 부터 방사능은 일본과 세계로부터 공포와 반감의 대상이 되고 있으며 일본에서는 방사선투과검사에 대한 규제가 더욱 엄격해졌으며, 대한민국도 이 부분에 공감하고 있어 방사선투과검사를 초음파탐상검사로 바꾸려는 움직임이 일어나고 있으며 현재도 바뀌어가고 있다.

이 교재는 위와 같은 상황에서 초음파탐상검사를 좀 더 쉽고 알차게 배우기 위해 초보자를 위해 만들어졌다. 또한 비파괴검사기술자들도 초음파탐상검사를 실시할 때 일반적이면서 공통적으로 필요한 사항에 한정하여 기술하고 있기 때문에, 특정대상물을 검사하는 경우 또는 특정의 검사방법을 적용할 필요가 있는 경우에는 각종 논문 및 관련 자료나 규격 등을 참고하여 검사 요령을 작성하고 실시해야 한다.

본서의 내용은 제1장에는 초음파탐상검사의 원리 및 기초, 제2장에서는 초음파탐상기 설치 및 조작방법, 제3장에서는 초음파탐상장치의 성능측정, 제4장은 수직탐상이고 수직탐상을 배운 후 제5장은 두께측정을 제6장은 경사각탐상이고 경사각탐상을 이용한 제7장은 각종 시험부제를 검사하는 내용이며 부록에는 KS B 0896과 0897이 수록되어 있다.

끝으로 이 책은 규격집과 서울과학기술대학교 박익근 교수님께서 저술하신 초음파탐상검사 실기실습 책의 도움을 받아 저술되어 저자님께 감사드리며 노드미디어 박승합 사장님께도 감사의 인사를 드립니다.

2013.

저자 씀.

차 례

제1장 초음파탐상검사란?

1) 초음파의 정의 ………… 13
2) 초음파의 발생 ………… 13
3) 초음파의 특징 ………… 13

1.1 초음파이론 요약정리 ………… 14
1) 입자의 변위 ………… 14
2) 입자의 파장 ………… 14
3) 반사와 통과 ………… 16
4) 굴절과 파형변이 ………… 17
5) 초음파의 음장 ………… 18
6) 음압 ………… 19
7) 공진현상 ………… 20

1.2 초음파 탐상기와 탐촉자 ………… 21
1) 장치의 구성 ………… 21
2) 탐촉자(probe, transducer) ………… 23
3) 초음파의 발생과 수신 ………… 23
4) 펄스폭(펄스 지속 시간) ………… 23
5) 진동자 재질 ………… 25
6) 탐촉자의 종류 ………… 26
7) 접촉매질(coleplant) ………… 30

1.3 시험편 ………… 31
1) 표준시험편(STB) ………… 31
2) 대비시험편(RB) ………… 34

1.4 초음파 탐상 방법의 개요 ········ 36
1) 초음파탐상법의 분류 ········ 36

제2장 초음파탐상기 설치 및 조작하기

1) 초음파탐상기의 구성 ········ 41
2) 탐상기 조작순서 ········ 42

제3장 초음파탐상장치의 성능측정

1) 증폭 직선성 ········ 59
2) 시간 축 직선성 ········ 61
3) 수직 탐상의 감도 여유 값 ········ 63
4) 수직 탐상의 원거리 분해능 ········ 65
5) 수직탐상의 근거리 분해능 ········ 66
6) 수직탐상의 추입범위 ········ 68
7) 경사각 탐상의 A1 감도 및 A2 감도 ········ 69
8) 경사각 탐상의 분해능 ········ 71

제4장 수직탐상

4.1 수직탐상의 기초 ········ 75
1) 결함의 검출방법 ········ 75
2) 결함위치의 측정방법 ········ 76
3) 탐촉자의 선정 ········ 76
4) 탐상방향의 선정 ········ 77
5) 검출레벨과 탐상감도 ········ 77
4.2 시간 축(측정범위)의 조정 ········ 79
4.3 반사원의 위치측정 ········ 86

4.4 지연에코의 확인 ···· 88

4.5 원주면 에코의 확인 ···· 91

4.6 에코높이의 측정 ···· 93

1) 결함크기와 에코높이 ···· 95

2) 결함까지의 거리와 에코높이 ···· 96

4.7 수직탐상의 응용 ···· 98

1) 종파의 음속 측정 ···· 98

2) 감쇠계수 측정 ···· 100

4.8 판재의 탐상 ···· 102

1) 탐상도형의 예 ···· 102

2) 감도보정의 필요성 ···· 104

3) 탐상순서 ···· 104

4) 결함의 평가 ···· 106

4.9 단강품의 탐상 ···· 107

1) AVG(DGS)선도에 의한 결함크기의 추정 ···· 107

2) 감쇠계수의 측정과 보정방법 ···· 110

제5장 두께측정

5.1 디지털 표시 초음파 두께계에 의한 방법 ···· 117

5.2 초음파탐상기를 이용한 두께측정 ···· 120

1) 수직탐촉자에 의한 방법 ···· 120

2) 2진동자 수직 탐촉자에 의한 방법 ···· 122

5.3 수직 탐촉자를 이용한 알루미늄 step-wedge의 가상두께 측정방법 ···· 123

1) 알루미늄 스텝웨지 측정 ···· 123

제6장 경사각탐상

6.1 경사각탐상의 기초 ······ 129

1) 결함위치의 측정방법 ······ 131

2) 탐상방향의 선정 ······ 133

3) 탐촉자의 선정 ······ 134

6.2 사각탐상의 교정 ······ 136

6.2.1 아날로그장비의 경우(USK-7S) ······ 136

1) 입사점 측정 ······ 136

2) 시간 축(측정범위)의 조정 ······ 138

3) 굴절각의 측정 ······ 140

6.2.2 디지털장비의 경우(Sitescan 150^{s}) ······ 142

1) "VEL" 교정절차 ······ 142

2) "ZERO" 교정절차 ······ 144

6.3 결함위치의 추정 ······ 145

6.4 에코높이의 측정 ······ 148

1) 결함의 크기와 에코높이 ······ 148

2) 거리진폭특성 곡선에 의한 에코높이구분선의 작성 ······ 150

3) 에코높이 구분선의 영역구분 ······ 156

4) 탐상감도의 조정과 검출레벨의 선정 ······ 157

6.5 결함의 평가 ······ 160

1) 결함지시 길이 측정 ······ 160

2) 결함높이의 측정 ······ 164

6.6 사각탐상의 응용 ······ 171

1) 용접부의 사각탐상(Ⅰ) ······ 171

2) 결과 및 고찰 ······ 175

3) 용접부의 사각탐상(Ⅱ) ······ 179

4) 결과 및 고찰 ······ 181

제7장 초음파탐상검사의 적용과 실제

7.1 맞대기 용접부 경사각탐상하기 ········· 185

1) 사용기재 ········· 185

2) 측정방법 ········· 185

7.2 T형 필릿 용접부 경사각탐상하기 ········· 192

1) 사용기재 ········· 192

2) 측정방법 ········· 192

7.3 곡률 시험체의 경사각탐상하기 ········· 197

1) 사용기재 ········· 197

2) 측정방법 ········· 197

[부록]

1 강 용접부의 초음파 탐상 시험 방법 (KS B 0896 ; 2014) ········· 203

2 알루미늄의 맞대기 용접부의 초음파 경사각 탐상 시험 방법 (KS B 0897 ; 2014) ········· 253

제1장 초음파탐상검사란?

1.1 초음파이론 요약정리

1.2 초음파 탐상기와 탐촉자

1.3 시험편

1.4 초음파 탐상 방법의 개요

제1장 초음파탐상검사란?

1) 초음파의 정의

소리(sound)란 탄성과 관성에 의해서 일어나는 진동의 전달한다. 즉, 공기라는 매질 속에서 공기 분자의 압력이 높은 부분과 낮은 부분이 번갈아 가면서 나타나는 진동이다.

① 음의 높고 낮음은 주파수와 파장과 관련(높은 음은 고주파수)되고, 강약은 진폭과 관련된다.

② 가청주파수는 20~20,000 회/초(Hz) 이며 초음파란 20,000Hz 이상의 음파를 말한다.

③ 초음파 탐상 실용가능한 주파수는 500kHz~10MHz 이다.

2) 초음파의 발생; 압전이라는 물질의 물리적 성질을 이용하였다.

① 압전효과는 기계적 에너지를 전기적 에너지로 또는 전기적 에너지를 기계적 에너지로 변형시키는 현상을 말한다.

② 최초의 압전 물질은 수정이며 수정은 종파를 발생시키는 X-cut진동자와 횡파를 발생시키는 Y-cut진동자가 있다.

3) 초음파의 특징

① 파장이 짧고 전자파에 비해 속도가 느리며 주파수와 파장은 반비례 관계에 있다.

② 지향성이 예민하고 물질내부에 전달이 쉽다.

③ 초음파의 성질 4가지로는 반사, 굴절, 회절, 간섭이 있고 종류에는 종파, 횡파, 표면파, 판파가 있다.

1.1 초음파이론 요약정리

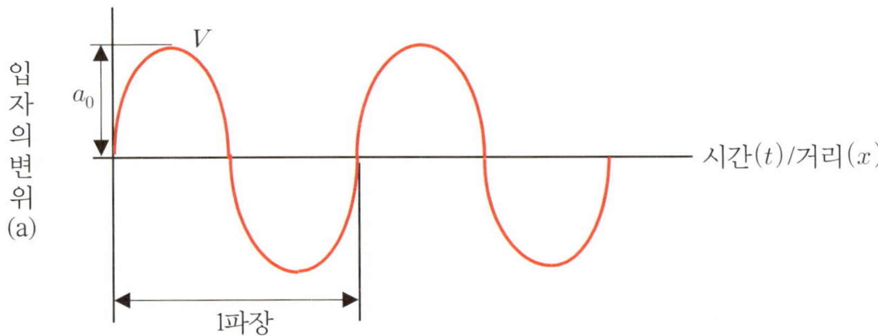

[그림 1.1] 음파의 sin 곡선

1) 입자의 변위

$$a = a_0 \sin 2\pi f t \quad \cdots\cdots (1\text{-}1)$$

① 식 1-1에서 a; 시간 t에서의 입자의 변위이고, a_0; 입자의 진폭이며, f; 입자의 진동주파수, t; 시간을 나타낸다.

② 매질에서의 기계적인 파동의 움직임을 나타내는 식으로써 일정한 시간 t에서 처음 여기된 입자로부터 떨어져 있는 입자들의 상태를 나타내주는 식은 $a = a_o \sin 2\pi f\left(t - \frac{x}{V}\right)$ 이다.

③ ②의 식에서 a: 기계적 파동이 진행하는 매질에서 처음 여기된 입자로부터 x 거리만큼 떨어져 있는 시간에서의 입자의 변위(displacement), a_0: 매질에서 입자의 진동크기와 같은 파의 진폭, V: 파의 진행속도이다.

2) 입자의 파장

$$\lambda = \frac{V}{F} \quad \cdots\cdots (1\text{-}2)$$

① 식 1-2에서 λ; 파장(wave length)으로서 Cycle이라고도 하며 입자가 완전한 1회의 진동 또는 궤도를 만드는 동안 진행된 파의 거리를 말한다.

ⓐ 속도에 비례하며 주파수에는 반비례한다.

ⓑ 파장이 짧아지면 감도는 증가하지만 투과력은 감소한다.

ⓒ 단위는 ㎜를 쓴다.

② V; 속도를 나타내고 초음파에서는 음속이라 한다.

ⓐ 단위는 ㎧이다.

ⓑ 음속은 각 매질에서 일정하며 파형 중 종파에서 가장 빠르다.

ⓒ 매질의 입자 농도와 매질의 탄성에 의해서 좌우된다(액체나 기체의 경우 음속 $C = \sqrt{\frac{K}{\rho}}$).

③ 파형에는 4가지가 있다.

ⓐ 종파; 압축파, 소밀파, 세로파, L파라고도 하며 고체, 액체, 기체 모든 물질에 존재하고 음파의 진행 방향에 수평으로 입자의 진동을 갖고 가장 빠른 파형이다.

ⓑ 횡파; 전단파, 수직파, 가로파, S파라고도 하며 고체에서만 존재하고 음파의 진행방향에 수직으로 입자의 진동을 가지며 음속은 종파의 1/2정도이다. 횡파를 이용하는 방법은 횡파는 고체에서만 전달되고 액체인 접촉매질 에서는 전달이 잘 안되므로 경사각 탐상에서는 종파를 파형변이에 의해 횡파로 변환시켜서 이용된다.

ⓒ 표면파; rayleigh wave라고도 하며 음속은 횡파의 90%정도이며 표면 1/4파장 이내에 에너지가 집중되는 특수한 파로서 표면을 따라 전달되어 물체의 표면 결함을 검출하는데 사용되고 1파장 정도 깊이를 투과하여 표면을 진행하는 파이고 수침법에서는 사용이 어렵다.

ⓓ 판파; Lamb wave라고도 하며 판의 두께가 3파장 이하의 얇은 박판의 결함 검출에 사용하고 초음파가 빔 파장의 반파장 이하의 두께를 통과하는 파동 양식이고 속도는 판의 두께 및 주파수에 따라 변한다. 그리고 파의 진행모양은 대칭형(S-mode)과 비대칭형(A-mode) 으로 나눈다.

④ F; 주파수(frequency)라 하며 일정한 시간에 이루어진 완전한 주기의 수를 말한다.

ⓐ 단위는 Hz(Hertz), CPS(cycle per second)이다.

ⓑ 초음파탐상에서 0.5~25㎒가 일반적으로 쓰며 가장 많이 쓰이는 것은 1~6㎒이다.

3) 반사와 통과

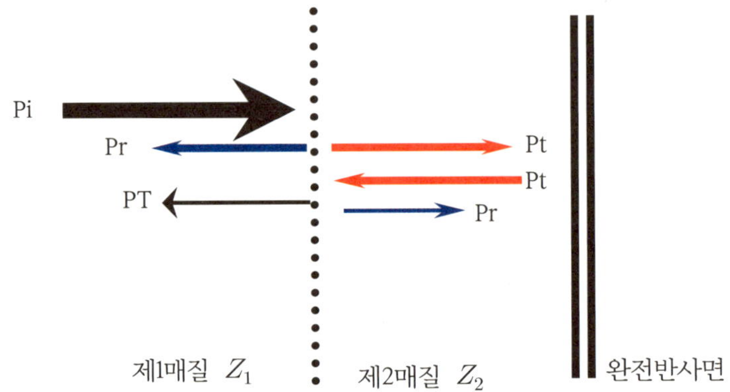

[그림 1.2] 수직입사시 반사와 통과

$$Z = \rho \times V \qquad \text{(1-3)}$$

① 식 1-3에서 Z; 음향 임피던스라 하며 음의 저항이라고 한다.

ⓐ 음의 반사와 통과의 량을 결정하며 Z의 차가 크면 반사의량이 크다.

ⓑ 음향 임피던스의 단위는 kg/㎡s 또는 g/㎠s 이다.

② r; 반사율이며 음압에 관련된다.

ⓐ $r = Pr/Pi = (Z_2 - Z_1)/(Z_1 + Z_2)$이다.

ⓑ Pi은 입사 시 음압이며 Pr은 반사 시 음압이고, Z_1은 제1매질의 음향임피던스이고 Z_2는 제2매질의 음향임피던스이다.

③ t; 통과율이며 음압에 관련된다.

ⓐ $t = Pt/Pi = (Z_1 - Z_2)/(Z_1 + Z_2)$이다.

ⓑ 통과율은 1매질에서 2매질로의 통과율($t_{1\to2}$)과 2매질에서 1매질로의 통과율($t_{2\to1}$)이 있다.

④ T; 음압 왕복 통과율이고, $T = PT/Pi = t_{1\to2} \times t_{2\to1} = 1 - r^2 = 4Z_1Z_2/(Z_1 + Z_2)^2$ 이다.

4) 굴절과 파형변이

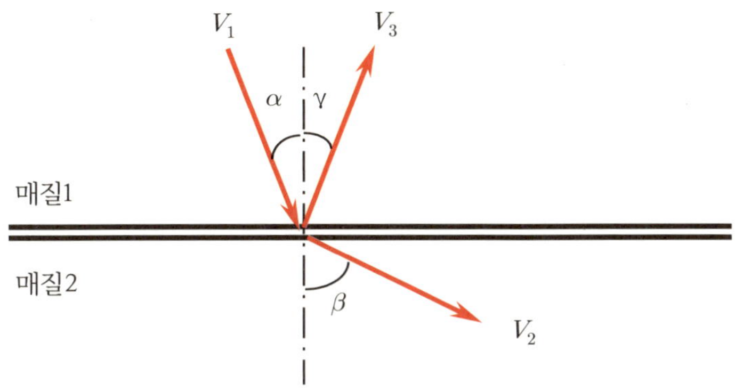

[그림 1.3] 반사와 굴절

$$\frac{V_1}{\sin\alpha}=\frac{V_2}{\sin\beta}=\frac{V_3}{\sin\gamma} \qquad \text{(1-4)}$$

① 스넬의 법칙(Snell's law)

ⓐ 입사각에 따라 다른 파로 변형되어 굴절되는 현상이 나타나는 굴절의 법칙이라 한다.

ⓑ 매질이 굴절과 반사 시 고체일 경우에는 횡파와 종파 모두 존재할 수 있다.

② 임계각; 굴절각이 90˚가 되어 표면과 같아질 때의 입사각이다.

ⓐ 입사각의 범위에 따라 파의 형태가 변하는데 제1임계각(종파의 임계각)에서는 굴절된 종파를 크리핑 파(creeping wave)라 한다.
공식은 $\sin\alpha/\sin 90^\circ = V_1/V_2$(단 V_2 = 종파의 속도)

ⓑ 제2임계각은 횡파의 굴절각이 90˚가 되어 매질의 표면 또는 계면에 평행하게 흐를 때의 입사각이라 하며 제2임계각(횡파임계각)이 되면 시험체에 표면파가 나타나고 제1임계각≤입사각 <제2임계각의 범위에서는 시험체내에는 횡파가 존재한다. 이때의 입사각이 제2임계각 이상이 되는 입사각일 때는 종파, 횡파 모두 전반사된다.
공식은 $\sin\alpha/\sin 90^\circ = V_1/V_2$ (단 V_2 = 횡파의 속도)

5) 초음파의 음장

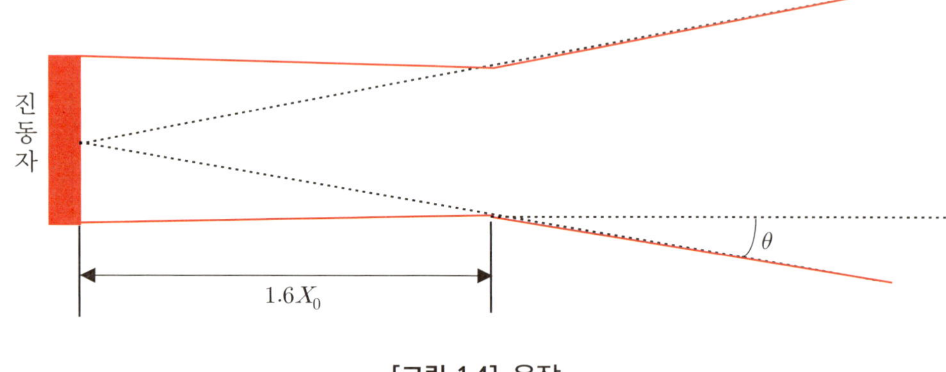

[그림 1.4] 음장

$$X_0 = \frac{D^2}{4\lambda} = \frac{FD^2}{4V} \quad \cdots\cdots (1\text{-}5)$$

① 식 1-5에서 X_0는 근거리 음장(near field, fresnel zone) 한계 거리이다.

ⓐ 음장에는 근거리 음장, 원거리 음장(far field, fraunhofer zone)이 있다.

ⓑ 근거리 음장 영역에서는 불감대의 영역이 포함되며 불감대 영역에서는 결함검출이 되지 않는다.

ⓒ 근거리 음장 영역에서는 간섭현상으로 증폭과 소실 영역으로 구분되고 매우 복잡한 형태의 음역이며 에코(echo)의 크기로 결함의 크기를 판단할 수 없다.

ⓓ X_0는 진동자의 크기가 클수록, 주파수가 클수록, 파장이 짧을수록 길어진다.

ⓔ 원거리 음장은 근거리 음장 밖의 영역이고 X_0의 1.6배 이상이고 거리의 배가 되면 음압은 반으로 된다.

ⓕ 원거리 음장에서 지시의 강도가 지수함수적으로 감소한다. 그 이유는 감쇠(attenuation)와 분산(beam spread)이고 감쇠원인은 산란과 흡수이다.

② D ; 진동자의 직경이고 초음파검사 시 여러 가지 부분에 관련된다.

$$\theta = 70\frac{\lambda}{D} \fallingdotseq \sin^{-1}1.22\frac{\lambda}{D} = \sin^{-1}1.22\frac{V}{FD} \quad \cdots\cdots (1\text{-}6)$$

③ 식 1-6에서 θ는 지향각 이며 거리가 멀어짐에 따라 음이 퍼지는 현상을 말한다.

ⓐ 원거리음장 영역에서 나타나며 각형 진동자의 경우 상하방향과 좌우방향의 지향각이 달라진다.

ⓑ 재질이 두꺼울수록 저주파수를 사용하고 재질이 얇을수록 고주파를 사용한다.

지향각 $\psi = 57 \times \dfrac{\lambda}{2a}$ (a: 가로, 세로 중 긴쪽) → 각형

상하방향의 지향각 $\psi = 57 \times \dfrac{\lambda}{H}$ 　좌우방향의 지향각 $\psi = 57 \times \dfrac{\lambda}{W}$

(H: 진동자의 높이, W: 진동자의 폭)

④ 원형 진동자의 지향성은 초음파가 어느 각도 범위 안에서 강하게 방사되는 것을 말한다. (주파수가 높고 진동자가 클수록 분산이 작고 중심축으로 집중된다.)

⑤ 원형 진동자의 직경(D)이 클수록 또는 파장(λ)이 작을수록 $\theta_{\circ}$ 지향각은 작아져서 지향성이 예민하다.

⑥ 지향계수(D_C)는 중심축상의 음압을 1이라 할 때 그 주변의 어떤 각도로 퍼져 나가는 음파의 음압을 나타내는 것이고 지향각은 지향계수가 0이 되는 음파의 퍼짐 각도이다.

⑦ 실효 지향계수$(D_C)^2$은 실제 탐상에서 송신을 수신음파로 바꾸는 지향계수의 곱이다.

⑧ 실효 지향각은 반사지시가 중심음파의 반사지시에 비해 1/2 되는 지향각이다.

$\theta = 29 \times \dfrac{\lambda}{D}$ (D: 진동자의 직경)

각형 진동자의 실효 지향각 $\theta = 25 \times \dfrac{\lambda}{2a}$

6) 음압

$$P_X = 2P_0 \sin \frac{\pi D^2}{8\lambda X} \quad \cdots\cdots \textbf{(1-7)}$$

① 식 1-7에서 P_x는 거리 x에서의 음압이다.

ⓐ $X \geq 4X_0$(원거리 음장)

$$P_X = P_0 \times \frac{A}{\lambda X} = P_0 \times \frac{\pi D^2}{4\lambda X} = P_0 \times \frac{\pi X_0}{X}$$

(P_X: X만큼 떨어진 거리에서의 음압, P: 평균 음압 $A = \dfrac{\pi D^2}{4}$: 진동자의 면적)

ⓑ 음압은 진동자의 면적에 비례하고 거리에 반비례한다.

ⓒ $X \le 4X_0$(근거리 음장)

$P_X = 2P_0 \times \sin \dfrac{A}{2\lambda X}$

(A: 진동자의 면적, X: 반사원까지 거리, D: 원형 진동자의 직경, λ: 파장)

② 초음파의 감쇠는 음압뿐 아니라 물체 내부로의 입사시와 물체 중의 진행시 손실되어 음파의 세기가 떨어진다. 손실 값에는 전이손실, 산란감쇠, 반사손실, 확산손실, 초음파 흡수 등이 있다.

③ $P = P_0 e^{-\alpha x} \ln(P/P_0) = -\alpha x \ln(P_0/P) = \alpha x$에서 $\log x = 0.434 \ln x$, $1Np/\text{cm} = 8.68dB/\text{cm}$

αx = (8.68/0.434) log(P_0/P) = 20 log(P0/P)

감쇠계수 α=20 log(P_0/P)/x(dB/㎝)= ln(P_0/P)/x(Np/㎝)

④ 위의 감쇠계수 식에서 알 수 있듯이 음압의 비, 전압의 비, 에코높이의 비 등 일반적으로 두 개의 수치의 비를 대수를 써서 수치를 축소시켜 표시하는 단위를 데시벨(dB)이라 하고 식으로 표현하면 $dB = 20\log\left(\dfrac{Q}{P}\right)$이다.

7) 공진현상

$$T = \frac{\lambda}{2} = \frac{V}{2F} \quad \cdots\cdots \quad (1\text{-}8)$$

① 공진 현상은 음파의 왕복진행 시 입사파와 반사파의 간섭현상에 의해 음의 세기가 커지는 것을 말한다.

② 공진(resonance)은 재질의 두께가 투과된 연속 종파 파장의 1/2인 경우에 일어나며 이 공진 원리를 이용하여 재질 두께 측정한다.

③ 재질 두께는 기본 공진 주파수 파장의 1/2이므로 재질 두께(T) = $\lambda/2$이다.

④ 공진은 여러 주파수에 대하여 재질의 특징 두께에서 일어나며 이러한 주파수를 기본 공진 주파수와 관련하여 조화주파수라하며 연속종파 오실레이터를 통해 탐촉자에 에너지를 부여한다.

⑤ 공진법은 두면이 평행한 재질의 두께 측정 및 표면과 평행한 불연속부의 측정에도 사용한다.

1.2 초음파 탐상기와 탐촉자

1) 장치의 구성

탐상기, 탐촉자, 케이블, 접촉 매질, 시험편으로 구성된다.

① 탐상기의 기본 구조

ⓐ 송신부: 전기 펄스(Pulse)파 발생한다. 즉 진동자가 진동하도록 진동자에 전기적 펄스를 보내는 곳이다. 수백V의 전압이 발생하지만 송신중 소요 전력은 10Kw정도 평균 0.5W 이하가 되며 전기 펄스의 세기가 클수록 진동자의 진동이 강해지며 음파의 세기가 강해지고 펄스의 발생을 도와주는 역할을 하는 회로인 펄스 동조 회로가 있다.

ⓑ 탐촉자: 전압을 초음파로 바꾸고 결함 등의 에코 음압을 수신하며 전압으로 변환한다.

ⓒ 수신부: 결함에코에 의해 진동자에 발생하는 전압은 수mV정도이므로 검출된 전압을 증폭시킨다. 수신부에서 Rejection은 임상 에코 등 잡음 에코를 식별하며 증폭 직선성이 없어지므로 주의한다. 아나로그 방식(탐상도형 전체를 화면 밑으로 끌어내리는 것을 말하고 에코높이가 부정확해지고 높이가 낮아진다)과 디지털 방식(기준을 설정하고 그 보다 낮은 에코들은 제거하고 에코높이가 부정확해지는 단점을 보완했다)이 있다. 또한 Filter는 파형을 평활하게 하며 동일 종 시험체의 대량 검사에 편리하지만 분해능이 나빠진다.

ⓓ CRT 브라운관: 검출 신호를 육안으로 볼 수 있게 한다.

ⓔ 시간축부는 브라운관의 Spot를 수평에서 등속도로 움직이기 위한 전압을 만든다. 화면상에 탐상 도형을 나타내주는 곳으로 수신되는 음파지시를 화면상에 나타내주는 회로이다. 다음은 시간축부에 관계된 것이다.

- 측정 범위 손잡이(Sweep length): 거친 조정 손잡이라고 하며 화면에 나타낼 수 있는 시험체 중의 거리를 단계별로 조정한다.
- 음속 손잡이는 화면상의 거리 범위를 미세하게 조정하게 조정하며 미세 조정 손잡이라고 한다.
- 소인 지연 손잡이(Sweep delay): 거리 범위를 변화시키지 않고 화면 전체를 좌우로 이동시키는 손잡이라고 한다.

ⓕ 동기부(Timer)는 모든 탐상기의 상태를 시간적으로 조정하는 제어 장치이다.

- 초음파 송신 수신이 시간적으로 정확히 발생하도록 제어하며 1초 동안 펄스가 발생하는 횟수를 펄스 반복 주파수라 한다.
- CRT 화면의 수평축은 시간축이라 하며 어떤 반사지시가 있을 경우 반사원 까지 음파가 왕복이 진행하는데 걸린 시간 또는 반사원 까지 거리를 말한다. CRT 상의 한 점에 오른쪽으로 이동하면서 한 개의 선의 형태로 탐상도형을 나타내게 되는데 이러한 선을 소인선(Sweep line)이라 한다.

ⓖ 전원부는 탐상기 내부의 여러 회로에 전력을 공급한다.

ⓗ 보조회로부는 다음과 같다.

- Gate 회로는 결함 에코만을 나타내기 위해 게이트(Gate)를 사용한다.
- DAC 회로는 거리 진폭 보상회로(Distance Amplitude Conpen Sation)라 하며 동일크기의 결함에 대해서 거리에 관계없이 동일한 에코 높이를 갖도록 전기적으로 보정 하는 회로이다.

ⓘ 기타 부속 회로: 기록기 등

② 탐상기의 성능

ⓐ 증폭 직선성(amplitude Time): 입력에 대한 출력의 관계가 정비례 관계가 되는 정도를 말하고 측정 방법에는 표준 시험편을 측정 방식과 의사 신호 발생기가 있다.

- STB-G V_{15-4} 이용하면 에코높이 100%에 맞춘 다음 6dB씩 낮춰서 24dB 내리고 그 다음까지 진행하고 다시 30dB까지 낮춘 다음 CRT상의 에코존재 여부를 확인한다.
- STB - G V_1, $V_{1.4}$, V_2, $V_{2.8}$, V_4, $V_{5.6}$, 을 이용하면 면적이 2배 증가함에 따라 에코높이가 2배 증가하는가 확인한다.

ⓑ 시간축 직선성(Horizontal linearity): 화면상에 반사 에코의 나타나는 위치가 반사원의 실제 위치와 동일한지에 대한 성능이다.(측정방법에는 저면 다중 반사법이 있다.)

ⓒ 분해능(resolution): 인접한 2개의 결함을 분리 할 수 있는 능력을 말하며 펄스에너지가 증가하거나 댐핑이 작을수록 펄스폭이 커져서 분해능이 떨어진다.(※탐촉자의 성능이기도 한다.)

- 수직탐촉자의 분해능; STB-A1, 사각탐촉자의 분해능; STB-A2

ⓓ 감도 여유치: 탐상기, 탐촉자 양쪽의 특성에 의해 좌우. 탐상이 가능한 최대 증폭치와 최소 증폭치간의 차를 말한다.

ⓔ 송신부의 성능측정, 감도, 안정성이 있다.

2) 탐촉자(probe, transducer)

진동자 두께 역시 탐촉자 주파수와 관계가 있으며 고주파 탐촉자는 진동자가 얇다.

① 고주파 탐촉자는 접촉법에서는 깨지기 쉬워 수침법에서 많이 사용한다.

② 접촉법 0.5~10MHz , 수침법 10~25MHz 주파수를 사용한다. 고주파란 수침법 10MHz, 접촉법6MHz이다.

3) 초음파의 발생과 수신

전기펄스(pulse)은 탐상기에서 진동자에 가해지는 순간적인 전기에너지가 계속진동자에 가해지는 것이 아니라 잠깐 동안만 진동자에 보내진다.

전기펄스 ⇒ 진동자 진동 ⇒ 진동 정지 ⇒ 반사음파 복귀 ⇒ 다시 진동자 진동 일련의 과정이 1/1,000초 이하의 순간 동작

4) 펄스폭(펄스 지속 시간)

그림 1.5에서와 같이 전기 펄스가 중단되고 나서도 관성에 의해서 진동의 세기가 0이 될 때까지 진동은 지속된다. 이때 진동의 시작점에서부터 최대 강도의 1/10 이하가 되는 첫 번째 진동이 시작점까지의 거리 또는 시간을 말한다.

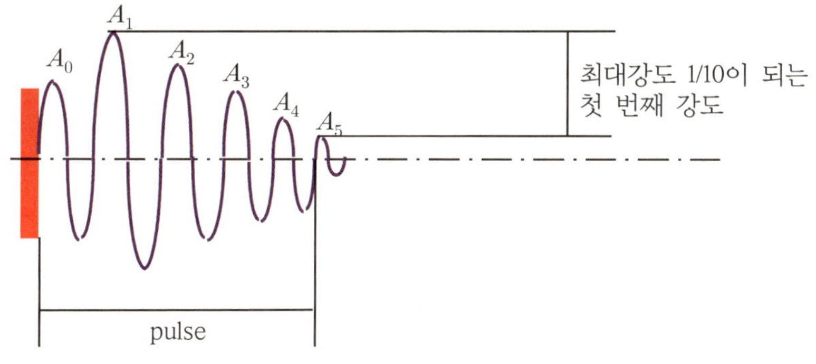

[그림 1.5] 펄스파

① 펄스반복주파수(P.R.F)는 1초간에 수십~1천회 정도의 펄스를 발생하는데 그 신호의 빈도를 말한다.

② 펄스전압을 높이면 초음파펄스는 세게 되고, 에코도 높아진다.

③ 펄스폭이 작을 경우 두 개의 펄스가 구분되지만, 펄스폭이 크면 시간적으로 겹쳐 구분하기가 힘들다. 즉 분해능이 떨어진다.(탐촉자의 중요 성능)

④ 진동자의 한 번의 진동에 의해 생긴 것을 한 개의 음파라 하고 한 번의 전기 펄스에 의해 생긴 한 무리의 음파를 펄스라 하며 전기 펄스와는 의미가 다르다.

⑤ 펄스폭의 조정은 댐핑(damping)에 의하여 진동자 뒷면에 댐핑재(damper)를 부착하여 진동자의 진동을 억제하여 펄스가 지속되는 시간이고 펄스폭을 줄인다.

⑥ 댐퍼가 진동을 억제하는 정도를 댐핑 상수 (δ)라 하면 인접하는 음파간의 진폭의 비로서 $\delta = A_1/A_2 = A_2/A_3$ …… 나타낸다. 즉 A_1/A_2의 값이 크다는 것은 A_1에 비해 A_2의 진폭이 그 만큼 작다는 것을 의미하며 그것은 진동이 많이 억제되어 다는 것을 의미하며 이 진동 억제에 의해서 펄스폭은 점차로 줄어들게 된다.

⑦ 음파의 세기가 최고인 주파수를 진동자의 공진 주파수라 하는데 이 공진 주파수 근처에서 주파수 변화에 따른 음파의 강도 변화정도를 Q 값이라 하며 주파수 분석 곡선의 기울기를 나타낸다.

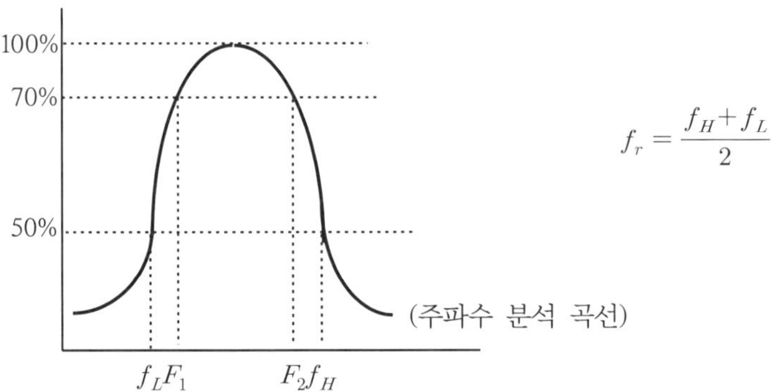

$$f_r = \frac{f_H + f_L}{2}$$

[그림 1.6] 주파수 분석곡선의 대역폭과 공진주파수

- $Q = \dfrac{f_r}{B} = \dfrac{fr}{(f_H - f_L)} = \dfrac{\pi}{\ln\delta}$ $\quad f_r$: 공진주파수

- B(대역폭, bandwidth): 최대강도의 70%(ASME) 이상이 되는 강도에서의 주파수 범위를 말한다.($B = F_2 - F_1$)KS ⇒ 50% 이상.

표 1.1 댐핑과 주파수

댐 핑	펄스 폭	강 도	주파수 분석 곡선의 기울기 Q값	대역폭 (B)	분해능
클수록	작아진다.	떨어진다.	작아진다.	커진다.	높아진다.
작을수록	커진다.	높아진다.	커진다.	작아진다.	떨어진다.

주파수 \ 분류	펄스폭	분해능	감도
고 주파수	짧다.	증가한다.	증가한다.
저 주파수	길다.	감소한다.	감소한다.

5) 진동자 재질

① 수정(Quarts)

- 특 징: 진동자의 모형은 육각형을 사용하고 수정진동자를 이용 시 X-Cut 과 Y-Cut 결정이 있으며, X-Cut 결정은 Z축과 Y축은 결정면에 위치하며 X축은 결정과 수직인 방향에 존재한다. 주로 종파에서 발생에 사용된다.
  Y-Cut 결정은 Z축과 X축은 결정면에 위치하며 Y축은 결정과 수직인 방향에 존재한다. 주로 고체에서 횡파 및 표면파 발생에 사용된다.
  대부분의 천연 결정체는 종파를 만들기 위해 X-Cut결정이 사용되며, 횡파는 사각탐촉자를 사용해서 X-Cut결정의 진동 양식의 변환에 의한 종파를 횡파로 변환하여 사용된다.

ⓐ 장 점: 기계적 전기적 화학적으로 안정성이 우수하다.
액체에 용해되지 않는 불용성이다.
수명이 매우 길고 단단하며 내마모성이 좋다.

ⓑ 단 점: 송신효율이 여러 진동자 재질 중 가장 나쁘다.
진동 양식의 간섭을 받는다.
낮은 주파수에서 고전압에 요구된다.

② 황산리튬(Lithium sulphate)

ⓐ 장 점: 수신 효율이 가장 좋은 재질이다.
음향 임피던스가 낮아 수침용으로 적당하다.
내부 댐핑이 커 분해능 증가시킬 수 있고 수명이 길다.

ⓑ 단 점: 깨지기 쉽다.
수용성이라 수침용으로 사용 시 방수처리를 해야 한다.
165˚F (74℃) 이하에서 사용해야 하는 온도 제한이 있다.

③ 티탄산바륨계(Barium titanate)

- 특 징: 순수 티탄산바륨 퀴리점(진동자의 결정 형태가 변하여 압전 현상이 일어나지 않게 되는 온도를 말한다.)은 130℃ 정도이고 실제 사용 온도는 80℃ 정도에서 순수한 것은 거의 만들지 않고 Ca가 Pb를 더 첨가하나 것이나 지르콘 티탄산 납을 쓰며 지르콘 티탄산 납은 일명 PZT라고도 하며 티탄산납과 지르콘산 납을 약 반반씩 섞은 것으로서 큐리점이 약 350℃에 달해 고온용으로도 사용된다.

ⓐ 장 점: 송신 효율이 가장 좋은 재질이다.
낮은 전압에서 작동되며 습기 등의 영향이 없다.

ⓑ 단 점: 내마모성이 낮아 수명이 짧다.
약간의 진동 양식의 간섭을 받는다.

④ 니오비움산납(Lead Metaniobate)

ⓐ 장 점: 내부 댐핑이 높아 고 분해능 형 탐촉자로 적합하다.

ⓑ 단 점: 깨지기 쉬워 고주파수에는 부적당하다.

⑤ 니오비움산리튬(Lithium Niobate)

초고온용으로 1,200℃에서도 압전효과를 유지하며, 분해능이 떨어진다.

⑥ 극성자기 진동자

- 특 징: 수정진동자를 대신하여 사용되며 도자기를 제조하는 방법과 동일하게 탐촉자의 용도에 맞추어 분말형태에서 적절한 화학물질을 첨가하여 혼합한 후 가열하여 제조한다.

ⓐ 장 점: 초음파에너지의 가장 효과적인 송신자로써 낮은 전압에서 작동이 되며, 비교적 고온에서도 사용할 수 있다.

ⓑ 단 점: 압전성질에 경년변화가 있고, 쉽게 마모되며, 파형변환이 심하다.

6) 탐촉자의 종류

① 수직 탐촉자

음파를 물체 표면에 수직으로 입사시키기 위해 사용된다.

ⓐ 표준형: 일반적으로 사용하며 보호막이 있는 경우와 없는 경우로 나누며 보호막(Proected gace)은 마모가 쉬운 진동자를 보호하기 위해 일반적으로 알루미나계 자기나 내마모성이 좋은 경질 보호막이나 합성수지와 같은 연질보호막을 사용한다.

- 성능 측정법: 빔 중심축의 편심과 편심각과 송신펄스 폭

ⓑ gap탐촉자: 수직 탐촉자의 일종으로 진동자와 시험체 사이에는 0.3~0.8mm 정도의 간격(gap)있다.

ⓒ 분할형(dual transducer): 이진동자 수직 탐촉자라고도 하며 송신 및 수신 진동자가 따로 있는 경우이다.

- 진동자: 표면간의 거리가 길어 송신 펄스에 이한 불감대(deal zone)가 없어진다.
- 표면 직하의 결함까지도 찾을 수 있다.
- 초점(focus)에 위치한 결함의 검출에 유용하여 얇은 판재나 표면직하의 결함을 검출하는 데 주로 사용한다.
- 초점을 벗어나면 오히려 에코가 낮아진다.
- 성능측정법: 표면 에코레벨, 거리진폭특성 및 N1감도 및 빔 폭

ⓓ 광대역탐촉자(broadband transducer): 고 분해능형 탐촉자라고도 한다.

- 보통 내부 댐핑이 큰 니오비움산납이나 황산리튬 진동자를 사용한다.
- SN비가 커지므로 탐상이 용이해진다.
- 성능측정법: 펄스폭

ⓔ 집속형 탐촉자(immersion transducer): 평면 진동자를 사용하면서 오목형의 음향 렌즈를 부착하거나 구형의 진동자를 부착한 것이다.

- 소리의 경우에는 오목렌즈일 때 접속한다.
- 고체인 렌즈는 액체인 매질 보다 속도 빠르므로 스넬의 법칙에 의해 굴절파의 굴절각이 입사각보다 작아진다.
- 작은 결함의 검출이나 결함의 위치 등을 정확히 측정하고자 할 때 많이 사용된다.
- 성능측정법: 집속범위 및 빔 폭

ⓕ 지연재형 탐촉자(delay line transducer)

- 탐상면이 거칠어 초음파의 전달률 변화가 심해 에코 높이 변화가 심할 때 초음파의 탐상면에 대한 영향을 최소로 줄여 준 것이다.
- 고온의 재료에 사용할 때 진동자의 온도에 의한 영향을 줄여준다.

ⓖ 모자이크형 탐촉자(paint brush)

- 균일한 감도 유지 위해 빔의 강도가 일정하다.
- 탐촉자가 매우 커서 짧은 시간에 넓은 면을 탐상 할 때 사용한다.
- 한 개의 탐촉자 안에 수십 개의 진동자로 구성된다.

② **경사각 탐촉자(angle beam probe)**

음파는 접촉 매질(액체)를 통해 시험체 내로 입사하므로 입사파는 항상 종파이어야 하며 종파는 굴절하여 횡파로 파형 변환이 일어난다. 보통 사각 탐상에서는 파형 변환에 의해 생성된 굴절 횡파만 사용된다.

ⓐ 표준형: 일반적으로 사용하며 쐐기(wedge)는 음파를 경사지게 보내기 위해 진동자를 올려놓기 위한 것이며 일반적으로 주로 아크릴 사용한다.(이유로는 가공이 용이하며, 아크릴의 종파음속이 강중의 횡파음속과 비슷하고, 음파의 감쇠가 적다.)

- 입사각이 30~55°일 때 굴절각이 38~75°가 되어 음압 왕복 통과율이 가장 크고 사각탐상에 매우 적합한 각도가 된다.
- 겉보기크기 H_2는 진동자가 굴절각에 의해 실제 크기보다 작게 보이는 것이다.

$$H_2 = H_1 \times \frac{\cos\theta}{\cos\alpha} = H_1 \times \frac{\cos\theta}{\sqrt{1-(\sin\theta \times \frac{C_{1L}}{C_{2S}})}}$$

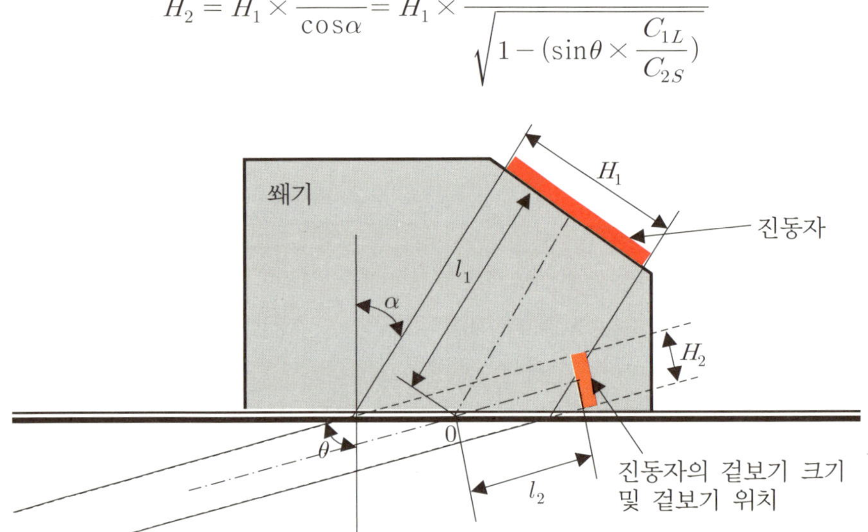

[그림 1.7] 경사각 탐촉자의 진동자 겉보기 크기

- 근거리 음장 한계거리도 진동자 전면에서부터의 거리이므로 쐐기 내에서 음파가 진행한 거리를 시험체 재질 내에서 음파가 진행한 거리로 환산 후 근거리 음장 한계거리를 구하여야 한다. 쐐기 내 음파속도와 재질내의 음파속도가 다르므로 겉보기위치 $l_2 = l_1 \times \frac{\tan\alpha}{\tan\theta}$. 여기서 l_1은 다음과 같이 구한다.
- 화면상의 송신펄스는 진동자의 전면을, 0 점은 시험체의 표면을 나타낸다. 송신펄스의 상승점과 0점과의 간격은 진동자에서 표면까지의 쐐기 내 거리를 나타낸다. 이 화면상의 간격을 l이라 하면 쐐기내 거리 l_1은 다음과 같다.

$$l : C_{2S} = l_1 : C_{1L} \qquad l_1 = l \times C_{1L} / C_{2S}$$

그러면 근거리 음장 한계거리는 다음과 같다.

$X_0 = \dfrac{{H_2}^2}{4\lambda}(H_2 > W)$ or $X_0 = \dfrac{W^2}{4\lambda}(H_2 < W)$. 여기서 구해진 X_0는 진동자 전면에서부터의 거리이므로 시험체 표면에서부터 근거리 음장 한계점까지의 거리를 구하려면 겉보기 위치 l_2를 빼주어야 한다.

ⓑ 종파 사각 탐촉자: 종파를 경사지게 보내기 위한 탐촉자로서 입사각이 0°에서 제1 임계각 사이의 각도로 입사시키면 시험체 중에는 종파와 횡파가 동시에 존재한다. 이때 종파만을 사용해 탐상 하는 경우를 말한다. 또한 결정립이 큰 구조일 때 횡파보다 파장이 길기 때문에 산란을 줄인다.

ⓒ 가변각형 탐촉자: 입사각을 마음대로 변환 시켜 굴절각을 자유로이 변화시킬 수 있는 것을 말한다. 입사점 고정 → 입사점 고정형, 입사점이 변하는 → 간이형

ⓓ 분할형 탐촉자: 수직 분할형과 마찬가지로 송신과 수신 진동자가 분리되어 있으면서 음파가 경사지게 들어가는 것이고 표면 직하 결함이나 박판 탐상에 유리하고 초점이 있다.

ⓔ 집속형 탐촉자: 수직 탐촉자 집속형과 달리 구면 진동자나 또는 쐐기의 구형면의 반사를 이용해 음파를 집속시킨다.

ⓕ 이진동자 종파사각 탐촉자: 종파, 횡파 모두 존재하고 종파만 이용하며 감쇠가 크거나 불감대영역이 커 탐상이 어려운 박판재 탐상이 용이하다.

ⓖ 휠(타이어) 탐촉자: 타이어와 같은 바퀴 안에 물을 채우고 그 안에 진동자 넣는 것 → Wheel을 기울이는데 따라서 수직과 사각 탐상을 자유롭게 할 수 있다.

③ 탐촉자의 표시방식

표시 순서	내 용	기 호
1	대역폭	• 보통: N(생략 가능) • 광대역: B
2	주파수	수치 그대로(MHz)
3	진동자 재질	• 수정: Q • 지르콘티탄산납: Z • 압전자기: C • 압전소자: M
4	진동자 치수	• 원형: 직경으로(mm) • 각형: 높이 × 나비(mm)
5	형식	• 수직: N • 사각: A • 종파사각: LA • 표면파: S 가변각: VA • 수침: I • 타이어: W • 이진동자: D • 두께계측용: T
6	굴절각	• 강재 중에서의 굴절각으로 표시 ° • 알루미늄의 경우 굴절각 뒤에 AL 첨가
7	집속 범위	F를 기입 후 그 범위 기록(mm)

7) 접촉매질(coleplant)

① 접촉매질의 최우선 목적

ⓐ 탐촉자와 시험편 표면 사이의 공기를 제거해준다.
ⓑ 불균일한 표면을 평평하게 하는 것을 말한다.

② 접촉매질이 갖추어야 할 사항

ⓐ 동질이며 고체입자 또는 기포 등이 없어야 한다.
ⓑ 쉽게 적용할 수 있고 쉽게 제거되어야 한다.
ⓒ 점성이 있어야 한다.
ⓓ 시험편 표면 및 탐촉자에 해가 없어야 한다.
ⓔ 적용 두께가 얇을수록 좋다.
ⓕ 탐상 물체와 임피던스 차가 작아야 한다.

③ 접촉 매질의 종류

종 류	장 점	단 점
물	경제적이고 구입이 쉽다.	기름이 있는 면이나 경사면에서는 점도가 없어 사용이 불가능하다.
기계유	① 구입이 용이하다. ② 표준 시험편과 같은 깨끗한 표면에 적합하다.	① 전달 효율이 떨어진다. ② 거친 면에서는 부적합하다.
글리세린 (Glycerin)	75% 이상의 농도에서는 전달 효율이 좋다.	① 거친 면의 탐상면과 접촉성이 나쁘다. ② 경사면에서는 점도가 떨어져 부적합하다. ③ 침투성이 강하고 강재를 부식시켜 장치 고장의 원인된다.
물 유리 (Water glass)	① 글리세린보다 전달 효율이 더 크다. ② 거친 면이나 곡면 탐상 시 유리하다.	① 강 알카리성으로 피부를 손상시킬 수 있다. ② 건조 응고되면 탐촉자를 손상시킬 수 있다.

1.3 시험편

결함의 크기 및 위치를 비교 측정하기 위한 비교대상으로 사용하며, 표준 시험편(STB, standard test block)과 대비 시험편(RB, reference block)으로 나누며 측정 범위의 조정과 탐상 감도의 조정 또는 탐상 장치의 성능을 측정한다.

1) 표준시험편(STB)

① STB-G(KS-B 0831): 고탄소크롬베어링강, 니켈크롬몰리브덴강(SNCM439). 후판, 극후판, 조강, 단조품등의 수직탐상 시 탐상감도 조정과 탐상 장치의 성능 측정을 한다.

[그림 1.8] STB-G형

ⓐ STB-G V_2, V_3, V_5, V_8와 STB-G V_{15-1}, $V_{15-1.4}$, V_{15-2}, $V_{15-2.8}$, V_{15-4}, $V_{15-5.6}$가 있다.

ⓑ STB-G V_2, V_3, V_5, V_8, V_{15-2}는 20, 30, 50, 80, 150mm의 DAC곡선 작성에 이용한다.

ⓒ STB-G V_{15}시리즈는 결함면적이 1.4배씩 증가한다. 증폭직선성 측정에 사용된다.

ⓓ STB-G $V_{15-5.6}$는 탐상기의 감도 여유값 측정한다. 탐상기에 탐촉자를 접속 후 탐상감도를 최고로 올려서 전기잡음(noise)에코를 10%에 맞추고 gain값 취한다. 그리고 시편 $V_{15-5.6}$은 표준에코높이를 50%하고 gain값 취한 다음 두 값의 차이다.

② STB-N_1(KS-B 0831): 용접구조용 압연 강재인 SWS41 세미킬드강으로 강판의 수직탐상 시 감도조정 또는 측정범위 조정하고 수직탐촉자의 불감대 측정은 표준구멍 에

코높이를 20%에서 14dB만큼 올린 다음 송신펄스의 20% 높이점의 거리를 불감대라 한다.

[그림 1.9] STB-N_1

③ STB-A_1(KS-B 0831): 용접구조용 압연 강재인 SWS 41의 세미킬드강 이다. 용접부 및 관재의 수직 및 사각탐상 시 측정범위 조정, 입사점, 굴절각 측정하고, 탐촉자의 특성 측정 및 감도조정 그리고 탐상감도 조정에 사용한다.

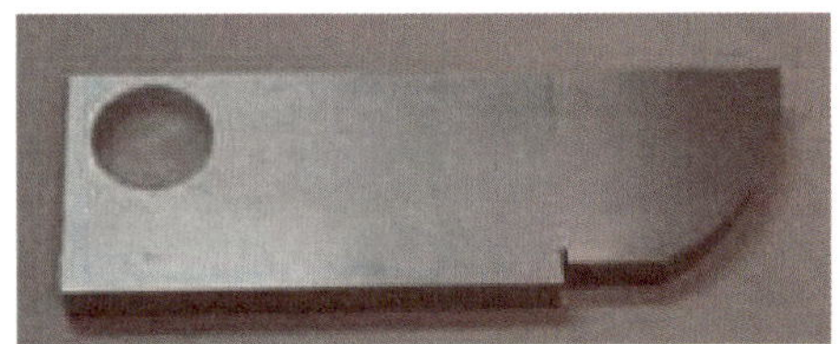

[그림 1.10] STB-A_1

ⓐ 사각탐촉자의 입사점 측정: D의 위치에서 R100면을 향하게 하고 최대 에코를 잡은 후 0.5㎜단위로 읽는다.

ⓑ 굴절각 측정: 각 위치에서 최대 에코를 잡은 후에 0.5° 단위로 읽는다.(60°, 70°는 눈금 간격이 점점 넓어지므로 0.1° 단위로 읽는 것이 좋다.) 실측과 ±2°가 넘으면 교환을 한다.

ⓒ A_1 감도 측정: 전기잡음(noise)의 높이를 10%로 했을 때의 증폭의 정도와 STB-A_1의 R100의 에코 높이를 50% 했을 때의 증폭정도의 차를 감도 여유값이다.

ⓓ 편심 측정: 시험편의 측면에 대해 수직되게 하고 탐촉자를 목돌림 및 전후 주사하여 최대에코를 찾는다. 그때 측면의 법선과 이루는 각이 사각탐촉자의 편심이 된다. 편심은 ±2°가 넘으면 교환한다. 수직 탐촉자의 편심은 시험편 STB-G V_8 or STB-G $V_{15-2.8}$로 측정한다.

ⓔ 측정범위의 조정: 수직 탐촉자는 두께25㎜를 이용하여 측정범위를 100에 맞추면 에코는4개가 뜬다. 사각탐촉자는 R100을 이용하여 최대에코를 잡은 다음 B_1과 B_2를 잡고 간격을 조정하여 delay-key를 이용하여 B_1을 끝 선에 맞춘다.

ⓕ 사각 탐촉자의 탐상감도 조정: Ø1.5인 구멍의 측면으로부터의 반사에코를 일정높이로 조정한다.

ⓖ 수직 탐촉자의 분해능 측정: 85㎜, 91㎜, 100㎜를 이용하고 세 개의 에코를 구분한다.

④ STB-A_2(KS-B 0831): 용접구조용 압연 강재인 SWS 50의 세미킬드강 이다. 용접부 및 판재의 사각탐상 시 탐상감도 조정과 장치의 성능 측정한다.

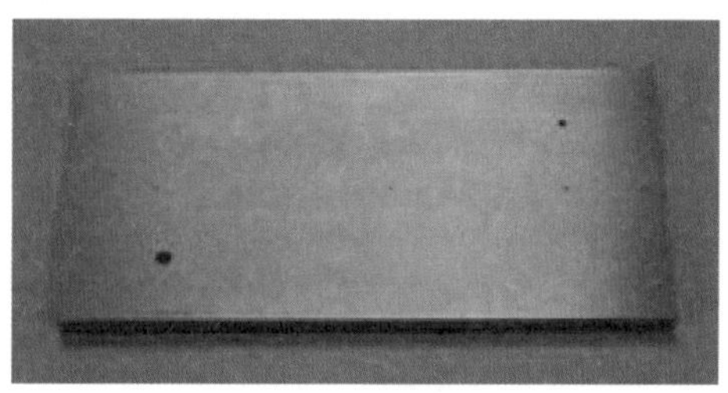

[그림 1.11] STB-A_2

ⓐ 사각 탐촉자의 감도 조정: 표준공 중에서 Ø1×1, Ø2×2, Ø4×4, Ø8×8중 어느 하나를 이용한다. 0.5나 1skip에서 에코높이를 일정높이로 조정하면 된다.

ⓑ 사각 탐촉자의 A_2감도 측정: 전기잡음(noise)를 10%에 맞췄을 때 gain값을 취한다. Ø1.5 관통구멍을 이용하여 1skip으로 주사한 뒤 그 높이를 50%에 했을 때의 증폭 정도의 차이 값이다.

ⓒ 사각 탐촉자의 분해능 측정: 두 개의 Ø1.5×4 구멍으로부터 에코를 검출한다. 두 에코의 구분 정도가 분해능이 된다.

ⓓ 사각 탐상 시 거리진폭특성곡선 작성: Ø4×4를 이용하여 0.5, 1, 1.5, 2skip거리에서의 DAC곡선을 그린다.

ⓔ 사각 탐촉자의 불감대 측정: Ø4×4에 대해 45˚는 2skip, 60˚70˚는 1 skip의 거리에서 에코높이를 20%에 한다. 14dB 높이고 송신펄스의 20%높이가 불감대를 측정한다.

⑤ STB-A_3(KS-B 0831): 용접구조용 압연강재인 SWS 50의 세미킬드강을 사용한다. STB-A1과 유사하나 크기가 작아 휴대용이며, 용접부의 사각 탐상 시 탐촉자의 입사점, 굴절각 측정과 측정범위, 탐상감도의 조정에 사용한다.

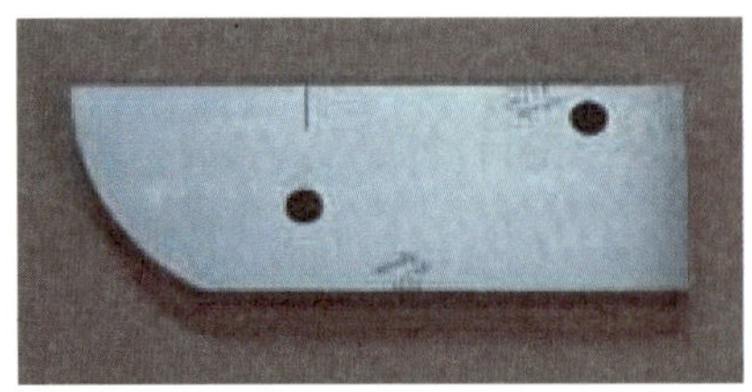

[그림 1.12] STB-A_3

⑥ STB-A_{7963}(KS-B 0831): 소형이며 입사점, 굴절각, 측정범위, 탐상감도의 조정에 사용한다.

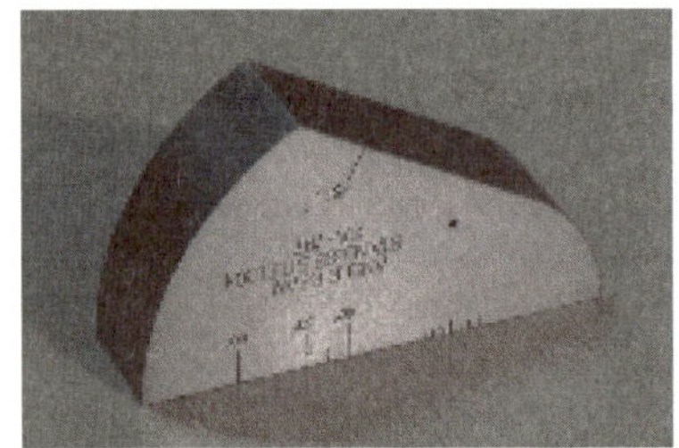

[그림 1.13] STB-A_{7963}

2) 대비시험편(RB)

① RB-4(KS-B 0896): 대비 시험편으로서 시험체와 동일한 재질 및 두께일수록 좋다. 용접부의 수직 및 사각탐상 시 거리진폭특성곡선 작성한다. 감도 조정에 이용한다. 수직 및 사각 탐촉자의 거리진폭특성곡선의 작성에 사용한다.

② RB-A_5(KS-B 0896): 시험체와 동일 재질일수록 유리하며 용접부의 2탐법에 의한 사각탐상 시 탐상감도 조정에 이용한다.

③ RB-A_6, A_8(KS-B 0896): 곡률을 갖는 원주 용접부를 탐상한다. 사각 탐상 시 입사점, 굴절각의 측정과 거리진폭특성곡선 작성 및 감도조정에 이용한다.

ⓐ 시험편의 곡률반경: 시험체의 0.9~1.5배, 두께는 2/3 ~1.5배 이내이어야 한다. 폭은 60㎜ 이상이어야 하고 L_1은 1.5skip 이상이어야 한다.

ⓑ 구멍: 수직도는 0.5°이내, 선단각도는 118°이다. 구멍의 모서리는 가공하지 않는다.

④ RB-A_7(KS-B 0896): 곡률을 갖는 길이 용접부의 사각탐상시 입사점, 굴절각, 측정 범위 조정하고 거리진폭특성곡선 작성에 이용한다.

⑤ RB-RA, RB-RB, RB-RC, RB-RD(KS-B 0817): 탐촉자의 분해능 측정에 사용한다.
- 수직 탐촉자: 원거리분해능(RB-RA, RB-RB), 근거리분해능(RB-RC)
- 사각 탐촉자: 원거리분해능(RB-RD)

⑥ RB-A_4 AL(KS-B 0897): 알루미늄 맞대기 용접부의 경사각탐상 시 굴절각 측정, 탐상감도를 조정한다.

1.4 초음파 탐상 방법의 개요

1) 초음파탐상법의 분류

① 원리에 따른 분류

ⓐ 펄스 반사법: 펄스파란 진동자가 연속해서 진동하는 것이 아니라 전기적인 힘이 가해질 때만 진동이 일어나는 것을 이용하여 전기적 힘을 일정한 간격을 두고 공급하여 진동자의 수회 진동하고 그 진동에 의해 여러 개의 음파가 발생한다. 이때 발생한 한 무리의 음파가 1개의 펄스(pulse)가 된다. 이 펄스를 이용한 방법이 펄스 반사법 이다. 또 펄스 반사법은 탐촉자 1개로 송수신을 검출하기도 하며 두 개의 탐촉자로 각각 송신과 수신을 하기도 한다.

ⓑ 투과법: 투과법은 2개의 탐촉자를 필요로 하며 그 하나는 송신용으로 사용하고 하나는 수신용으로 사용하여 반사해 되돌아오는 것을 사용하지 않고 투과시킨 음파를 직접 받아내어 시험하는 것으로 재료를 통과하여 받아들인 음파의 손실의 양에 의한다. 펄스를 물체 중심으로 투과 시켰을 때 투과되는 음압, 즉 결함 존재 시 음파가 진행되어 결함에 의해 방해를 발음으로써 에코 높이가 저하되는 것을 이용해 결함의 유무를 판단한다.

ⓒ 공진법: 연속파에서 연속적인 진동을 하고 두께측정을 위해 사용한다.($t = \lambda/2$)

② 표시방식에 의한 분류

ⓐ A-scope: 시간과 증폭과의 비를 나타내는 표시 방법으로 음극선관상에 나타나는 파를 사용하여 결함의 존재를 알 수 있다. 또한 재료의 불연속부 깊이와 대략의 크기를 알 수 있다.

- 화면의 가로축을 음파진행 시간이고 세로축을 수신음파의 세기로 나타낸다.
- 반사파의 형태, 즉 파형만을 보여주므로 재현성이 부족하고 초보인 경우 결함의 크기 모양, 위치 등을 파악하기가 어렵다.
- MA-scope 방식은 바로 직전의 화면 상태를 그대로 유지하면서 지금의 화면 상태를 모두 보여준다.(memory 기능)

ⓑ B-scope: 의학적으로 초음파를 적용하는데 쓰인다. 물체의 표면과 화면 그리고 결함의 반사파가 나타나며 일반적으로 음극선관 화면상에 나타내거나 기록기에 의하여 종이에 기록한다.

- 단면 표시법으로 시험체의 단면을 보여준다.(병원의 초음파 진단 시 사용함)
- 화면의 시간축이 반사원의 탐상 면으로부터의 위치 즉 깊이가 된다.

ⓒ C-scope: X-ray 사진과 비슷하게 나타나는 평면 표시 방법이다. 물체의 내부를 평면으로 투영하기 때문에 불연속부가 존재하면 윤곽이 나타나게 된다. 표면 및 후면의 반사파가 사용되지 않고 단지 불연속 부로부터의 반사파만 사용된다.

- 결함에서 반사 에코(reflection echo) 검출에 따라 결함의 위치를 평면도상에 나타내준다.
- 결함의 탐상 면상에서의 위치와 대략적인 형태만을 보여주며 결함의 깊이와 반사면 뒤쪽의 상황은 알 수 없다.

ⓓ D-scope: 기본표시(A-scan), 단면표시(B-scan) 및 평면표시(C-scan)와 똑같이 초음파 탐상 도형의 하나로, 탐상결과를 탐상기의 표시기나 기록지 위에 입체감을 띠도록 표시한 것으로 D-scope 표시라고도 한다.

③ 진동방식과 진행방향에 의한 분류

ⓐ 수직 탐상법: 입사표면에 대해 수직으로 입사하고 일반적으로 종파를 사용하며 주, 단조품이나 압연재의 내부결함 검출과 두께 측정, 재료의 탄성측정에 사용한다.

ⓑ 사각 탐상법: 입사표면에 대해 경사지게 입사하고 굴절에 의한 파형 변환 (mode 변환)으로 발생된 횡파 이용하며 용접부 및 관재의 내부결함 검출한다.

ⓒ 표면파 탐상법: 입사각이 제2임계각이 되었을 때 발생되는 표면파 이용하고 접촉 매질에 대한 두께에 영향을 주며 녹이나 스패터의 영향을 받는다.

④ 탐촉자수에 의한 분류

ⓐ 일 탐촉자법 (일검법): 한 개의 탐촉자가 송신과 수신을 겸용하는 것으로써 가장 일반적으로 이용되는 방법이다.(수직 탐상과 사각 탐상의 펄스 반사법에 의한 탐상에 쓰인다.)

ⓑ 이 탐촉자법 (이검법): 두 개의 탐촉자을 쓰이는 방법으로 한쪽을 송시용으로 다른 쪽을 수신용으로 사용한다.(분할형 탐촉자의 경우 탐촉자는 1개 지만 진동자가 송신 진동자와 수신 진동자로 구별되므로 2탐법에 속한다.)

ⓒ 다 탐촉자에 의한 방법: 원자로 , 압력용기 등, 초 후판 용접부 불량을 검출하기 위해 Tandem 주사가 되도록 4개 이상의 탐촉자를 사용하는 방법이다.

- 2탐법의 변형된 형태이다.
- 송신 탐촉자는 1개이며 여러 개의 수신 탐촉자를 사용하는 경우가 많다.
- 송신 탐촉자에서 송신된 음파의 수신될 지점이 불확실할 경우 수신 탐촉자를 여러 군데 분포시켜 음파를 수신하기 좋도록 한 것이다.

⑤ 접촉방식에 의한 분류

ⓐ 직접접촉법

- 탐촉자와 시험체를 얇은 접촉 매질의 막을 사이에 두고 직접 접촉시키는 일반적 형태의 탐상법이다.(현장에서 가장 많이 사용한다.)
- 펄스 반사법 및 투과법을 이용한 수직 탐상법과 사가 탐상법으로 분류한다.
- 접촉매질의 두께는 약 1/4이다.

ⓑ 수침법(water column testing): 탐촉자와 시험체의 사이에 접촉매질, 즉 물의 층을 두껍게 한 것이다.

- 직접 접촉법에 비해 표면의 영향 줄 수 있어 거친 표면을 가진 시험체 탐상할 때 사용한다.
- 불감대가 거의 없어지므로 두께가 얇아 불감대의 영향이 큰 판재 탐상 시 주로 쓰인다.
- 전몰 수침법은 탐촉자와 시편을 모두 물속에 담겨 탐상하는 것을 말하며 종파 발생 시 수직빔, 횡파 사용 시 사각빔을 전달할 수 있다.
- 국부 수침법은 bubbler법 또는 Squirter 법이 있으며 시험체의 일부분에 물을 흘러 보내 접촉시킨 형태를 말하고 판재, 실린더 및 일정한 형상의 재질에 대한 고속 자동 주사를 하는 경우에 사용한다.
- wheel법(gap법)은 물이 채워진 타이어내의 wheel 탐촉자를 사용한 탐상 방법이고 wheel은 자유롭게 이동하며 탐촉자는 축에 고정되어 있다.

제2장 초음파탐상기 설치 및 조작하기

제2장 초음파탐상기 설치 및 조작하기

이 장은 초음파탐상기를 설치하고 조작할 수 있는 방법을 익힌다.

1) 초음파탐상기의 구성

① 동기부: 초음파의 송신과 수신이 시간적으로 정확히 발생되도록 제어하는 역할을 한다.

② 송신부: 진동자에 높은 전기적 펄스를 보내는 곳이다.

③ 수신부: 진동자로부터 돌아온 낮은 전압의 전기펄스를 증폭시켜 주는 곳이다.

④ 시간축부: 화면상에 수신되는 음파지시를 나타내주는 회로로 측정범위조정과, 음속조정, 소인지연 조정이 이곳에 나타내어진다.

⑤ 브라운관(CRT): 초음파에 의해 나타나는 모든 신호를 표시해주고, 수평축은 초음파의 이동거리와 진행시간을 나타내주며, 수직축은 에코의 높이를 표시한다.
또한 수직축에 관계되어 있는 부분은 필터와 리젝션이 있다.

ⓐ Filtert: 복잡한 파형을 평활하게 해주는 역할을 하나 분해능이 저하되는 단점이 있다. 모든 탐상기에 있는 것이 아니며 일부의 탐상기에 있다.

ⓑ Rejection: 잡음 에코를 없애기 위해 사용되며, 아날로그 탐상기에서는 증폭직선성이 소실되고 미세한 결함을 놓칠 수 있으나, 디지털 탐상기에서는 증폭직선성의 소실을 최소화 시켰다.

⑥ 게이트부: 화면상에서 검사가 필요한 부분을 설정하여 그 부분의 에코의 정보를 좀 더 확실히 하기 위해서 사용되며, 아날로그 탐상기는 단지 에코의 발견이 잘 되도록 하기 위함이며, 디지털 탐상기는 에코의 정보를 읽기 위해 사용된다.

⑦ 디지털 탐상기에는 기억장치와 연산장치가 있다.

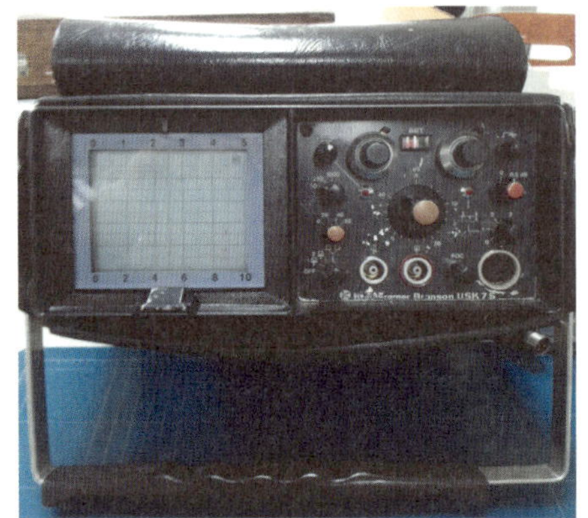
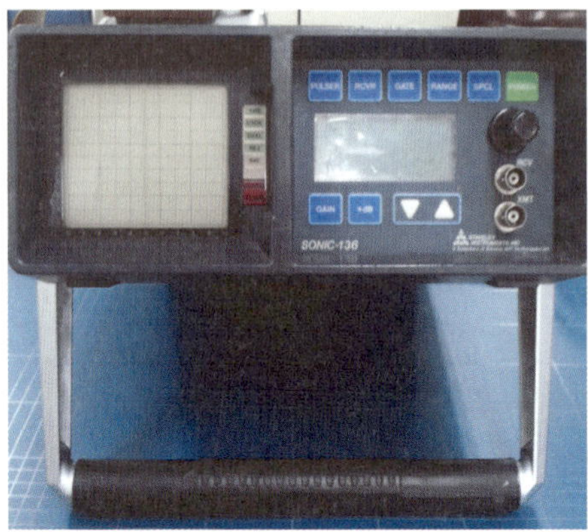

(a) 아날로그 탐상기(USK 7S)와 반디지털 탐상기(SONIC-136)

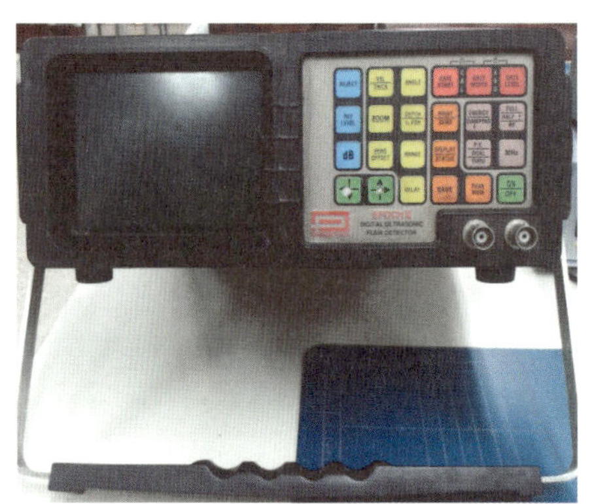
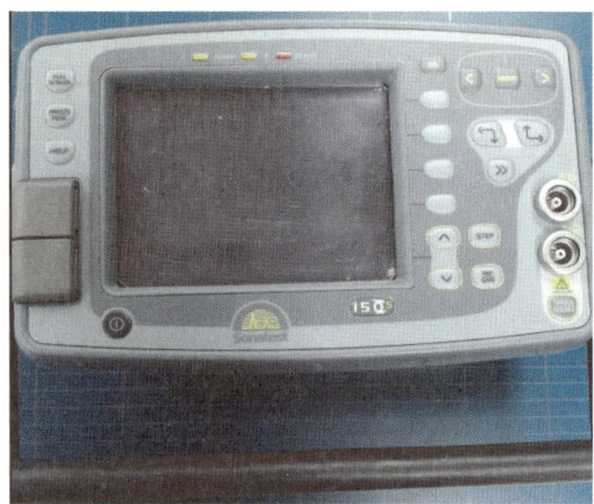

(b) 디지털 탐상기(EPOCH Ⅱ, Sitescan 150^S)

[그림 2.1] 초음파 탐상기

2) 탐상기 조작순서

① 초음파 탐상기를 설치한다.

ⓐ 초음파 탐상기와 전원을 연결하고 전기적 안정을 위하여 약 5분간 예열시킨다.

ⓑ 탐상기와 수직 탐촉자를 연결한다.

ⓒ STB-A_1 표준시험편에 접촉매질을 바르고 탐촉자를 결함이 없는 부분에 접촉시킨다.

② 아날로그 초음파 탐상기의 페널 기능을 익힌다(그림 2.2).

ⓐ 감도 조정 스위치는 증폭 정도를 조정하는 스위치로 각 스위치마다 1눈금의 조절도는 탐상기 페널에 명시되어 있다.

ⓑ Gate 스위치는 결함을 측정하고자 하는 곳의 시작점과 폭을 조작하는 스위치이다.

ⓒ 거리조정스위치는 측정범위를 계단적으로 조정한다.

ⓓ 음속조정스위치는 측정범위를 조정시 시간축의 간격을 조정한다.

ⓔ 영점조정스위치는 측정범위를 조정시 시간축을 이동시킬 수 있으며 소인지연 스위치라고도 한다.

ⓕ 송·수신 연결구는 탐촉자와 연결되는 단자이다.

ⓖ Rejection 조정스위치는 잡음에코의 제거량 정도를 조절한다.

ⓗ 전원 스위치는 전원의 ON/OFF, 펄스폭, 탐촉자의 수 등을 조정한다.

ⓘ CRT브라운관은 모니터로 에코의 형상을 보고 판단하는 곳이다.

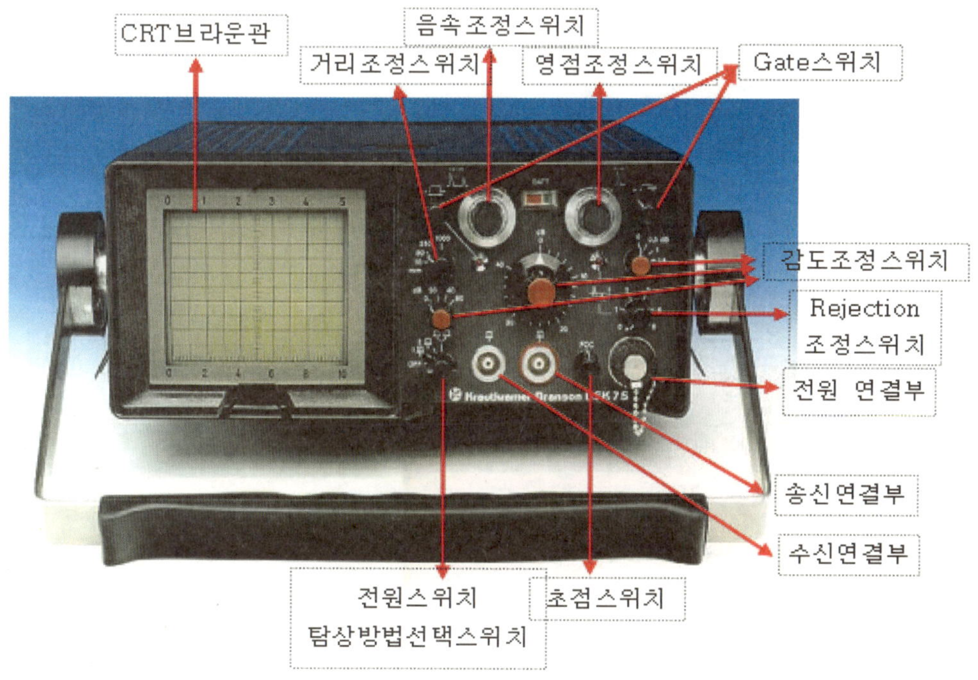

[그림 2.2] 초음파탐상기 패널(USK-7S)

③ 초음파탐상기를 조작한다.

ⓐ 영점조정스위치를 좌·우로 돌려본다. 우로 끝까지 돌렸을 때 화면상의 좌측에 나타나는 에코가 송신펄스(T)이다(그림2.3(a) 참조).

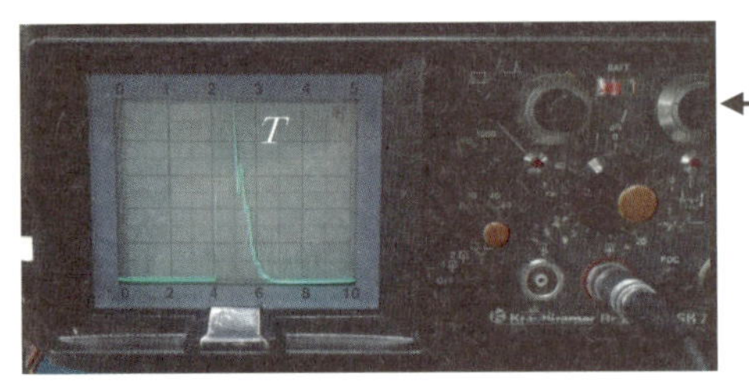

(a) 송신펄스

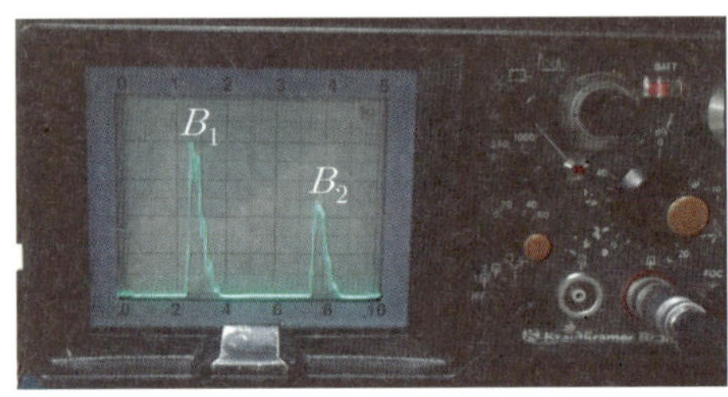

(b) 영점조정스위치 좌로 이동

[그림 2.3] 영점조정스위치 사용법

ⓑ 영점조정스위치를 좌로 돌리면 송신 펄스도 좌로 이동하게 되고 그 뒤에 B1 에코 및 B_2 에코 등이 등 간격으로 나타나게 된다(그림 2.3(b) 참조).

ⓒ 거리조정스위치를 낮은 단계에서 높은 단계로 옮겨보면 각 에코들의 간격이 급격히 줄어들게 된다(그림 2.4 참조).

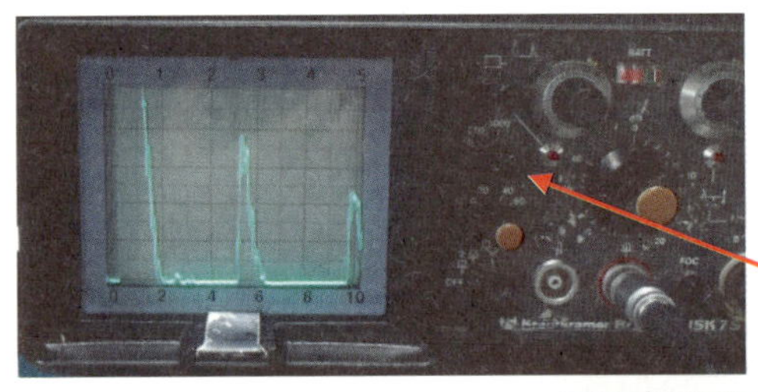

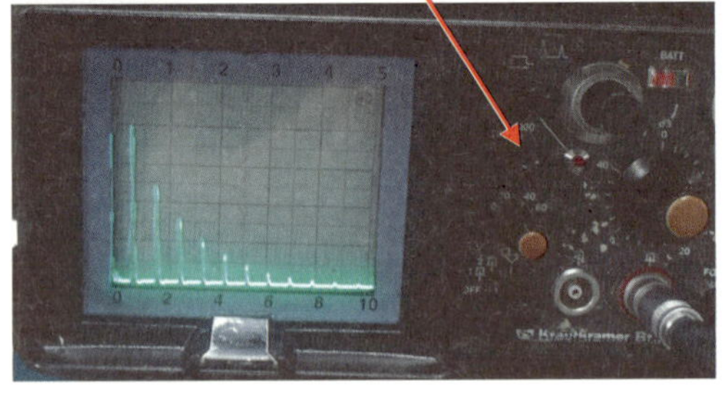

[그림 2.4] 거리조정스위치 사용법

ⓓ 음속조정스위치를 우로 돌리면 에코들 사이의 간격이 점진적으로 넓어지고, 좌로 돌리면 에코들 사이의 간격이 점진적으로 좁아진다(그림 2.5 참조).

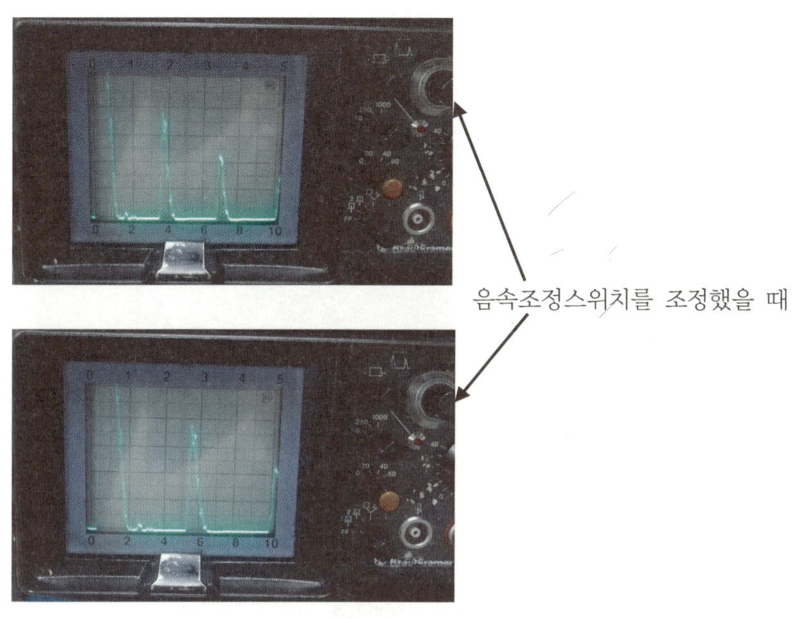

[그림 2.5] 음속조정스위치 사용법

ⓔ 감도조정스위치를 증가 또는 감소시키면 에코 높이가 변화되고 조정만큼 증가 또는 감소된다.

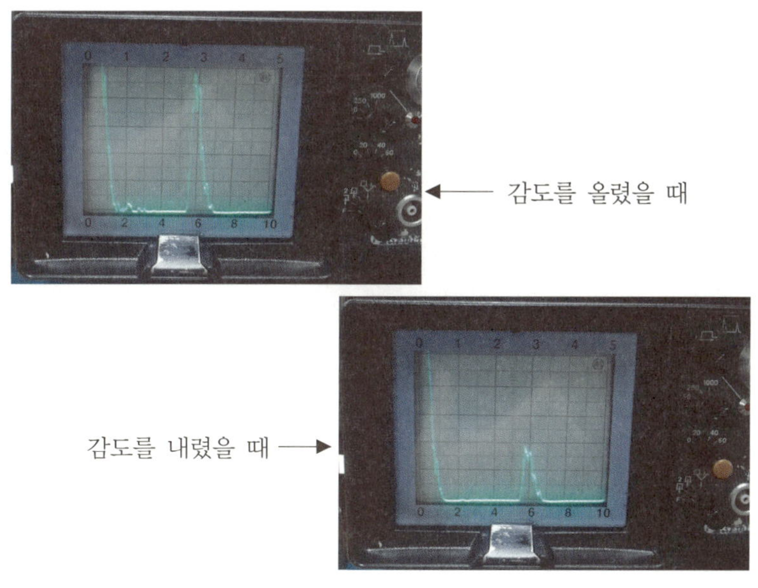

[그림 2.6] 감도조정스위치 사용법

ⓕ Rejection 조정스위치 ON시켜 돌리면 램프에 불이 들어오면서 에코의 높이가 작아지며 잡음에코가 없어진다(그림 2.7 참조).

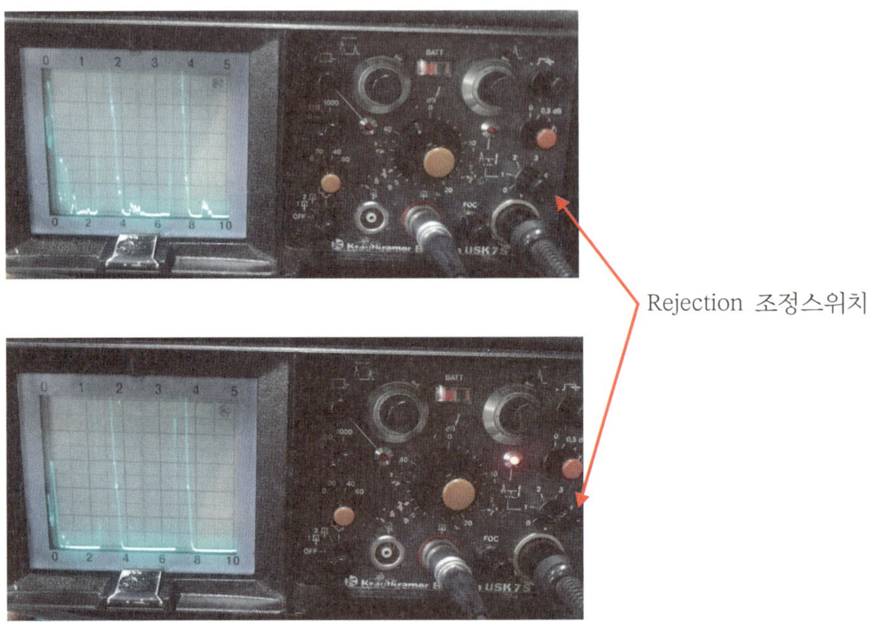

[그림 2.7] Rejection 조정스위치 사용법

ⓖ Gate start 스위치를 좌로 돌리면 CRT 화면상에 Gate가 나타나며 Gate의 위치에 어떤 에코가 있으면 Gate의 램프가 켜진다.

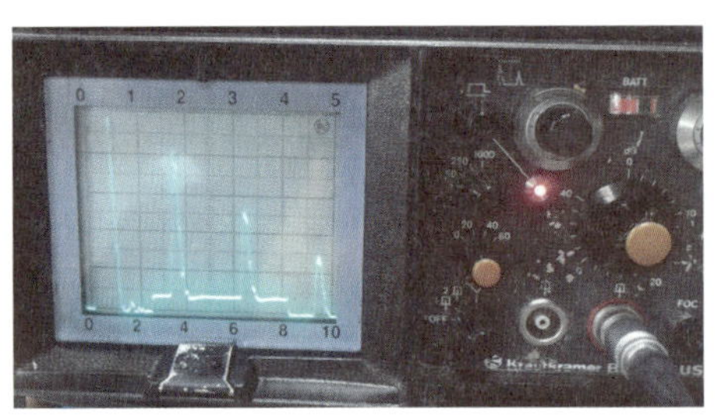

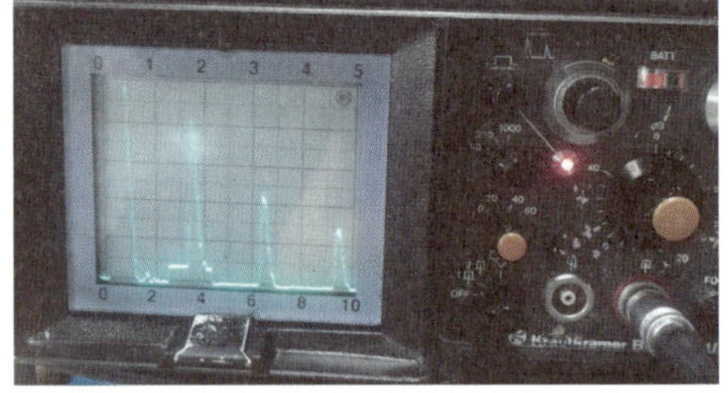

[그림 2.8] Gate 폭 조절의 예

ⓗ Gate 폭 조정 스위치를 좌·우로 돌리면 Gate의 길이가 줄거나 늘어난다(그림 2.8 참조).

ⓘ 초점스위치로 초점을 조정하여 탐상자의 눈에 가장 적당한 휘도가 되도록 조정한다.

④ 디지털 초음파탐상기의 페널기능을 익힌다(그림 2.9).

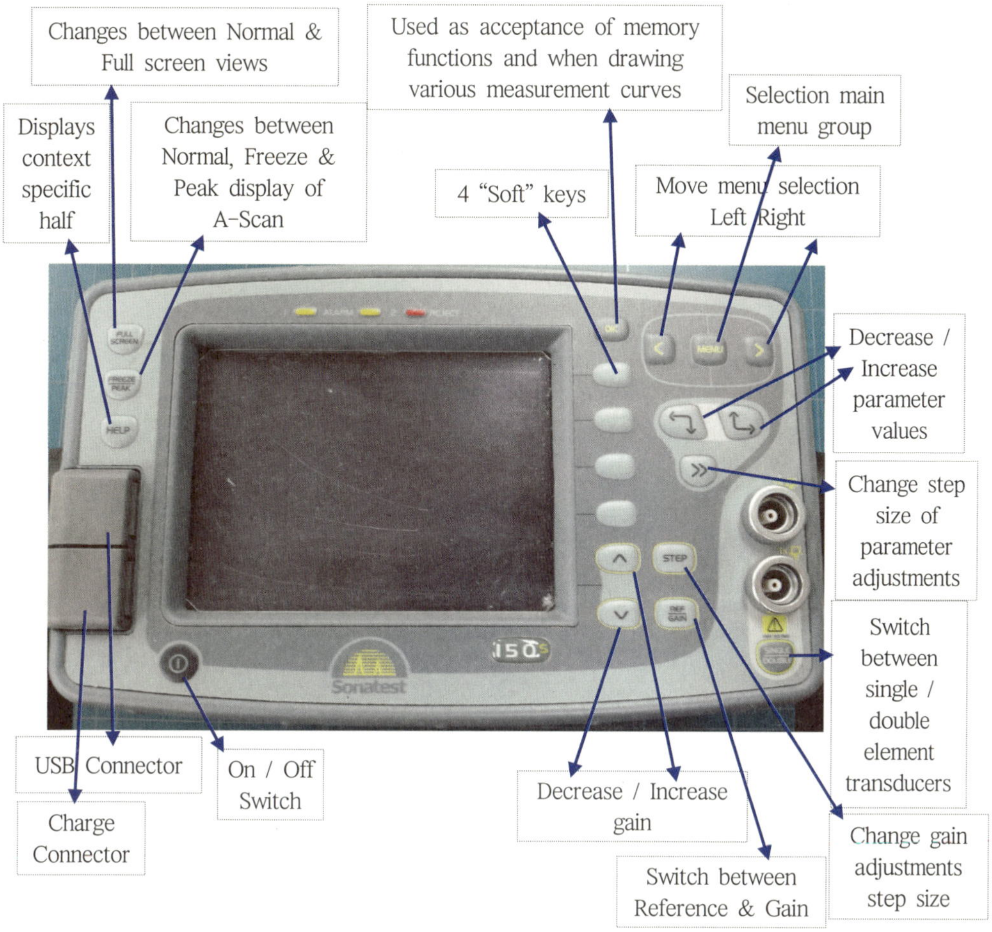

Changes between Normal & Full screen views

Used as acceptance of memory functions and when drawing various measurement curves

Selection main menu group

Displays context specific half

Changes between Normal, Freeze & Peak display of A-Scan

4 "Soft" keys

Move menu selection Left Right

Decrease / Increase parameter values

Change step size of parameter adjustments

Switch between single / double element transducers

USB Connector

Charge Connector

On / Off Switch

Decrease / Increase gain

Switch between Reference & Gain

Change gain adjustments step size

[그림 2.9] 초음파탐상기 패널(Sitescan 150^S)

ⓐ 페널기능의 세부내용은 다음과 같다.

"Power On 또는 Off" 버튼이며, 장비 상에 문제점이 발생 하였을 시 "MEMORY" 버튼과 동시에 눌러 줌으로써 장비의 초기화를 시켜주는 역할을 한다. 이때 주의할 점은 장비에 작업자가 Setting 시켜 놓은 자료 또한 초기화가 되므로 주의해야 된다.

본 Key는 4가지 메인 메뉴(CAL, MEAS, UTIL, MEMORY)로 이루어져 있다. 메인 메뉴들 중 한 가지를 선택하기 메뉴 옆의 회색 Key 들 중 선택하면 된다.

본 Key 들은 메인 메뉴 중 한 가지를 선택했을 때 화면 상단에 나타나는 메뉴들 중 한 가지를 선택하기 위해 하얀 커서를 움직이는 데 사용을 한다.

본 Key는 장비의 오른쪽에 열 방향으로 4개로 이루어져 있다. 본 Key는 서브 메뉴 각각에 배당된 Key이며, 선택하고자 하는 서브 메뉴에 해당하는 Key을 누르면, 하얀 커서도 동시에 움직이면서 각각의 설정 값을 바꿀 수 있게 한다. 숫자가 있을 때에 따라서는 동시에 두 번 눌러 줌으로써, 본 장비에 설정된 값이 나타나서, 빠른 세팅을 도와준다. 이때 사용되는 Key는 ↳와 ↰이다.

본 Key는 바로 위해서 설명한 것과 같이 빠른 설정을 위해 본 장비에 이미 설정되어 있는 값을 세팅하는 데 사용된다.(예) Zero 또는 Delay 에서 Key를 연속하여 누르면 화면에 본 장비에 설정된 값들이 나타나게 된다. 이때 본 Key를 이용하여 커서를 이동하여 세팅을 해주면 된다)

본 Key는 서브 메뉴 중 상단 오른쪽 ▶ ▶▶와 연관이 있는 Key로써 한번 또는 두 번 누름으로 하여 세팅 값을 설정할 때 미세 조정을 가능하게 하여 주는 Key이다.

메모리 메뉴와 연관이 있으며 , 저항할 값을 저장하거나, 저장된 Data를 불러오기 할 때 사용한다. 또한 인쇄 모드에서는 OK가 인쇄 Key의 기능을 한다.

이 Key를 한번 누르면 A-scan 화면을 정지시킬 수 있는 정지 모드가 선택된다. 이것은 측정값이 나타나있을 때 Back Echo 신호를 정지시키고자 할 때 유용한 기능이다. 이 모드에서는 CRT 하단 왼쪽에 탐상기가 정지 모드라는 것을 알려주기 위해 "FREEZE"라는 신호가 표시된다. 본 Key를 두 번 누르면, 화면상에 탐상을 한 모든 Echo를 볼 수 있도록 할 수 있도록 할 수 있는 "PEAK" 모드가 선택된다. 이 기능은 특히 사각 탐상 시, 최고의 PEAK 점으로 결함의 형태 및 위치를 판독하는데 유용하게 사용될 수 있다. 이 모드에서 CRT 하단 왼쪽에 "PEAK"가 표시된다. 또한, 메인 메뉴 중 "UTIL" 안에 있는 "MISC" 중 "KEYLOCK"을 "ACTIVE"로 설정을 하면 , 본 Key를 세 번 누르게 되면, "KEYLOCK" 상태가 된다. 이 순서는 다음과 같다.

⇒ 한 번 누름 - 정지(Freeze)
⇒ 두 번 누름 - 피크(Peak)
⇒ 세 번 누름 - 키 잠금 (KEYLOCK): 옵션
⇒ 네 번 누름 - 정상(Normal)

본 Key는 화면상에 본 장비에 대한 전반적인 KEY 및 그에 대한 사용설명을 나타나게 하여 준다. 본 기능은 3가지 옵션으로 되어 있다.

 본 장비에 대한 사용법

 현실 실행 중인 메뉴에 대한 설명

 교정 절차

dB(증폭 Gain)을 0.5, 2, 6, 14 또는 20dB로 선택하여 변환시켜 주는 버튼으로, Front Panel 하단에 있으면, 표시는 Gain Box 안의 위쪽에 표시된다.

	본 Key는 본 장비의 화면에 A-scan 화상을 전체적으로 나타나게 하거나 또는 메뉴들과 함께 동시에 A-scan 화상을 나타나게 하여 주는 기능이다. 또한 "메인 메뉴 중 UTIL → MISC → SPLIT"을 선택하여 "ACTIVE"로 설정하여 놓고, 본 Key을 3번 누르면, 화면은 반으로 나뉘어 하단에는 작업자가 빠른 설정 및 설정한 값을 한눈에 볼 수 있도록 주요 세팅 값들이 한꺼번에 나타나게 된다. 이때 상단에는 A-scan 화상이 나타나 작업자가 A-scan 및 설정 값을 동시에 볼 수 있도록 할 수 있다.
	Gain 또는 기준 dB에 나타난 값을 증가 또는 감소시킬 때 누른다.
	본 Key는 게인 Box 안의 게인 또는 비교 게인 을 설정하는 기능이다.
	본 Key는 탐촉자의 Type(Single 또는 TR Type) 에 따라 선택하는 기능이다. 사용자는 반드시 본 장비를 끄거나 "FREEZE/PEAK" KEY를 눌러 펄스는 정지시킨 다음에 본 기능을 실행시켜야 한다.
	Single 또는 Double(TR) Probe 작동을 선택할 때 사용되는 Connector이다. Gain 상자 아래에 선택된 모드가 표시된다.(Single일 때는 반드시 Rx 소켓에 꽂아야 됨)
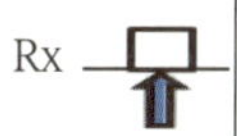	USB 장치, 즉 전용 PRINTER, KEYBOARD 또는 PC에 연결하는 소켓이다.
	본 소켓은 충전기 꽂는 소켓이다.

ⓑ 디지털 탐상기 각 패널 설명

본 장비는 총 4개의 메뉴로 되어 있으며, 이에 따른 서브 메뉴들은 다음과 같다.

본 장을 하기 전에 반드시 장비 앞 Panel에 위치한 버튼들에 대한 위치 및 기능들에 대해 숙지하여야 하며, 초음파 탐상의 기본 이론도 물론 어느 정도까지는 숙지를 하고 있어야 한다. 그래야만 본 본문에 나오는 용어 및 절차를 빠르게 이해할 수 있을 것이다.

"POWER" 버튼을 누르면 장비 스스로 자가진단 및 장비의 S/N, 프로그램 및 소프트웨어 버전 등이 나타난 후 화면이 켜진다. CRT 화면 오른쪽에 메인 메뉴가 (CAL, MEAS, UTIL, MEMORY) 나타난다. 그리고 본 화면의 오른쪽 하단에는 "REF/GAIN" Box가 항상 존재해 언제든지 타 메뉴에 구애 받지 않는 상태에서 설정이 가능하도록 되어 있다.

㉠ Main Menu 선택

CAL	본 메뉴에는 “CAL, AMP, GATE1, GATE2, A-CAL”이 있다.
MEAS	본 메뉴에는 “MEAS, CSC, PROBE, DAC, AVG, AWS, API”가 있다.
UTIL	본 메뉴에는 “UTIL, VIDEO, MISC, AGC, PRINT, P_O/P, CLOCK”가 있다.
MEMORY	본 메뉴에는 “PANEL, A-LOG, REF, T-LOG, T-FN”이 있다.

㉡ CAL(CALIBRATION) Menu

Main Menu 중 가장 많이 쓰이는 메뉴이며, 교정을 하는 데 있어 간편하고, 쉽게 서브메뉴들이 정리되어 있으며, 5가지(CAL, AMP, GATE1, GATE2, A-CAL)로 나누어져 있다.

- CAL Menu의 기능은 다음과 같다.

ZERO	각각에 Probe들은 진동자의 위치가 다르므로 이 위치에 대한 장비와의 영점을 잡아주어야 한다. “ZERO” 상자 옆의 회색 버튼을 눌러 “ZERO”를 선택하여 와 Key를 눌러 조정할 값을 조정한다.
VEL	VELOCITY는 검사하려고 하는 재질의 초음파 전달 속도, 즉 음속을 표시한다. 재질의 음속을 선택하여 교정하려면 음속 “VEL” 상자 옆의 회색 버튼을 누른 후, 와 Key를 사용하여 조정한다.
RANGE	“RANGE” 상자 옆의 회색 버튼을 눌러 “RANGE”를 선택한 후, 와 Key를 눌러 조정할 값을 조정한다. 1㎜에서 20m(F.S.W) 사이의 필요한 범위를 선택할 수 있고, 단위는 ㎜, inch 모두 ㎧를 쓴
DELAY	이 기능은 화면에 나타난 시간 축의 표시 화면을 임의로 사용자가 조정할 수 있도록 하는 기능으로, 사각 탐촉 또는 수침법을 할 때 주로 사용된다. “DELAY” 상자 옆의 회색 버튼을 눌러 선택한 후, 와 Key를 눌러 조정할 값을 조정한다. 0㎜에서 20m(F.S.W) 사이의 필요한 범위를 선택할 수 있고, 단위는 ㎜, inch 모두 ㎧를 쓴다.

- AMP(증폭)의 서브메뉴는 3가지(DETECT, REJECT, PRF)가 있으며, 기능은 다음과 같다.

DETECT	"DETECT" 상자 옆의 회색 버튼을 눌러 비정류(RF), 전파정류 파형(FULL), 비정류 파형의 음의 방향을 나타내는 파형(-WE HW), 비정류 파형의 양의 방향을 나타내는 파형(+WE HW)의 파형을 선택하기 위한 기능이다. 원하는 파형을 모니터에서 선택하고 와 Key를 눌러 가장 적당한 파형으로 선택한다.
REJECT	탐상기에 표시된 일정한 높이 이하의 Echo 내지 Noise을 삭제(잡음 제거)하는 기능으로 "REJECT" 옆의 회색 버튼을 눌러 "REJECT"를 선택하며, 와 Key를 눌러 조정할 값을 조정한다. "REJECT"는 최대 0~50%F.S.H까지 1% 단계로 변경할 수 있다.
PRF	35~100Hz까지는 5Hz step으로 변환이 되며, 100~1000Hz까지는 50 Hz step으로 변환이 된다. 이 의미는 1초 동안 Probe에서 나오는 초음파 펄스의 값으로, 값이 클수록 화면이 나타난 에코는 밝아지는 반면, Ghost신호가 잡힐지도 모른다는 단점이 있고, 값이 너무 낮으면 작업자의 작업 속도보다는 화면상에 나타나는 A-scan의 속도가 너무 느리다는 단점이 있다. 상자 옆의 회색 버튼을 눌러 선택하며, 와 Key를 눌러 조정할 값을 조정한다.

- GATE1&GATE2는 결함 Echo에서 필요한 정보를 얻을 목적으로 사용되며, 서브메뉴에는 4가지(STATE, START, WIDTH, LEVEL)가 있으며, 기능은 다음과 같다.

STATE	Gate의 기능을 선택하는 것으로 OFF(Gate를 사용하지 않을 때), ON+VE(저면에코의 높이가 Gate Level을 초과할 때 알람이 울린다), ON-VE(저면에코의 높이가 Gate Level보다 낮을 때 알람이 울린다), EXPAND(Gate1에만 적용되며, 선택된 게이트폭이 전체화면 폭으로 확장된다), -VE DLY(Gate2에만 있는 기능으로써, 600millisecond의 알람지연에 대한 보정을 게이트에 부여하는 기능으로, 주로 자동 System에 사용이 된다) 중에서 선택한다.
START	CRT 시간 축에서 Gate1의 처음 시작점을 선택하는 기능이다. Gate1의 시작 위치를 조정하려면 STAT 옆의 회색 버튼을 누르면 되고, 단위는 mm, inch이며, 범위는 와 Key로 0~20m 내에서 조정할 수 있다.
WIDTH	CRT 시간 축에서 Gate1의 폭을 조정한다. WIDTH 옆의 회색 버튼을 눌러 선택한 후 와 Key로 범위를 조정한다.
LEVEL	Gate1의 높이를 조정하는 기능이며, LEVEL을 조정하기 위해서는 옆의 회색 버튼을 눌러 선택한 후 와 Key로 범위를 조정한다.

- A-CAL은 검사할 모재의 음속과 Probe의 영점을 자동으로 설정하는 기능을 기지고 있으며, 서브메뉴에는 4가지(DIST1, DIST2, ACCEPT, STAT)가 있고 기능은 다음과 같다.

DIST1	첫 번째 저면 에코의 두께를 입력한다.(시험편의 두께)
DIST2	두 번째 저면 에코의 두께를 입력한다.(시험편의 두께×2)
ACCEPT	조정된 변수를 최종적으로 확인하는 기능이 있다.
STAT	Gate1의 이동을 시킬 수 있다.

ⓒ MEAS(MEASUREMENT) Menu

Main의 메뉴 중 하나로, 검사자에게 다양한 측정기술과 방식을 제공하여 준다. 즉, 일반적인 측정의 설정은 물론, DAC, CSC, AVG, AWS, API 등 여러 가지 디지털장비의 장점을 활용할 수 있도록 하여 준다.

- MEAS에서 "MEAS"의 기능은 다음과 같다.

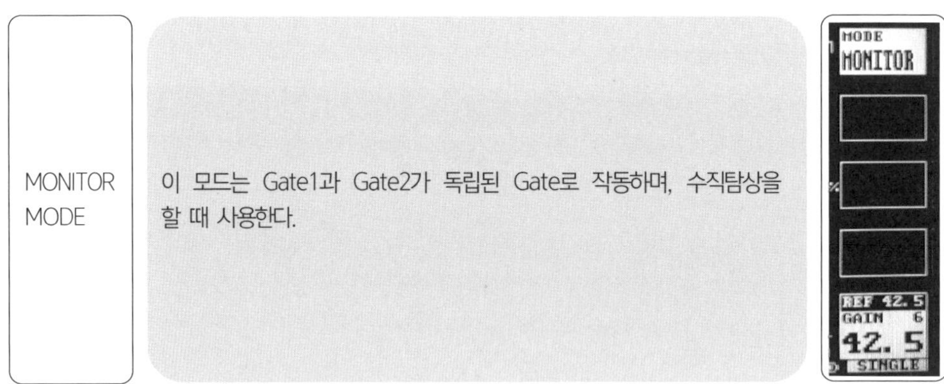

MONITOR MODE	이 모드는 Gate1과 Gate2가 독립된 Gate로 작동하며, 수직탐상을 할 때 사용한다.

- CSC Menu는 검사물의 표면의 형상에 따라 설정을 해주는 메뉴이다. 파이프나 표면이 둥그런 모양으로 되어 있는 제품을 검사할 때 사용하는 메뉴로, 본 메뉴를 사용하기 위해서는 반드시 사각탐상 모드를 선택하여 주어야 하며, "TRIG" 모드의 "THICK"의 설정 값을 정확하게 입력을 해주어야 한다.

MODE	본 메뉴를 "ON" 또는 "OFF"할 때 사용하는 메뉴이다(만약, "ON"을 하면 화면 하단 왼쪽에 "CSC ON"이라는 메시지가 나타남).	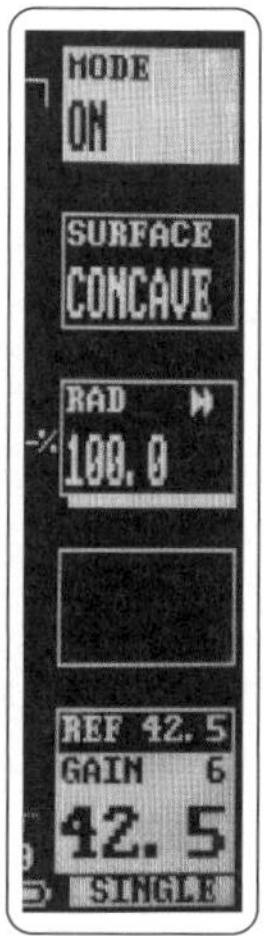
SURFACE	"CONCAVE(오목)" 또는 "CONVEX(볼록)"을 선택하는 메뉴이다.	
RAD	굴곡의 정도를 숫자화하여 입력시켜주는 곳이다.	

- PROBE Menu의 기능은 다음과 같다.

ANGLE	사각탐상에만 쓰이는 기능으로, PROB의 입사 각도를 입력함으로써 정확한 Data를 얻기 위한 기능이다. 실행은 상자 옆의 노란색 Key를 눌러 "ANGLE"을 선택한 후 ↰와 ↴ Key를 눌러 탐촉자의 각도를 입력한다.	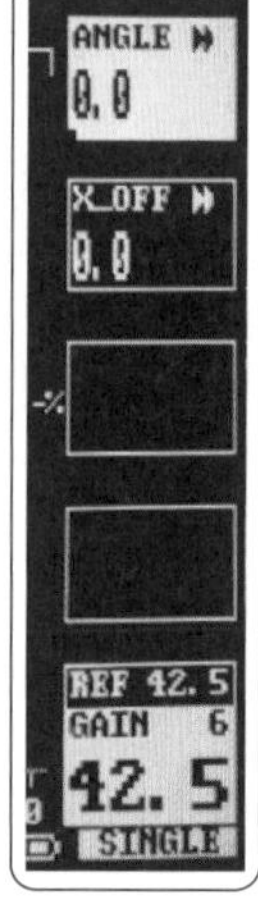
X-OFF SET	사각 Probe에서 측정한 입사점의 값을 입력시켜 줌으로써, 탐상 시 불연속부에 대한 표면거리를 손쉽게 측정할 수 있도록 하는 데 유용하게 쓰이는 기능이다.	

DAC Menu의 기능은 다음과 같다.

OFF MODE	DAC를 사용하지 않을 때에는 반드시 "OFF"해야만 한다.	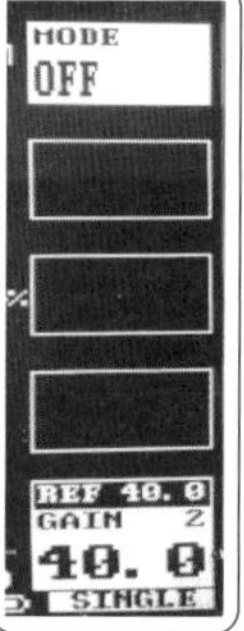

ON MODE	DAC를 사용할 때, 단 AWS는 반드시 "OFF"되어 있어야만 실행할 수 있다. - CURVE: 수집된 DAC 커브를 7 종류(DAC, −6/−12, −6/−14, −2/6/10, −2dB, −6dB, −10dB)로 표시하여준다. - TRIGGER: Gate1 또는 DAC 커브에 Echo가 걸리면, 알람이 울리게 하는 기능으로, 위의 "CURVE"에서 선택한 커브에 대한 알람 신호를 잡을 수도 있다(DAC: DAC 커브가 Gate의 역할을 한다, GATE: Gate1이 Gate의 역할을 한다, −2/−6/−10dB: dB 커브가 Gate의 역할을 한다.) 이외에도 "CURVE"에서 선택된 곡선에 따라 모니터링할 수 있는 곡선을 선택할 수 있다. - MEAS: 화면의 증폭도를 다양한 방법으로 나타내는 단위이다.	
DRAW MODE	Echo에 대한 Point 즉, DAC 곡선을 그릴 때 사용한다. - CURSOR: "ADJUST"가 되면 드림커서를 움직여 Point를 설정한다. - POINT: 드럼으로 선택한 포인트 수를 정해준다. - CURSOR: "5"와 "25"로 되어 있으며, 드럼 커서의 폭을 결정하여 주는 기능이 있다.	

ⓒ 디지털탐상기 기초 조작방법

첫 번째로 결함부 검사 시 다음과 같은 절차에 의해 150s의 기본 실행 값을 설정하면 된다.

㉠ 최적의 Probe을 선택한다.

㉡ Sub Menu에 빠른 설정을 위해서는 ">>" 버튼을 두 번 또는 한 번 누름으로써 빠르게 세밀하게 Data를 설정할 수 있다.

㉢ CAL Menu에서는 다음과 같이 Sub Menu들의 기본 값을 입력한다.

- ZERO: 0.000
- VEL: 규격집에 의한 고유 재질에 대한 음속 입력
- RANGE: 125㎜ 또는 적당한 값 입력
- DELAY: 0.000
- GAIN: 50.0

㉣ AMP Menu에서는 다음과 같이 Sub Menu들의 기본 값을 입력한다.

- DETECT: FULL
- PRF: 150Hz

㉤ GATE1 Menu에서는 다음과 같이 Sub Menu들의 기본 값을 입력한다.

- STATE: ON+VE
- STAT: 10.0
- WIDTH: 50 또는 적당한 값을 입력
- LEVEL: 50.0

㉥ GATE2 Menuㄴ는 OFF시킨다.

㉦ MEAS Menu에서는 다음과 같이 Sub Menu들의 기본 값을 입력한다.

- MODE: DEPTH
- TRIGGER: FLANK
- HUD: OFF
- T-MIN: OFF

㉧ 상기와 같이 설정을 하면 기본적인 설정은 끝나며, 적당한 교정블록을 이용하여, 정확한 설정 값을 지정하여 주면 된다.

두 번째로 두께측정 시 다음과 같은 절차에 의해 150s의 기본 실행 값을 설정하면 된다.

㉠ 최적의 Probe을 선택한다.

㉡ 측정하고자 하는 재질의 "Sample" 또는 표준 "Calibration Block" 을 이용하여 본장비의 설정 값을 최적화 시키도록 한다.

㉢ Sub Menu에 빠른 설정을 위해서는 ">>" 버튼을 두 번 또는 한 번 누름으로써 빠르게 세밀하게 Data를 설정할 수 있다.

㉣ CAL Menu에서는 다음과 같이 설정한다.

- ZERO: 현 상태로 둔다.
- VEL: 재질에 맞게 임의로 선택한다.
- RANGE: 작업범위에 맞게 지정한다.
- DELAY: 0.000으로 한다.
- GAIN: 50.0으로 한다.

㉤ AMP Menu에서는 다음과 같이 설정한다.

- DETECT: +VE HW
- PRF: 150Hz

㉥ GATE1 Menu에서는 다음과 같이 설정한다.

- STATE: ON+VE
- STAT: 10.0
- WIDTH: 작업범위에 따라 작업자가 임의로 지정해준다.
- LEVEL: 25.0

㉦ MEAS Menu에서는 다음과 같이 설정한다.

- MODE: DEPTH
- TRIGGER: FLANK
- HUD: OFF
- T-MIN: OFF

㉧ 상기와 같이 설정을 하면 기본적인 설정은 끝나며, 적당한 교정블록을 이용하여, 정확한 설정 값을 지정하여 주면 된다.

⑤ 반복하여 실습한다.

⑥ 정리 정돈한다.

⑦ 보고서를 작성한다.

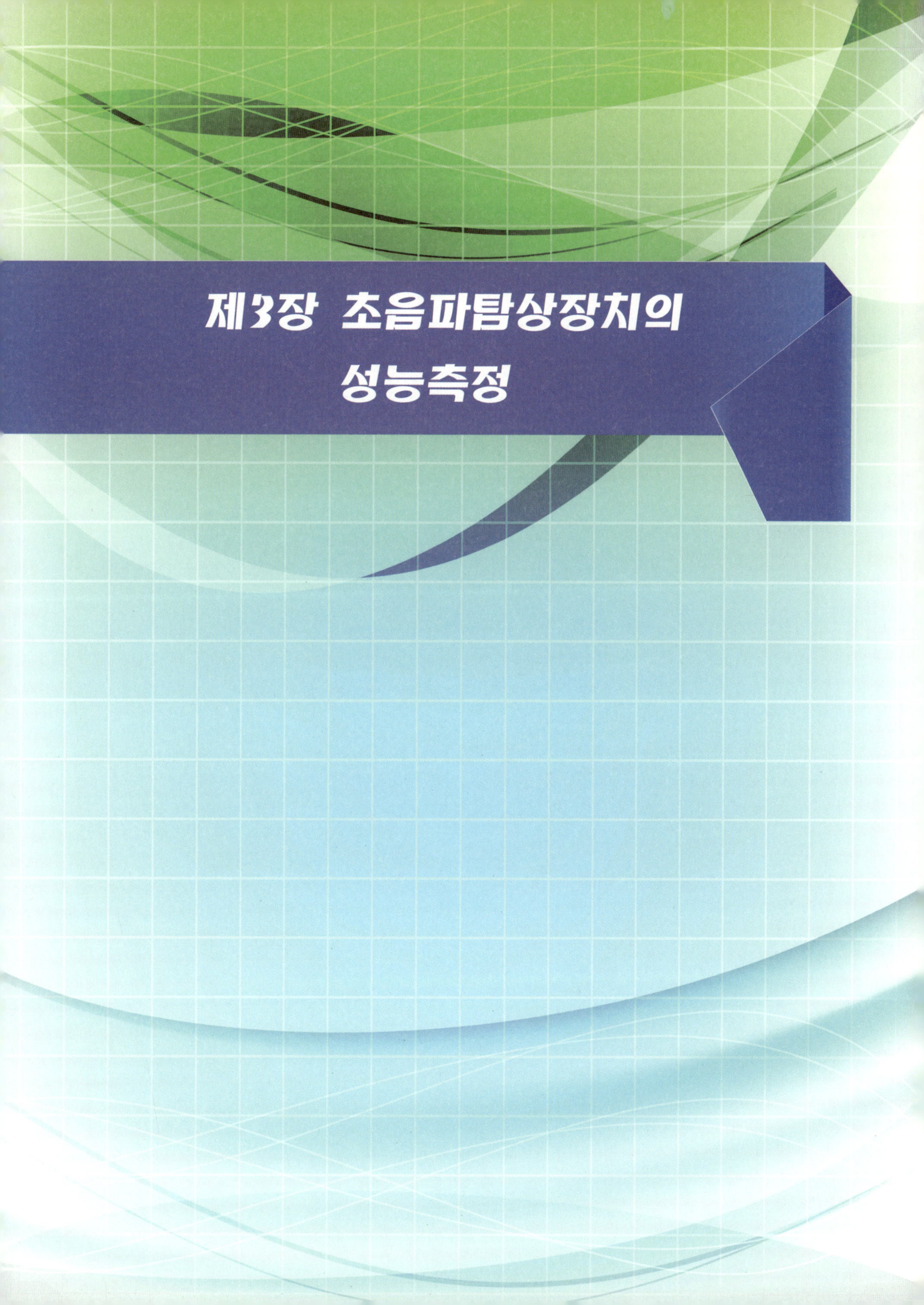

제3장 초음파탐상장치의 성능측정

제3장 초음파탐상장치의 성능측정

수동 조작으로 사용하는 초음파 펄스 반사법에 의한 기본 표시기를 갖는 초음파 탐상기와 탐촉자를 조합한 상태 또는 의사 신호원을 사용하여, 초음파 탐상 장치의 성능을 측정하는 방법 및 정기 점검의 방법에 대하여 알아본다.

성능 측정 항목으로는 KS B 0534에 따라서 증폭 직선성, 시간 축 직선성, 수직 탐상의 감도여유 값, 분해능 측정을 해본다.

1) 증폭 직선성

이 측정 방법은 직접 접촉법으로 규정하고 있으나, 물에 담가 측정하는 경우에도 음향 결합법 이외의 측정 방법은 이 측정방법과 동일하다.

① 사용기재

ⓐ 접촉매질: 머신유 등

ⓑ 탐촉자: 직접접촉용 수직 탐촉자(비접속의 것)

ⓒ 신호원: 표준 시험편 STB-G V 15-5.6으로 교정된 반사원 또는 의사 에코 신호를 발생하는 신호 발생기(초음파 탐상기에서 송신 펄스에 동기가 걸리는 것)

② 측정방법

ⓐ 시험편을 사용한 측정방법

㉠ 초음파 탐상기의 리젝션을 “0” 또는 “off”로 한다.

㉡ 그림 3.1(a)에 표시하는 사용기재의 접속에 따라 수직 탐촉자를, 접촉매질을 도포한 시험편에 접촉시키고, 표준 구멍으로부터의 에코 진폭이 최대가 되도록 탐촉자의 위치, 접촉 상태를 조정하고, 이 측정이 끝날 때까지 동일한 상

태를 유지한다.

㉢ 송신펄스, 저면에코 및 이 홈 에코가 표시기상에 나타나도록, 초음파탐상기의 측정 범위 및 음속 조정기를 조정한다.

㉣ 다른 조정 손잡이 등은 사용 상태와 동일하게 설정한다.

㉤ 홈 에코의 높이를 1% 단위로 읽고, 이것을 표시기 눈금판의 풀 스케일(이하 눈금이라 한다.)의 100%가 되도록, 초음파 탐상기의 게인 조정기를 조정한다.

㉥ 게인 조정기로 2㏈씩 게인을 저하시켜, 그 때의 홈 에코 높이를 표시기상에서 읽는다. 이것을 26㏈까지 계속한다.

㉦ 이론값과 측정값의 차를 편차로 하고, "양"의 최대 편차($+h$)와 "음"의 최대 편차($-h$)를 증폭 직선성으로 한다.

㉧ ㉥의 방법으로, 다시 30㏈까지 게인을 저하시켜서, 에코가 명료하게 관측될 수 있는지 여부를 판정하고, "에코 소실 상태"로 기록한다.

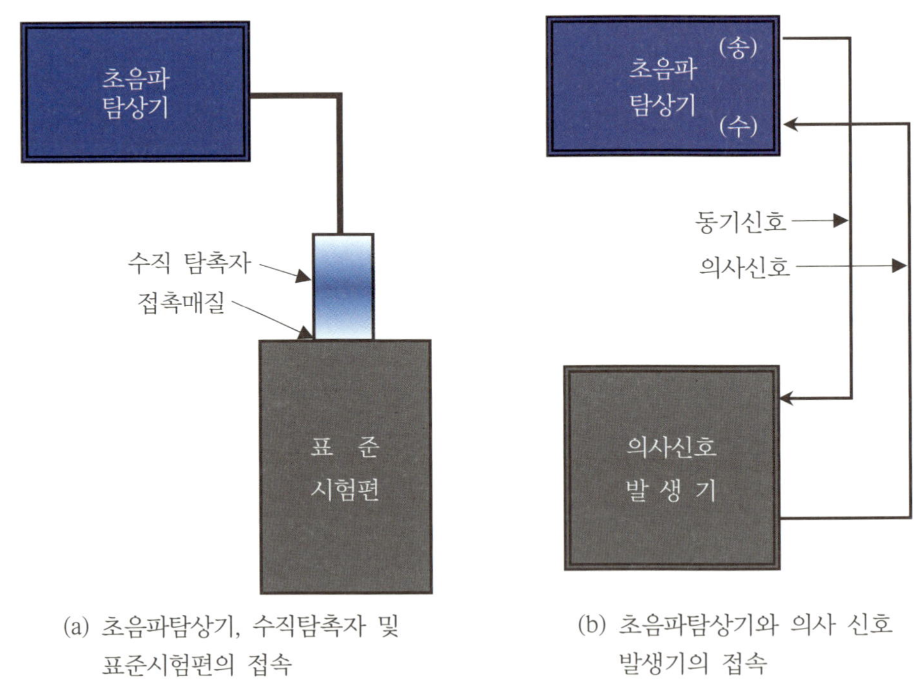

(a) 초음파탐상기, 수직탐촉자 및 표준시험편의 접속

(b) 초음파탐상기와 의사 신호 발생기의 접속

[그림 3.1] 증폭 직선성 측정을 위한 사용기재의 접속

ⓑ 의사 신호원을 사용한 측정 방법

㉠ 초음파 탐상기의 리젝션을 “0” 또는 “off”로 한다.

㉡ 그림 3.1(b)에 표시하는 사용 기재의 접속에 의하여 신호 발생기를 탐상기에 접속하고, 의사에코 신호가 표시기상에 나타나도록, 초음파탐상기의 측정 범위 및 음속 조정기를 조정한다.

㉢ 다른 조정 손잡이 등은 사용 상태와 동일하게 설정한다.

㉣ 홈 에코의 높이를 1% 단위로 읽고, 이것을 표시기 눈금판의 풀 스케일(이하 눈금이라 한다.)의 100%가 되도록, 초음파 탐상기의 게인 조정기를 조정한다.

㉤ 게인 조정기로 2㏈씩 게인을 저하시켜, 그 때의 홈 에코 높이를 표시기상에서 읽는다. 이것을 26㏈까지 계속한다.

㉥ 이론값과 측정값의 차를 편차로 하고, “양”의 최대 편차(+h)와 “음”의 최대 편차(−h)를 증폭 직선성으로 한다.

㉦ ㉤의 방법으로, 다시 30㏈까지 게인을 저하시켜서, 에코가 명료하게 관측될 수 있는지를 판정하고, “에코 소실 상태”로 기록한다.

2) 시간 축 직선성

이 측정 방법은 직접 접촉법으로 규정하고 있으나, 물에 담가 측정하는 경우에도 음향결합법 이외의 측정 방법은 이 측정 방법과 동일하다.

① 사용기재

ⓐ 접촉매질: 머신유 등

ⓑ 탐촉자: 직접 접촉용 수직 탐촉자(비집속의 것)

ⓒ 신호원: 측정범위(50, 125, 350㎜ 및 필요로 하는 측정범위)의 $\frac{1}{5}$의 두께를 갖는 시험편 또는 측정범위의 $\frac{1}{5}$ 간격으로 의사 저면에코를 발생하는 신호 발생기

② 측정방법

ⓐ 시험편을 사용한 측정방법

㉠ 초음파 탐상기의 리젝션을 “0” 또는 “off”로 한다.

㉡ 그림 3.2(a)에 표시하는 사용기재의 접속에 따라 수직 탐촉자를, 접촉매질을 도포한 시험편에 접촉시키고, 제1회 저면에코(B_1) 및 제6회 저면에코(B_6)를 표시기상에 표시하도록 초음파 탐상기의 시간축에 관계되는 조정기(탐상범위,

음속, 펄스위치 등의 조정기)를 조정한다.

㉢ B_1의 높이를 눈금의 50%가 되도록 게인 조정기를 조정하고 또한, 그 일어나는 곳에 표시기 시간축 눈금의 "0"과 일치하도록 시간축에 관계되는 조정기를 조정한다.

㉣ 다음에 B_6의 높이를 눈금의 50%로 하고, 그 일어나는 곳을 표시기의 시간 축 눈금의 "50" 눈금과 일치하도록, 시간 축에 관계되는 조정기를 조정한다. ㉢과 ㉣의 조정을 되풀이하여, ㉢ 및 ㉣의 상태를 양립시킨다.

㉤ 다음에 B_2의 높이의 50%로 하고, 이때 그 일어나는 곳의 위치와 눈금 "10"의 차를 최소 눈금의 $\frac{1}{5}$단위로 읽는다. 차례로 B_3, B_4, B_5의 일어나는 곳의 위치와 눈금 20, 30, 40의 차를 읽는다. 그리하여 이들 차의 +및 -의 최대값을 각각 $+X_{max}$ 및 $-X_{max}$로 한다.

㉥ 시간 축 직선성의 오차는 다음의 식으로 표시한다.

$\triangle X = \frac{+X_{max}}{X}$ 또는 $\triangle X = \frac{-X_{max}}{X}(\%)$ 식에서 $\triangle X$는 시간 축 직선성 오차이고, X는 시간 축 눈금의 풀스케일이다.

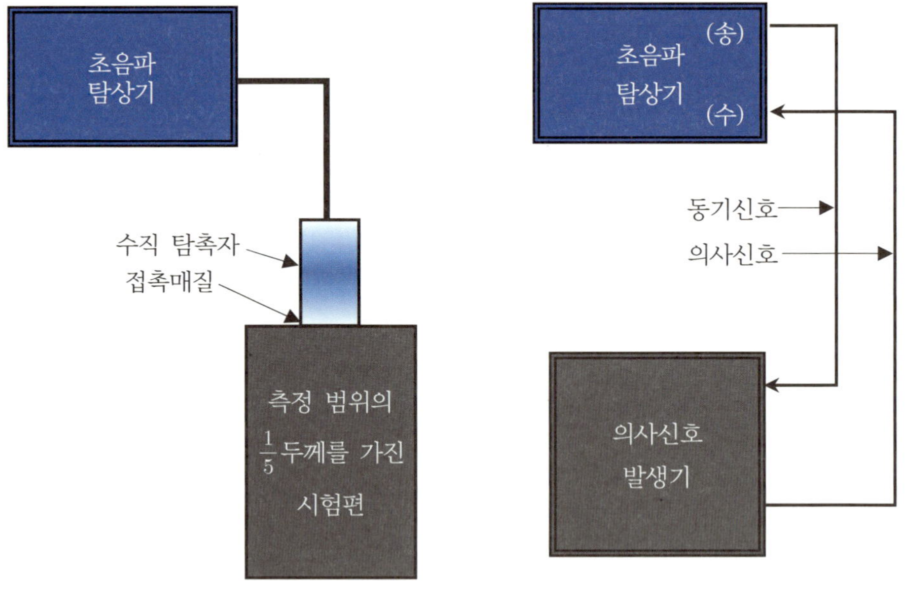

(a) 초음파탐상기, 수직탐촉자 및 시험편의 접속

(b) 초음파탐상기와 의사 신호 발생기의 접속

[그림 3.2] 시간 축 직선성 측정을 위한 사용 기재의 접속

ⓑ 신호 발생기를 사용한 측정방법

㉠ 초음파 탐상기의 리젝션을 "0" 또는 "off"로 한다.

㉡ 그림 3.2(b)에 표시하는 사용기재의 접속에 의하여, 의사 신호 발생기를 초음파탐상기에 접속하고, 의사 저면에코의 높이를 눈금의 50%가 되도록 조정한 후, 제1회 의사 저면에코(B_1) 및 제6회 의사 저면에코(B_6)를 표시기상에 표시하도록 초음파 탐상기의 시간 축에 관계되는 조정기(탐상범위, 음속, 펄스 위치 등의 조정기)를 조정하고, 이 상태를 측정이 끝날 때까지 유지한다.

㉢ B_1이 일어나는 곳은 표시기 시간 축 눈금의 "0"과 일치하도록 시간 축에 관계되는 조정기를 조정한다.

㉣ 다음에 B_6의 일어나는 곳은 표시기 시간 축 눈금의 "50" 눈금과 일치하도록, 시간 축에 관계되는 조정기를 조정한다.

㉤ ㉢과 ㉣의 조정을 되풀이하여, ㉢ 및 ㉣의 상태를 양립시킨다.

㉥ 이 상태에서 B_3, B_4, B_5의 일어나는 곳의 위치와 눈금 20, 30, 40의 차를 최소 눈금의 $\frac{1}{3}$ 단위로 읽는다. 그리하여 이들 차의 + 및 -의 최대값을 각각 $+X_{\max}$ 및 $-X_{\max}$로 한다.

㉦ 시간 축 직선성의 오차($\triangle X$)는 ⓐ항의 ㉥의 식으로 구한다.

3) 수직 탐상의 감도 여유 값

이 측정 방법은 직접 접촉법으로 규정하고 있으나, 물에 담가 측정하는 경우에도 음향 결합법 이외의 측정 방법은 이 측정 방법과 동일하다.

① 사용기재

ⓐ 접촉매질: 머신유 등

ⓑ 탐촉자: 수직 탐촉자(비접속의 것)

ⓒ 반사원: 표준 시험편 STB-G V 15-5.6의 표준 구멍 또는 이 시험편으로 교정된 시험편의 인공 홈

② 측정방법(물에 담가 측정하는 경우에도 음향 결합 방법을 제외하고는 측정 방법은 동일하다.)

ⓐ 그림 3.3(a)에 표시하는 사용기재의 접속에 의하여, 탐촉자를 시험편에 접촉 시키지 않은 상태에서 표시기상의 잡음 레벨이, 눈금의 10%이하가 되도록 초음파 탐

상기의 게인 조정기를 조정하고, 이때 게인 조정기의 값(S_0)을 읽는다.

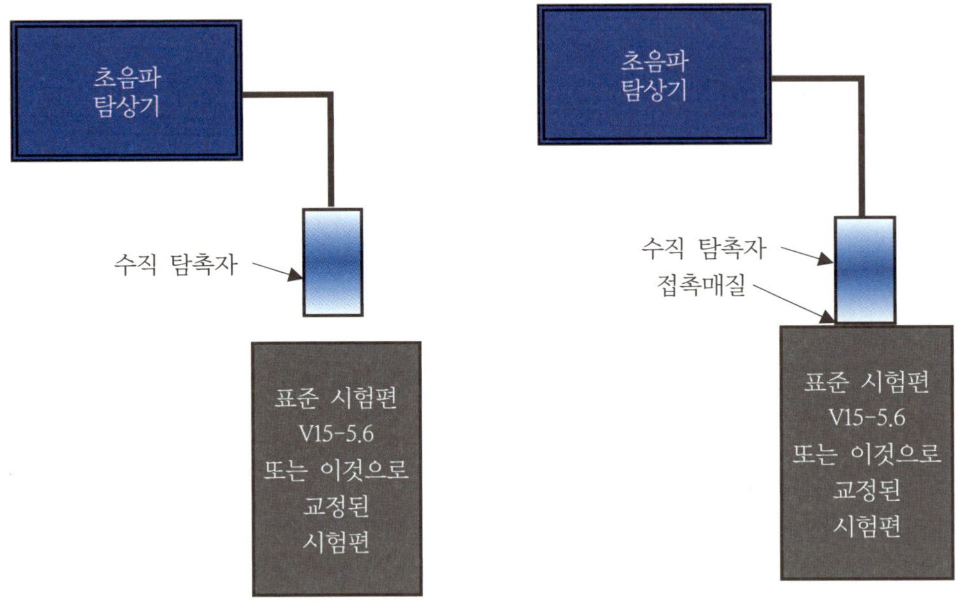

(a) 탐촉자를 시험편에 접촉시지 않은 상태에서 표시기상의 잡음 레벨을 측정한다.

(b) 탐촉자를 시험편에 접촉시킨 상태에서 표시기상의 잡음 레벨을 측정한다.

[그림 3.3] 수직 탐상의 감도 여유 값 측정을 위한 사용 기재의 접속

ⓑ 그림 3.3(b)에 표시하는 사용기재의 접속에 의하여 탐촉자를 접촉매질이 도포되어 있는 시험편에 접촉시키고, 표준 구멍 또는 인공 흠으로부터의 에코 높이가 최대가 되도록 탐촉자의 위치를 조정하고, 측정이 끝날 때까지 이 상태를 유지한다.

ⓒ 이 에코의 높이가 눈금의 50%가 되도록 초음파 탐상기의 게인 조정기를 조정하고, 조정기의 값(S_i)을 읽는다.

ⓓ 수직탐상의 감도 여유 값(S)의 식은 $S = S_0 - S_i(\text{dB})$이고 또한, 표준 시험편을 사용하여 측정한 경우에 (S)는 $S = S_0 - S_i \pm A(\text{dB})$ 여기에서 A는 V15-5.6의 표준 구멍으로부터의 에코 높이와 인공으로부터의 에코 높이의 비(dB값). 다만, +의 경우는 인공 홈으로부터의 에코 높이가 V15-5.6의 높이보다 낮을 때, -의 경우는 인공 홈으로부터의 에코 높이가 V15-5.6의 에코 높이보다 높을 때를 말한다.

4) 수직 탐상의 원거리 분해능

① 사용기재

ⓐ 접촉매질: 실제의 탐상 시험에 사용하는 것.

ⓑ 분해능 측정용 시험편: RB-RA형 대비 시험편. 다만, 광대역 탐촉촉자를 사용하는 경우는 RB-RB형 대비 시험편

ⓒ 탐촉자: 실제의 탐상 작업에 사용하는 수직 탐촉자

② 측정방법

ⓐ 그림 3.4의 사용 기재의 접속에서 초음파 탐상기의 리젝션을 "0" 또는 "off"로 하고, 탐상면과 수직이 되도록 초음파 빔을 입사한다.

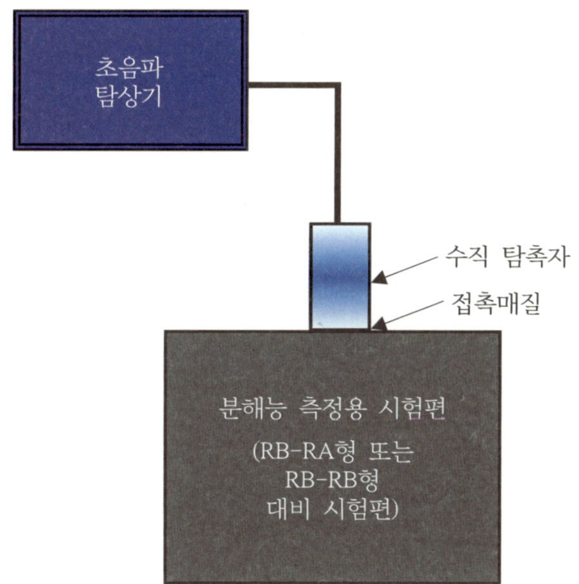

[그림 3.4] 수직탐상의 원거리 분해능 측정을 위한 사용 기재의 접속

ⓑ 초음파 탐상기의 기타 손잡이의 조절도는 실제의 탐상 작업에 사용하는 경우와 동일하게 한다.

㉠ 그림 3.5(a)의 RB-RA형 시험편을 사용하는 경우에는 탐촉자를 접촉매질이 도포된 시험편에 접촉시키고, 2개의 단차로부터의 에코 높이가 같고 또한, 이들 에코가 눈금의 100%가 되도록 탐촉자의 위치와 초음파의 게인 조정기를 조정하고, 2개의 에코 골 레벨 눈금의 3%(-30㏈)가 되는 단차를 구하여, 이것을 원거리 분해능으로 한다.

ⓛ 그림 3.5(b)의 RB-RB형 시험편을 사용하는 경우에는 탐촉자를 접촉매질이 도포되어 있는 시험편에 접촉시키고, 평저공 구멍으로부터의 에코 높이가 최대가 되도록 또한, 에코 높이가 눈금의 100%가 되도록 탐촉자의 위치와 초음파 탐상기의 게인 조정기를 조정하고, 평저 구멍의 에코와 저면에코 골의 레벨이 눈금의 3%(-30㏈)가 되는 저면으로부터 평저 구멍까지의 거리를 구하여, 이것을 원거리 분해능으로 한다.

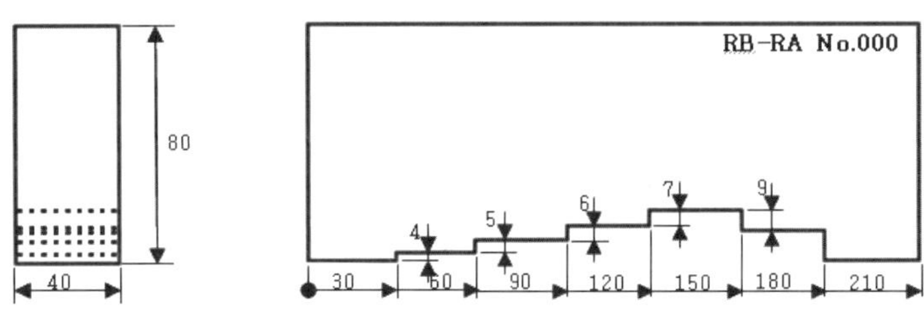

(a) 원거리 분해능 RB-RA형 시험편

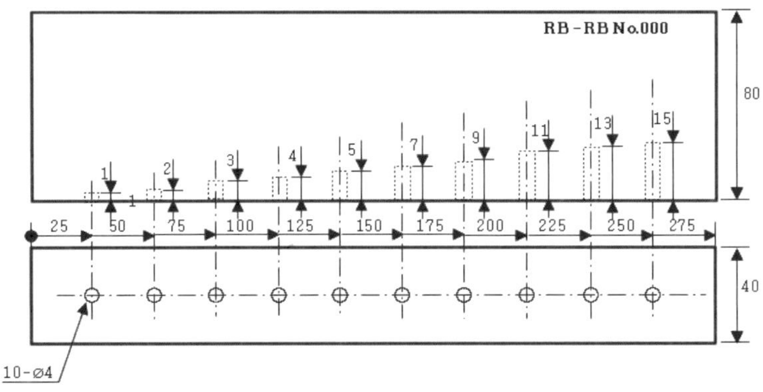

(b) 원거리 분해능 RB-RB형 시험편

[그림 3.5] 수직탐상의 원거리 분해능 시험편(단위: ㎜)

5) 수직탐상의 근거리 분해능

① 사용기재

ⓐ 접촉매질: 실제의 탐상 시험에 사용하는 것

ⓑ 분해능 측정용 시험편: RB-RC형 대비 시험편

ⓒ 탐촉자: 실제의 탐상 작업에 사용하는 수직 탐촉자

② **측정방법**

ⓐ 그림 3.6의 사용 기재의 접속에서 초음파 탐상기의 리젝션을 "0" 또는 "off"로 하고, 탐상면과 수직이 되도록 초음파 빔을 입사한다.

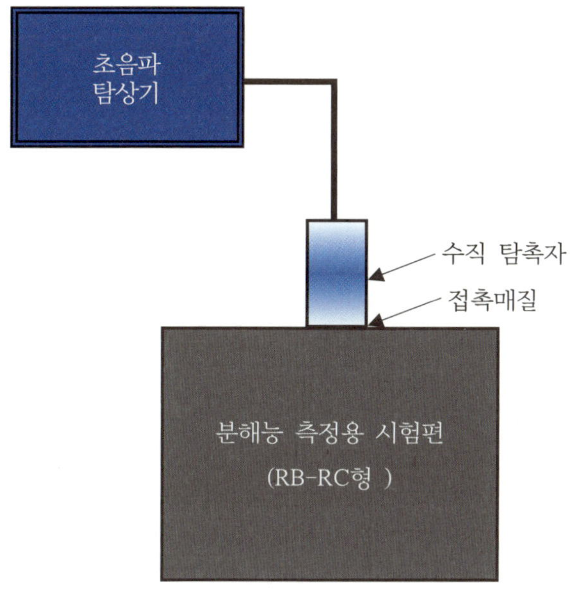

[그림 3.6] 수직탐상의 근거리 분해능 측정을 위한 사용 기재의 접속

ⓑ 초음파 탐상기의 기타 손잡이의 조절도는 실제의 탐상 작업에 사용하는 경우와 동일하게 한다.

ⓒ 탐촉자를 접촉매질이 도포되어 있는 그림 3.7의 RB-RC형 시험편에 접촉시키고, 시험편의 평저공 구멍으로부터의 에코 높이가 최대가 되고 또한, 에코 높이가 눈금의 100%가 되도록 탐촉자의 위치와 초음파탐상기의 게인 조정기를 조정하고, 표면 에코와 평저 구멍의 에코 골의 레벨이 눈금의 3%(-30dB)가 되는 표면으로부터 평저 구멍까지의 위치를 구하여, 이것을 근거리 분해능으로 한다.

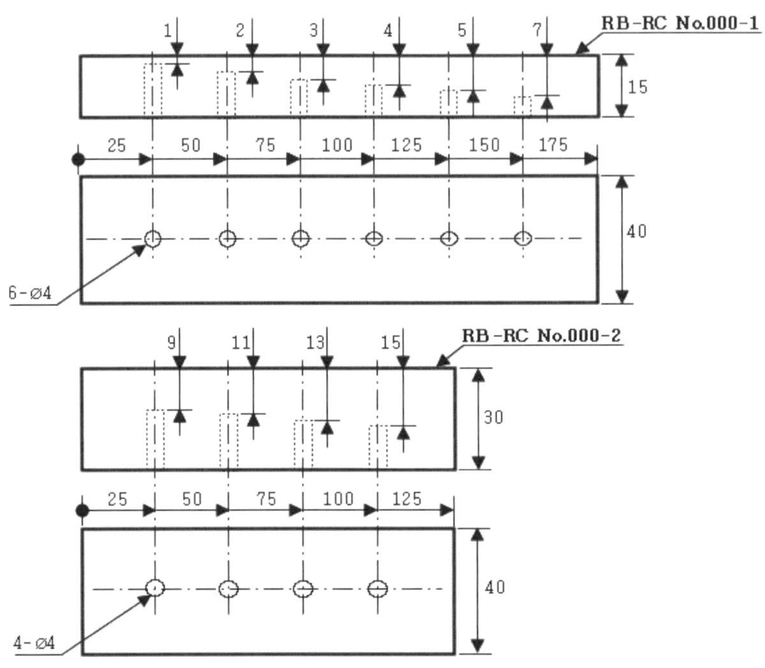

[그림 3.7] 수직탐상의 근거리 분해능 측정용 RB-RC 시험편(단위: ㎜)

6) 수직탐상의 추입범위

① 사용기재

ⓐ 접촉매질: 실제의 탐상 시험에 사용하는 것

ⓑ 시험편: RB-E형 대비 시험편

ⓒ 수직 세로파 탐촉자: 실제의 탐상 작업에 사용하는 것

② 측정방법

ⓐ 그림 3.8의 사용 기재의 접속에서 초음파 탐상기의 리젝션을 “0” 또는 “off”로 하고, 탐상면과 수직이 되도록 초음파 빔을 입사한다.

ⓑ 초음파 탐상기의 기타 손잡이의 조절도는 실제의 탐상 작업에 사용하는 경우와 동일하게 한다.

ⓒ 탐촉자를 접촉매질이 도포되어 있는 시험편의 48㎜두께인 곳에 접촉시키고, 이 부분에 제1회 저면 에코(B_1)의 높이가 눈금의 100%가 되도록 게인 조정기를 조정하고, 이후 이 측정이 완료할 때까지 초음파 탐상기의 손잡이 조절도를 일정하

게 한다.

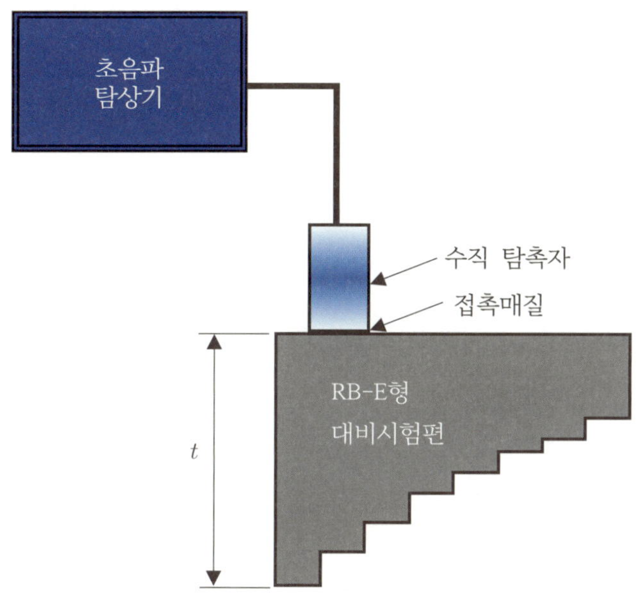

[그림 3.8] 수직 탐상의 추입 범위 측정을 위한 사용 기재의 접속

ⓓ 탐촉자를 접촉매질이 도포되어 있는 시험편의 두꺼운 부분으로부터 얇은 부분쪽으로 옮겨서 B1의 높이가 눈금의 80% 이하가 되기 직전의 판 두께(t)를 구한다. 이 두께를 수직 증폭기의 추입범위로 한다.

7) 경사각 탐상의 A1 감도 및 A2 감도

① 사용기재

ⓐ 접촉매질: 머신유 등

ⓑ 시험편: 표준 시험편 STB-A1 및 STB-A2

ⓒ 탐촉자: 실제의 작업에 사용하는 직접접촉용 경사각 탐촉자

② 측정방법

ⓐ 초음파 탐상기의 리젝션을 "0" 또는 "off"로 하고, 기타 손잡이의 조절도는 실제의 탐상 작업에 사용하는 경우와 동일하게 한다.

ⓑ 표준 시험편 STB-A1 및 STB-A2를 사용한다.

㉠ A1 감도: 탐촉자를 초음파탐상기에 접속하고, 그림 3.3(a)와 같이 탐촉자를 시험편에 접속시키지 않은 채로, 표시기상의 잡음 레벨이 눈금의 10% 이하로 되는 범위에서 될 수 있는 대로 높은 감도가 되도록 게인 조정기를 조정하고, 이때의 게인 조정기의 값(A_0)을 읽는다. 다음에 그림 3.9(좌) 사용 기재의 접속에서 경사각 탐촉자를 접촉매질이 도포된 A1시험편에 접속시킨다. 경사각 탐촉자를 STB-A1의 R100면으로 향하게 하고, 초음파 빔의 방향이 이 시험편의 옆면과 평행을 유지하도록 하여, 탐촉자의 입사점을 이 시험편의 R100을 표시하는 마크와 일치시킨다. 이때의 R100면으로부터의 에코 높이가 눈금의 50%가 되도록 조정기를 조정하고, 이때의 값(A_i)을 읽는다.

A1 감도(A_1)는 식 $A_1 = A_0 - A_i$(dB)으로 구한다.

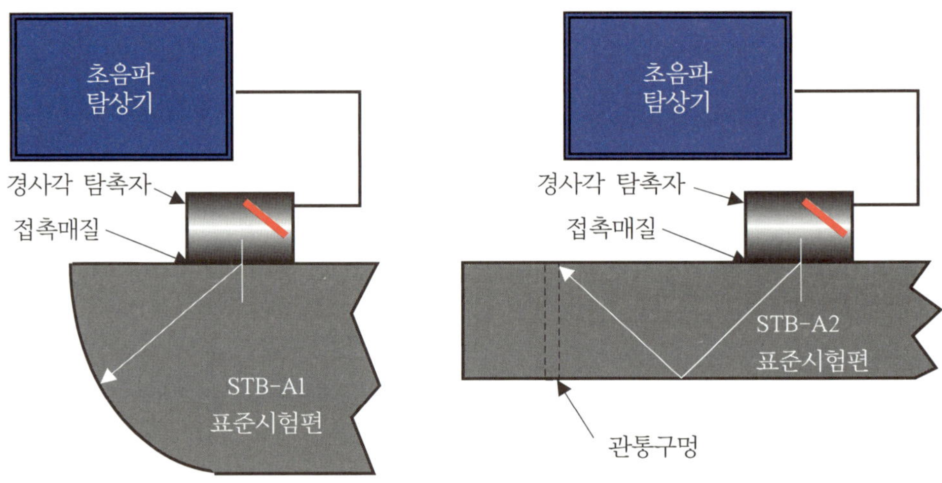

[그림 3.9] 경사각 탐상의 A1 감도(좌) 및 A2 감도(우) 측정을 위한 사용기재의 접속

㉡ A2 감도: ㉠과 동일한 방법으로 게인 조정기의 값(A0)를 읽어서 기록한다.

다음에, 그림 3.9(우) 사용 기재의 접속에서 경사각 탐촉자를 접촉매질이 도포되어 있는 STB-A2에 접속시키고, 지름 1.5㎜의 관통구멍을 1스킵으로 조준한다. 이때, 에코의 높이가 최대가 되도록 탐촉자의 위치를 조정한 후 에코 높이가 눈금의 50%가 되도록 게인 조정기를 조정하고, 이때의 게인 조정기의 값(A_i)를 읽는다. A2 감도(A_2)는 식 $A_2 = A_0 - A_i$ (dB)으로 구한다.

8) 경사각 탐상의 분해능

① 사용기재

ⓐ 접촉매질: 실제의 탐상 작업에 사용하는 것.

ⓑ 시험편: RB-RD형 대비시험편

ⓒ 탐촉자: 실제의 작업에 사용하는 경사각 탐촉자

② 측정방법

ⓐ 초음파 탐상기의 리젝션을 "0" 또는 "off"로 하고, 기타 손잡이의 조절도는 실제의 탐상 작업에 사용하는 경우와 동일하게 한다.

ⓑ 그림 3.10의 사용 기재의 접속에서 탐촉자를 접촉매질이 도포되어 있는 그림 3.11에 표시하는 RB-RD형 분해능 측정용 대비 시험편에 접속한 후, 2개의 단차로부터의 에코 높이가 가장 높고 또한, 같게 될 수 있도록 탐촉자의 위치를 조정한다. 또한, 이들 에코의 높이가 눈금의 100%가 되도록, 게인 조정기를 조정한다.

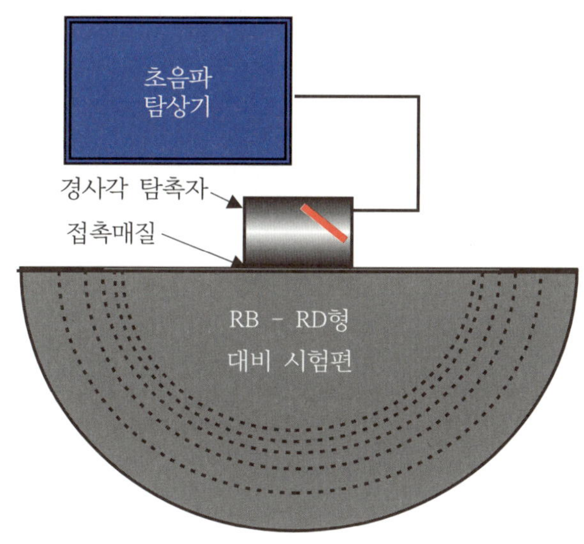

[그림 3.10] 경사각 탐상의 분해능 측정을 위한 사용 기재의 접속

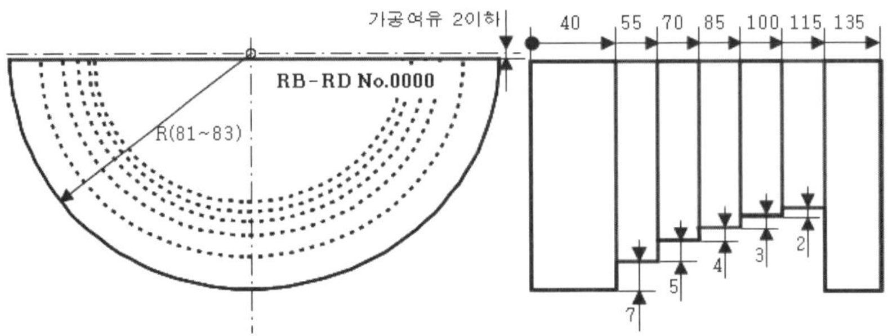

[그림 3.11] 경사각 탐상의 원거리 분해능 측정용 RB-RD 시험편

ⓒ 2개의 에코 골의 레벨이 눈금의 3%(-30㏈)가 되는 단차를 구하여 이것을 경사각 탐상의 분해능으로 한다.

4.1 수직탐상의 기초
4.2 시간 축(측정범위)의 조정
4.3 반사원의 위치측정
4.4 지연에코의 확인
4.5 원주면 에코의 확인
4.6 에코높이의 측정
4.7 수직탐상의 응용
4.8 판재의 탐상
4.9 단강품의 탐상

제4장 수직탐상

4.1 수직탐상의 기초

수직탐상이란 시험체 표면에 수직으로 초음파가 진행하도록 탐촉자를 배치하고 접촉매질을 통해 시험체 내에 초음파를 전파시켜 결함이나 저면으로부터의 에코높이나 위치를 구하고 시험체의 건전성을 조사하는 것이다. 수직탐상에 의한 결함의 검출방법, 탐상방향의 선정, 검출레벨과 탐상감도의 설정, 결함지시 길이의 측정방법, 탐상 시 주의점, 탐상결과에 대한 평가방법 등을 실습을 통해 숙지한다.

1) 결함의 검출방법

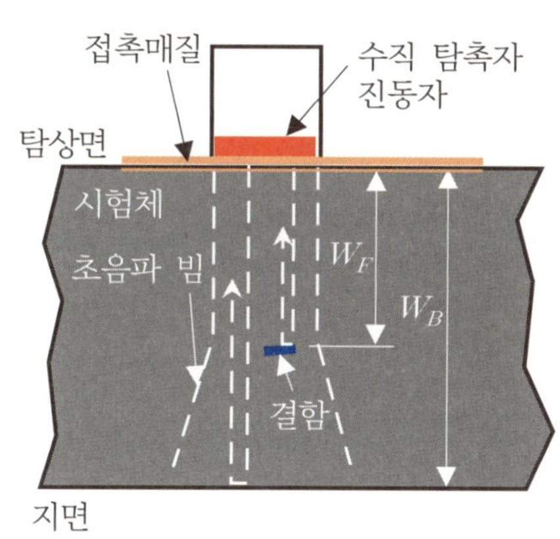

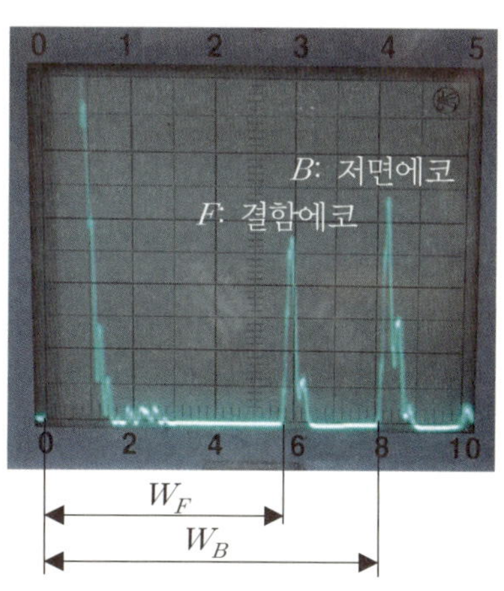

[그림 4.1] 수직탐상의 원리와 그 탐상도형

그림 4.1에 수직탐상법의 원리와 그 탐상도형을 나타내고 있다. 결함이 존재하지 않는 건전부에서는 (a)에서와 같이 브라운관에는 저면에코만이 나타나고 결함부에서는 (b)와 같이 저면에코 앞에 결함에코가 나타난다. 따라서, 결함을 검출하는 데는 그림 4.1(a)과 같이 탐상면에서 탐촉자를 이동(주사)시키면서 브라운관을 관찰하고 저면에코 앞에 나타나는 에코(결함에코)를 찾아 결함의 유무를 조사한다.

2) 결함위치의 측정방법

탐상에 앞서 브라운관 횡축의 각 눈금이 몇 ㎜에 상당하는가를 표준시험편(STB-A1, STB-N1) 또는 대비시험편을 이용하여 조정한다. 이것을 측정범위의 조정 또는 시간축의 조정이라 부른다. 조정된 시간 축에 있어서 건전부에서는 브라운관에 나타나는 저면에코의 빔 진행거리 W_B 가 시험체의 두께 t_I 에 상당하고 t_I 는 다음 식으로 구할 수 있다.

$$t_I = W_B$$

한편, 결함부에서는 결함이 탐촉자의 직하에 있는 것으로 브라운관에 검출된 결함에코의 최대높이를 나타내는 에코의 빔 진행거리 W_F와 그 때의 탐촉자 위치(X_p, Y_p), 결함위치(Y_F, Z_F)는 각각 다음 식으로 구하는 것이 가능하다.

- 탐상의 기점부터 결함까지의 X방향거리 $X_F = X_p$
- 탐상의 기점부터 결함까지의 Y방향거리 $Y_F = Y_p$
- 탐상 면으로부터 결함까지의 Z방향(두께 방향)거리 $Z_F = W_F$

3) 탐촉자의 선정

보통형의 수직 탐촉자(평면진동자)를 사용하는 경우에는 그 주파수 및 진동자 치수가 탐상에 미치는 영향을 고려한다.

① 주파수

초음파의 파장이 짧을수록 결함에 의한 초음파는 반사되기 쉽기 때문에 주파수가 높을수록 미소결함 검출능은 높아진다. 검출한계가 되는 결함크기는 보통강에서 파장의 1/10 정도이다. 주파수가 높을수록 탐촉자의 지향성은 예리하기 때문에 결함위치의 측정정밀도를 높이기 위해서는 높은 주파수가 좋다.

그러나 초음파 빔은 가늘기 때문에 탐촉자의 주사피치는 작게 할 필요가 있다. 또, 면상결함의 반사지향성도 예리해지기 때문에 초음파 빔에 대해 경사가 있는 결함이 예상되는 경우에는 필요 이상으로 주파수를 높이지 않는 것이 좋다.

초음파의 파장이 금속의 결정립의 크기와 같지 않거나 그 이하일 때 다시 말해 주파수가 너무 높은 경우 또는 결정립이 조대한 경우에는 산란감쇠가 크고 또 결정립계에서 산란 등에 의한 임상에코가 나타나게 되고 결함검출이 곤란해진다. 이와 같은 경우에는 저주파수를 사용한다.

② 진동자 치수

진동자크기가 크게 되면 근거리음장한계가 길어지므로 근거리 결함의 검출에는 적합하지 않다. 따라서 시험대상 부위까지의 최단거리가 적어도 근거리음장한계거리이상이 되도록 진동자크기를 선택하면 최대에코높이를 나타내는 탐촉자 위치로부터 결함크기를 정밀하게 측정할 수 있다.

진동자의 지향성은 결함위치를 정확히 측정할 수 있으므로 지향성이 예리하도록 진동자치수는 큰 것을 선택하면 좋다. 결함면이 탐상면과 평행이 아닌 결함에 대해서는 그 결함의 빠뜨림을 방지하기 위해 진동자 치수가 작은 것을 선택하면 좋다.

4) 탐상방향의 선정

초음파탐상시험에서는 초음파의 진행방향에 수직하게 결함이 존재할 때 결함으로부터의 반사에코는 크게 나타나 검출이 용이하게 된다. 따라서, 수직탐상을 적용하는 경우 시험부 전체를 초음파 빔이 미치는 것만 아니고 검출해야 할 결함의 발생위치, 방향에 대응한 탐상방향을 선정하지 않으면 안 된다.

다시 말해, 결함을 가장 잘 검출할 수 있는 방향은 일반적으로 결함의 투영 면적이 최대로 되는 방향, 바꿔 말하면 결함을 가장 크게 볼 수 있는 방향이다. 예를 들면, 압연재에서는 내부결함이 압연방향에 길게 펴져 있기 때문에 판 두께 방향에서의 투영 면적이 최대가 된다. 이 때문에 강판의 수직탐상에서는 그 압연 면을 탐상 면으로 하고 있다.

5) 검출레벨과 탐상감도

① 검출레벨

검출레벨이라는 것은 결함의 평가대상으로 하는 하한의 에코높이 레벨로 초음파탐상시험을 실시하고 이 레벨을 넘는 에코가 나타났을 때 그 반사원의 위치나 크기 등을 측정하고 그것들에 의해 시험체를 평가 또는 시험체 그 후의 처치를 결정하게 된다.

따라서 검출레벨은 초음파탐상시험에 의해 검출해야 할 결함을 빠뜨리지 않는 최저 레벨로 결정할 필요가 있고 검출해야 할 결함의 최소크기와 그 에코높이를 참고로 하여 설정한다.

② 탐상감도와 그 조정방법

탐상감도라는 것은 결함에코(또는 관찰, 감시하려 하는 에코)를 브라운관상에 어느 정도의 크기로 표시하는가를 말하며 결함검출을 목적으로 하는 초음파탐상시험에는 검출레벨이 브라운관상에서 관찰하기 쉬운 적절한 높이가 되도록 설정한다. 탐상감도를 조정하는 방법으로는 에코높이의 기준으로 사용하는 시험편 또는 반사원으로부터 저면에코방식과 시험편방식으로 대별되고, 다시 시험편방식은 표준시험편을 사용하는 경우와 대비시험편을 사용하는 경우로 구별된다.

4.2 시간 축(측정범위)의 조정

측정범위란 눈금판 횡축 눈금의 0눈금에서 50눈금까지의 범위를 표시하는 거리로 보통 0눈금을 시험체의 표면(탐상면)으로 했을 때 50눈금이 시험체 중 거리의 몇 ㎜에 상당하는지를 나타낸 것이다. 즉, 탐상기의 Screen의 크기(즉, CRT의 시간 축 10 눈금판)를 검사할 수 있는 크기로 조절하는 것을 말하며, 10눈금판의 크기를 나타낸다. 측정범위는 검사자가 임의로 설정하되 10눈금을 측정범위로 나누어 정수가 되는 것으로 하되 신호간 거리를 읽기 쉬운 것으로 설정한다.

측정범위의 선정은 탐상도형의 표시방법 및 시험체의 크기에 따라 정해지며, 조정 및 에코위치를 읽기 쉽도록 25, 50, 100, 125, 200, 250, 및 500 ㎜ 등의 측정범위가 흔히 사용된다. 측정범위를 눈금수로 나누어주면 한눈금의 수치기 나온다.

4.2.1 아날로그장비의 경우(USK-7S)

STB-A1의 치수(두께 25㎜)를 사용하여 측정범위를 100㎜에 조정하는 순서는 다음과 같다.

① 전원스위치를 ON시킨 후 약 5분 동안 warm-up시킨 후 수직 탐촉자를 탐상기의 "송신" 측에 접속한다(그림 4.2).

[그림 4.2] 송신펄스 확인

② 송신펄스 T가 표시기 횡축 눈금 "0" 부근에 오도록 펄스위치조정노브로 조정한다(그림 4.3(a)).

③ STB-A1 표준시험편 25㎜ 두께면의 탐상면에 기계유를 도포하고 수직 탐촉자를 접촉시킨 후 저면에코($B_1 \sim B_4$)가 표시기상에 나타나도록 펄스위치조정노브와 음속조정노브를 조정한다(그림 4.3(a)).

④ 게인조정노브를 조작하여 제4회째(B_4)의 저면에코높이가 CRT상에 30~60%가 되게 조정한다.

⑤ 제1회째의 저면에코(B_2)의 상승위치가 표시기 횡축 25눈금(50㎜)에 오도록 펄스위치조정노브를 조작하여 조정한다(그림 4.3(b)).

⑥ 제4회째의 저면에코(B_4)의 상승위치가 표시기 횡축 50눈금(100㎜)에 오도록 음속조정노브를 조작하여 조정한다(그림 4.3(c)).

⑦ ⑤, ⑥을 순차 반복하여 조정하여 저면에코(B2)의 상승위치를 25눈금에 B4의 상승위치를 50눈금(100㎜)에 조정완료 후 펄스위치조정노브와 음속조정노브를 Lock시킨다(그림 4.3(d)와 그림 4.3(e)).

⑧ 탐촉자를 시험체로부터 분리한 상태에서 송신펄스가 눈금판 횡축의 "0"눈금 부근에 있는 지를 반드시 확인한다.

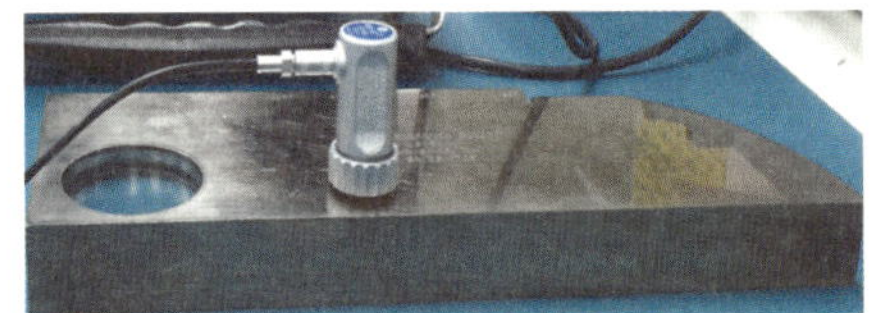

STB-A1의 25㎜

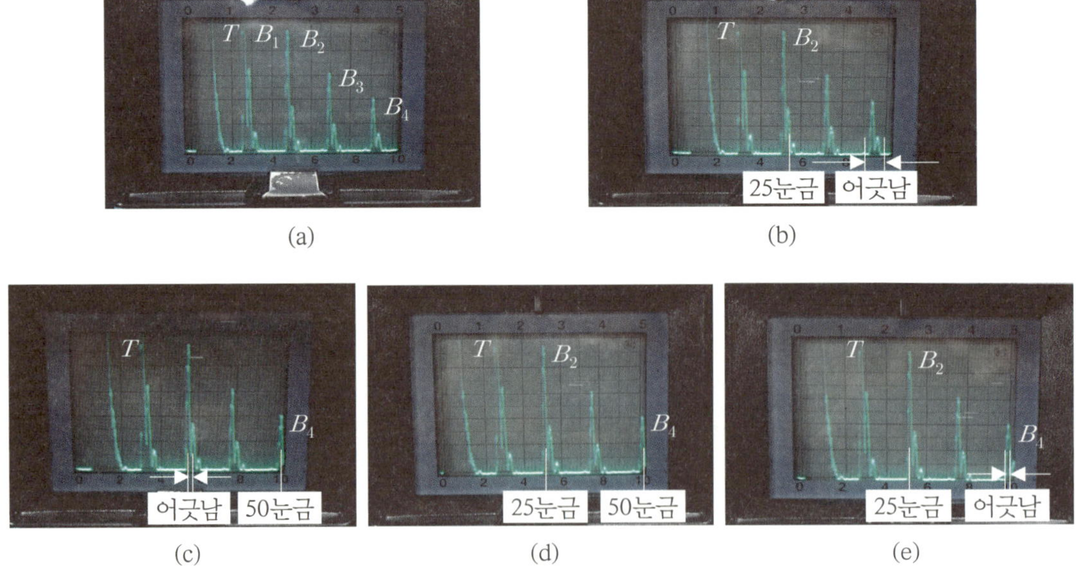

(a) (b) (c) (d) (e)

[그림 4.3] 측정범위 100㎜ 조정순서(STB-A1 25㎜)

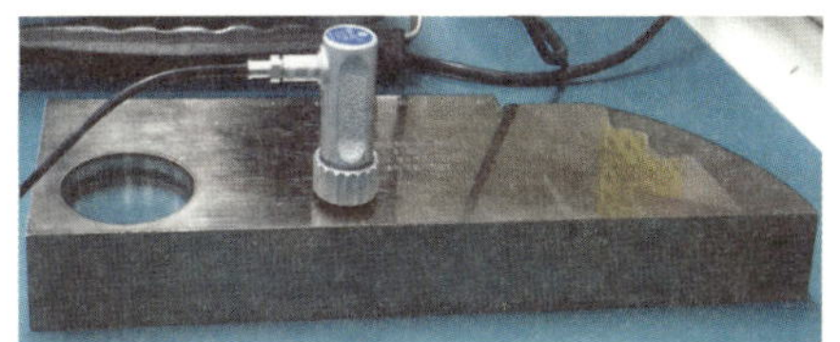

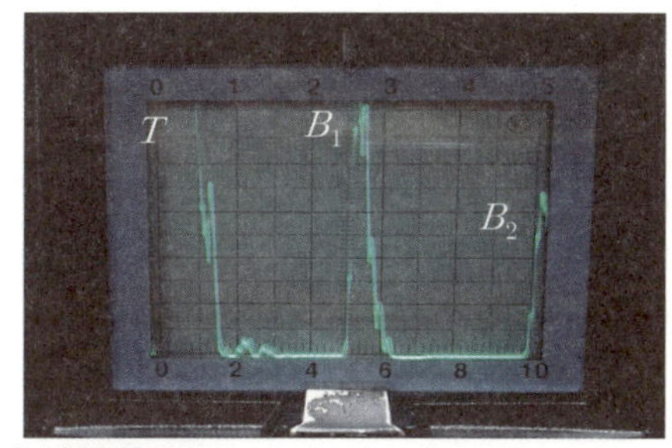

측정범위 50㎜

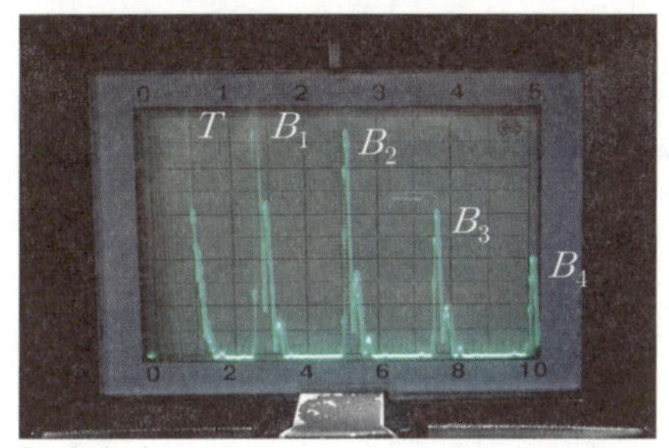

측정범위 100㎜

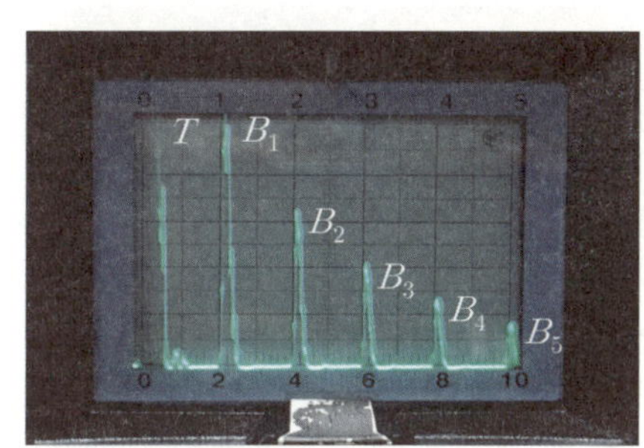

측정범위 125㎜

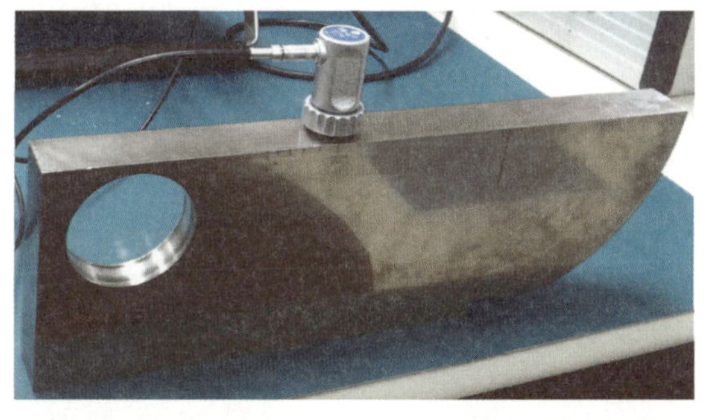

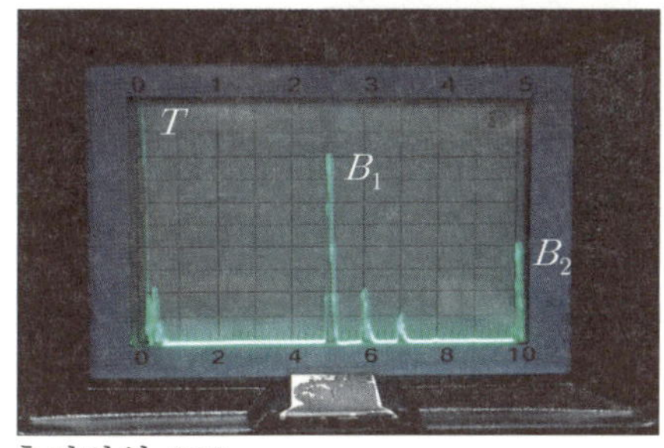

측정범위 200㎜

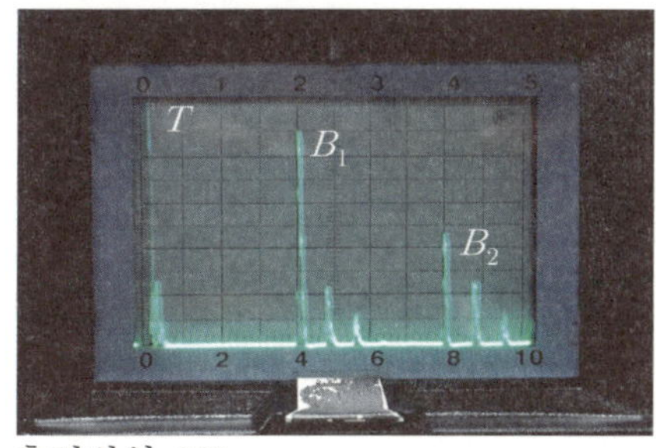

측정범위 250㎜

[그림 4.4] 측정범위의 결과조정

측정범위를 50, 100, 125, 200 및 250㎜에 조정할 때의 탐촉자 배치와 탐상도형의 예 및 측정범위조정 결과를 그림 4.4에 나타내고 있다.

특히, 주의할 점은 STB-A1 100㎜를 사용하여 측정범위를 200㎜ 및 250㎜에 조정할 때는 B_1 ~ B_2 사이에 그림 4.5에서와 같이 지연에코가 나타나기 때문에 지연에코를 측정범위 조정에 이용하지 않도록 주의해야 한다.

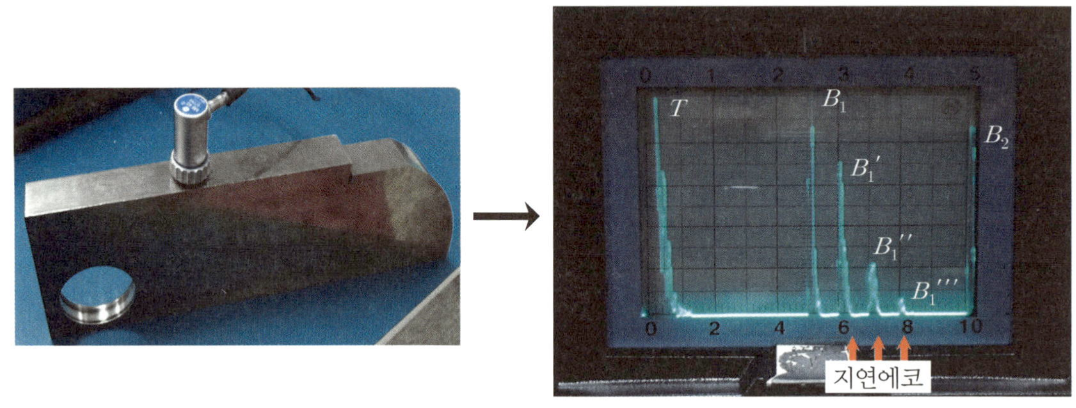

[그림 4.5] 측정범위 200㎜ 조정 시 나타나는 지연에코

4.2.2 디지털장비의 경우(Sitescan 150s)

수직탐상 Calibration 방법은 초음파탐상에서 기본이 되는 탐상방법으로, 수직탐상을 하기 전에 장비와 Probe에 대한 교정이 우선적으로 이루어져야 한다. 즉 검사하고자 하는 금속에 대한 정확한 Data를 얻기 위해서는 "ZERO"와 "VEL"을 정확하게 설정해 주어야 한다.

우선 수직 탐상을 위해서는 다음의 3가지 중요한 요건을 충족시켜야 한다.

첫째 적절한 Probe의 선택, 둘째 탐상하고자 하는 금속과 같은 재질로 이루어진 정밀하고 감도가 좋은 교정 및 참조 Block을 선택, 셋째 정확한 장비 및 Probe의 교정방법을 숙지한다.

1) "VEL" 교정절차

① POWER 스위치를 눌러 장비를 ON 시킨다.

② SINGLE/DOUBLE 스위치를 SINGLE이 되도록 조정한다.

③ 메인 메뉴 중 "CAL"을 선택한 후 "< >"을 이용하여 "CAL"에 맞추고 서브 메뉴의

"VEL"에 커서를 놓고 와 Key를 이용하여 5900㎧정도로 조정한다(이때 서브 메뉴 안의 상자에 변수와 〉 또는 》 마크는 변수를 조정할 때 조정속도 및 조정 숫자의 크기를 조정하기 위한 표시이므로{ 〉(미세조정), 》(빠른 속도 및 저장된 변수로 변환) 설정할 때 유용하게 사용하면 된다).

④ 서브 메뉴의 "RANG"를 125㎜정도로 조정한다.

⑤ "< >" Key를 이용하여 "AMP"로 이동하여 서브메뉴의 "DETECT"에 커서를 놓고 와 Key를 이용하여 "FULL"로 놓는다.

⑥ 메인 메뉴를 "MEAS"에 놓고 서브 메뉴의 변수들을 조정한다.

ⓐ MODE: E-E(본 모드에 놓으면 2겹의 "GATE"가 나타날 것이다.)
ⓑ TRIGGER: FRANK
ⓒ HUD: 작업자에 의해 결정
ⓓ BLANK: 추후 설정

⑦ 수직 Probe를 V1 또는 A1 Block의 25㎜ 교정 위치에 놓은 후 2개 이상의 Echo가 나타나는지 확인한다.

⑧ 화면상에 2겹의 "GATE" 중 위쪽에 위치한 "GATE"를 Echo에 걸리게 위치하고, 아래쪽에 위치한 "GATE"는 두 번째 Echo에 걸리게 위치한다. 이때 본 "GATE"를 조정하는 메뉴는 메인 메뉴 중 "GATE1"에서 하면 되고, 아래쪽에 있는 "GATE"가 두 번째 Echo에 정확하게 걸리지 않을 시에는 위의 "ⓓ"항, 즉 "BLANK"을 이용하여 폭을 조절한다(그림 4.6).

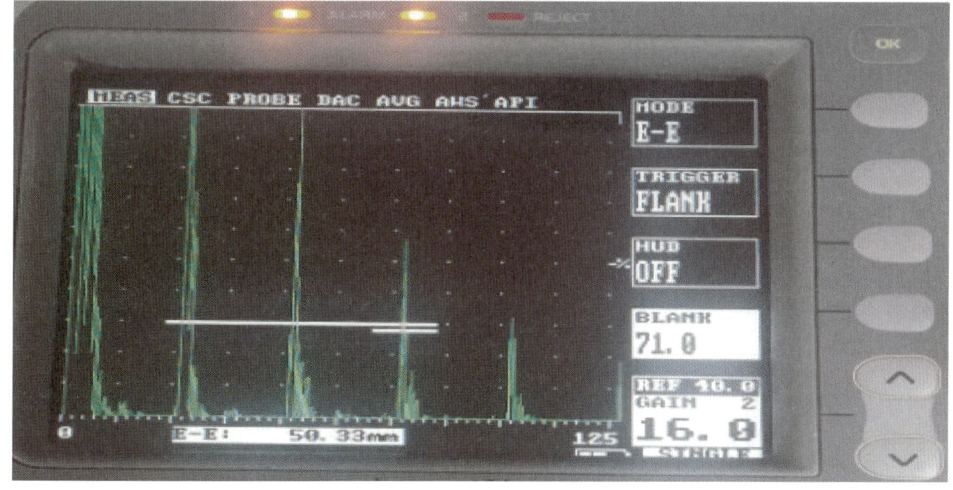

[그림 4.6] "E-E"의 설정방법

⑨ 이때 “GATE2”는 “OFF”로 설정해야 한다.

⑩ 위와 같은 절차로 설정을 하면 화면 아래의 “E-E”라는 란에 임의의 숫자가 표시될 것이다. 이 숫자의 의미는 Echo와 Echo 사이, 즉 2겹의 “GATE”에 걸린 Echo 사이의 거리를 나타내는 것으로, V1 또는 A1의 Block에서는 “50㎜”가 되어야 한다.

⑪ “⑩”에서 설명한 것과 같이 “50㎜”가 되게 하기 위하여 메인 메뉴 중 “CAL”에서 “VEL”에 커서를 놓은 후 ↳와 ↲ Key를 이용하여 본 숫자를 “50㎜”가 되게 조절하면 된다. 그러면 음속에 대한 조정이 완료된 것이다.

2) “ZERO” 교정절차

위와 같이 “VEL”의 교정이 완료되면, 이제 “ZERO”를 설정해주면 된다.

① 우선 메인 메뉴 중 “MEAS”에서 “E-E”로 되어 있는 모드를 “DEPTH” 모드로 설정한다. 그러면 “GATE”가 한 개의 Bar로 나나날 것이며, 화면 하단에는 “D:--mm H:--%”라는 기호와 숫자들이 나타날 것이다.

② Probe을 V1 또는 A1 Block의 25㎜ 교정위치에 놓은 후 2개 이상의 Echo가 나타나는지 확인한다.

③ “GATE1”을 첫 번째 Echo에 위치시키고, Probe을 장 고정시킨다. 이때 “D:--㎜”의 숫자가 “25㎜”가 되어야 한다(그림 4.7-①).

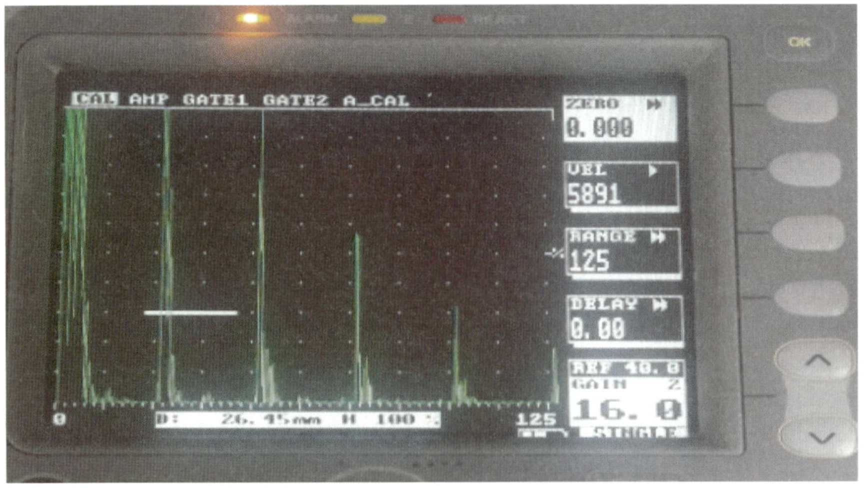

[그림 4.7-①] “ZERO”의 설정방법

④ 만약 "25㎜"가 되질 않는다면, 메인 메뉴 "CAL"의 "ZERO"에 커서를 위치시키고, ↳와 ↰ Key를 이용하여, "25㎜"로 설정해주면 된다(그림 4.7-②).

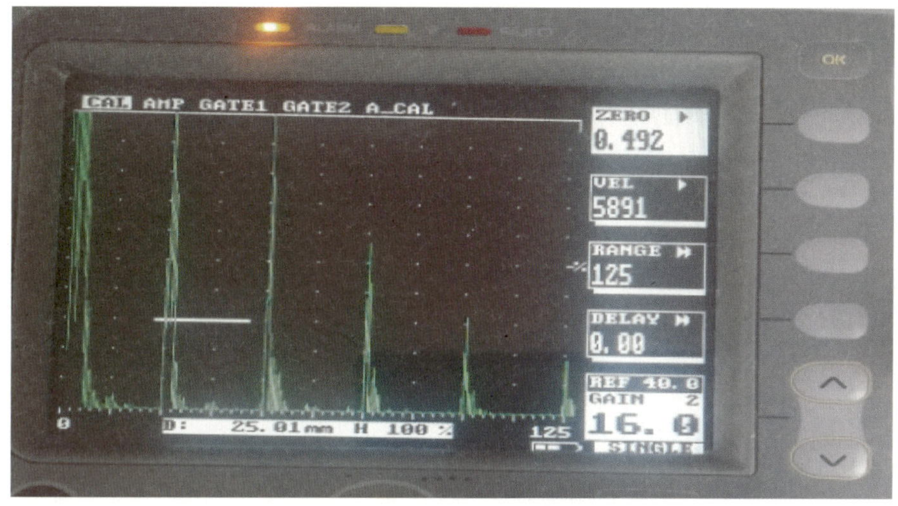

[그림 4.7-②] "ZERO"의 설정방법

이상과 같은 절차에 의해 탐상기와 Probe에 대한 최적의 교정 값을 얻게 될 것이며, 현장에서는 검사를 하는 품목에 대한 정확한 Data를 얻게 될 것이다.

4.3 반사원의 위치측정

반사원이 결함인 경우는 탐상면으로부터 결함까지의 거리(결함의 깊이)를, 반사원이 저면인 경우는 탐상면으로부터 저면까지의 거리(시험체의 두께)를 나타낸다. 측정범위를 조정한 후 그림 4.8의 STB-A1, 그림 4.9의 Side drill hole 각부의 치수를 측정하고 각 측정범위마다 각 부분의 치수를 측정해서 표 4.1과 표 4.2에 결과를 기록한다.

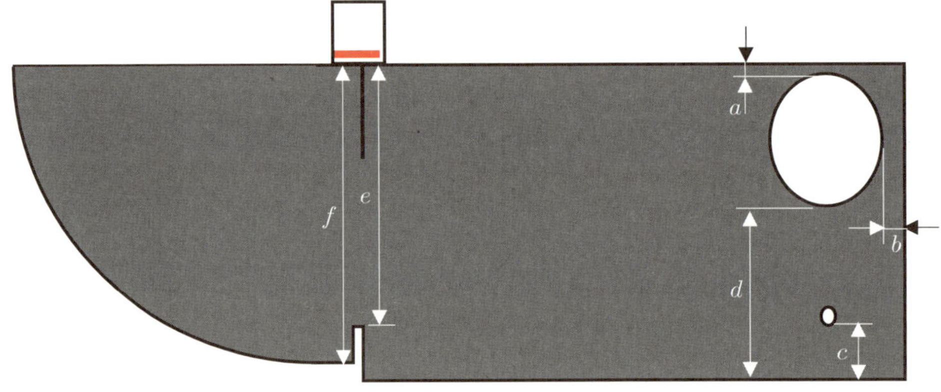

[그림 4.8] STB-A1의 부분 치수측정

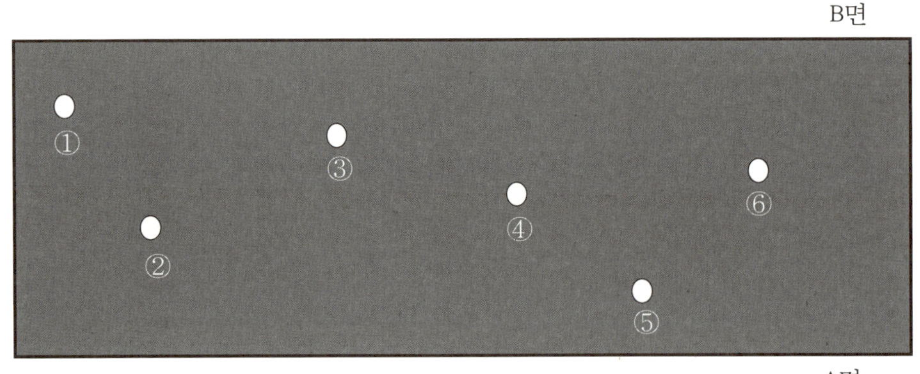

[그림 4.9] Side drill holl이 있는 시험체

표 4.1 STB-A1의 각부 치수의 측정결과

단위: mm

측정범위	측정부위					
	a	b	c	d	e	f
100						
125						
200						
250						

표 4.2 인공결함의 측정결과

측정범위	반사원(구멍)의 기호						
125mm	①	②	③	④	⑤	⑥	} 0.5mm단위로 읽음
100mm							
200mm							} 1mm단위로 읽음
구멍 중심까지의 거리(mm)							

4.4 지연에코의 확인

그림 4.10과 같은 가늘고 긴 시험체를 길이방향으로 수직하게 탐상하는 경우 종파 초음파 빔이 b의 파에 경우 측면에서 횡파로 모드변환 되어 시험체를 통과한다. 그리고 시험체의 반대 측의 측면에서도 종파의 모드변환(Mode conversion)이 일어나고, 이런 초음파가 되돌아와 신호가 되면 에코로 표시된다. 이 에코는 저면에코보다 신호가 늦게 나타나기 때문에 「지연에코」라고 부른다. 지연에코는 그림 4.11과 같이 같은 간격으로 여러 번 나타난다.

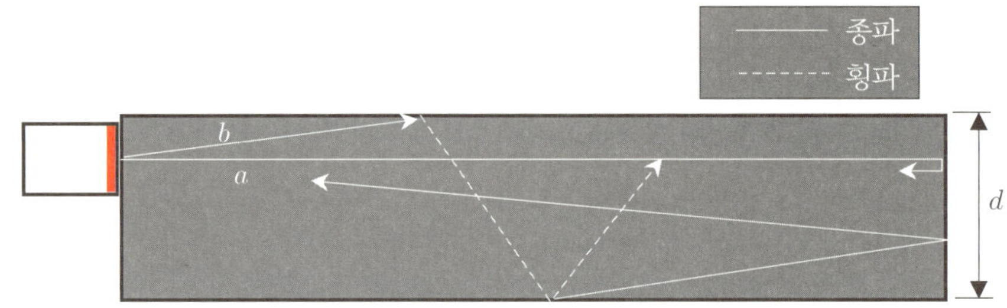

[그림 4.10] 지연에코와 저면에코의 경로의 예

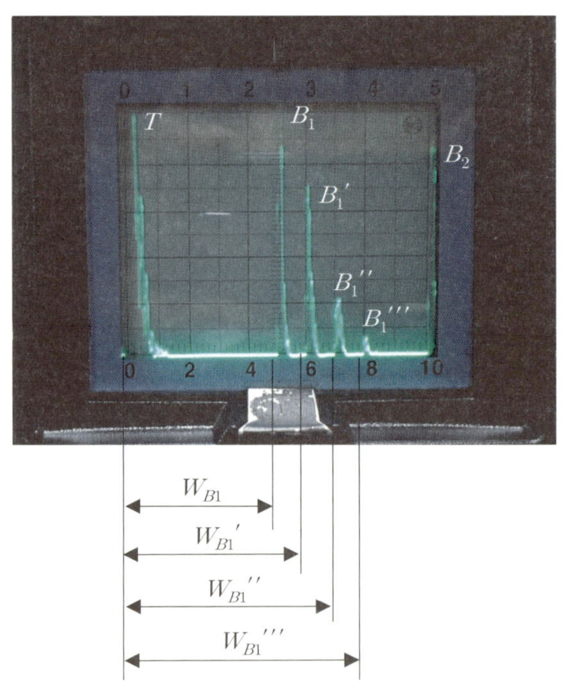

[그림 4.11] 지연에코 탐상도형의 예

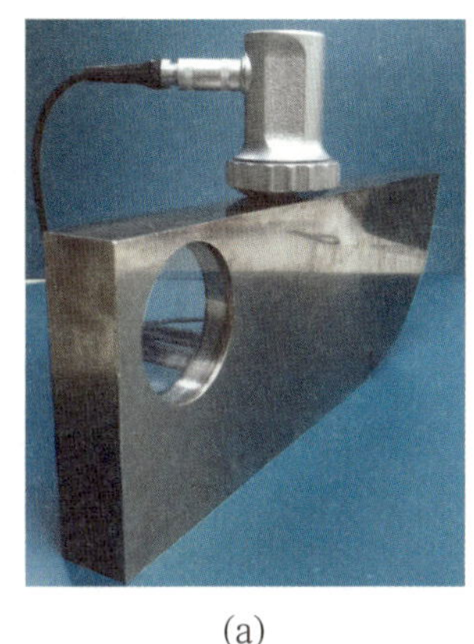

(a)

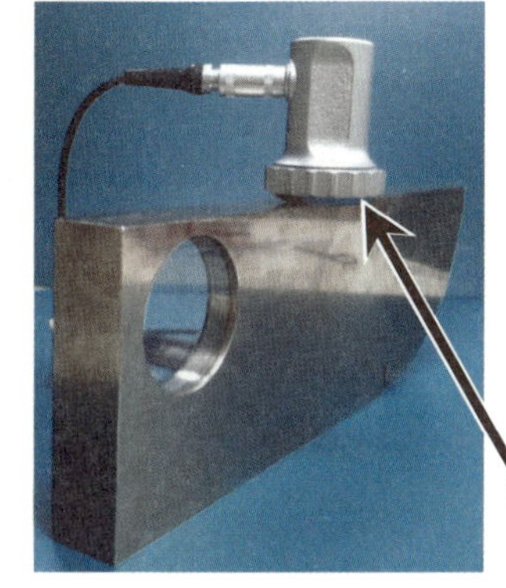

(b)

[그림 4.12] 탐촉자가 탐상면을 벗어난 경우의 예

STB-A1 100㎜로 측정범위를 200㎜로 조정한 경우에 B_1과 B_2 사이에 나타나는 지연에코를 관찰하기 위한 실습 순서는 다음과 같다.

① 4M10N을 이용하여 측정범위를 200㎜로 조정한다.

② 첫 번째 저면에코 B1의 높이를 표시기상에 80~90%의 높이가 되도록 탐상기의 감도를 조정한다.

③ B_1 에코 뒤에 지연에코 B_1', B_1'', B_1'''가 나타나는 것을 확인한다.

④ 탐촉자를 접촉시킨 위치를 25㎜ 폭의 중앙과 끝으로 변화시켜 지연에코의 변화를 관찰한다(그림 4.12).

⑤ 다중에코의 간격을 구하여 표 4.3을 완성시킨다.

표 4.3 지연에코 측정 결과

<table>
<tr><td rowspan="2">빔 진행거리
(㎜)</td><td colspan="2">W_{B1}</td><td colspan="2">W_{B1}'</td><td colspan="2">W_{B1}''</td><td colspan="2">W_{B1}'''</td><td colspan="2">W_{B1}''''</td></tr>
<tr><td colspan="2"></td><td colspan="2"></td><td colspan="2"></td><td colspan="2"></td><td colspan="2"></td></tr>
<tr><td rowspan="2">지연에코의 간극
ΔW(㎜)</td><td colspan="3">$W_{B1}' - W_{B1}$</td><td colspan="2">$W_{B1}'' - W_{B1}$</td><td colspan="3">$W_{B1}''' - W_{B1}''$</td><td colspan="2">$W_{B1}'''' - W_{B1}'''$</td></tr>
<tr><td colspan="3"></td><td colspan="2"></td><td colspan="3"></td><td colspan="2"></td></tr>
<tr><td>ΔW/d</td><td colspan="3"></td><td colspan="2"></td><td colspan="3"></td><td colspan="2"></td></tr>
</table>

그림 4.12에서 직진한 종파성분 a는 저면에서 반사된 저면에코로 나타난다. 이것에 대해 약간 경사로 측면에 입사된 종파성분 b는 그 일부분이 반사될 때, 횡파로 모드 변환하여 점선과 같이 시험체에 경사지게 횡단하여서 반대 측의 측면에 경사지게 입사한다. 여기에서 횡파성분의 일부는 다시 종파로 모드 변환하여 저면을 향해 전달된다. 초음파가 저면에 반사 되서 탐촉자로 되돌아오는 것은 에코로 나타나지만, 저면에코보다 전달시간이 길어지기 때문에 저면에코보다 지연된 위치에 나타난다. 그리고 시험체에 횡파로 전파하는 횟수가 2회 이상일 때도 있는데 이것에 의한 에코를 지연에코라고 부른다.

폭 d를 갖는 시험편에 초음파의 전파경로를 그림 4.10과 같이 근사적으로 생각하면, 첫 번째 저면에코 B_1에 대한 지연에코 B_1'의 빔 진행거리의 차는 다음 식으로 나타낼 수 있다.

$$\triangle W_n = \frac{nd}{2}\sqrt{\left(\frac{C_L}{C_S}\right)^2 - 1}$$

C_L: 시험체중의 종파음속 C_S: 시험체중의 횡파음속

시험체가 강(C_L = 5,900㎧, C_S = 3,230㎧)인 경우 첫 번째, 두 번째, ···, n번째의 지연에코와 첫 번째 에코의 차는 각각 $0.76d$, $2 \times 0.76d$, ···, $0.76nd$가 된다.

4.5 원주면 에코의 확인

원형 단면 봉을 원주면에서 지름방향으로 수직탐상하면 그림 4.13과 같이 첫 번째 저면에코 뒤에 저면에코의 다중반사나 결함에코 이외의 에코가 나타난다. 이들 에코는 탐촉자가 선 접촉에 가까운 상태이기 때문에 초음파의 지향성이 매우 둔해져서 여러 경로로 전파하여 탐촉자로 되돌아오기 때문에 원주면 에코라고 부른다.

Ø50 원형단면 봉을 반경방향으로 탐상할 때에 나타나는 원주면에코의 확인을 위한 실습순서는 다음과 같다.

① 4M10N을 사용해서 측정범위를 200㎜로 조정한다.

② Ø50㎜ 환봉을 원주면에 대고 첫 번째 저면에코높이 B1의 에코높이를 표시기상에 80%로 조정하여 탐상기의 감도를 조정한 후, 탐상기의 감도를 6dB높인다.

③ B_1과 B_2 사이에 나타나는 에코 및 B_2 이상에서 나타나는 에코를 확인한다. 이들 에코(원주면에코)를 확인할 수 없는 경우를 탐상기의 감도를 높인다.

④ B_1과 B_2 사이에 나타나는 원주면에코 N_3 및 N_3' 각각의 빔 진행거리 N_{N3}, W_{N3}' 을 읽고 표 4.4에 기록한다.

⑤ 읽은 값을 직경으로 나누어 표를 완성한다.

표 4.4 원주면에코 측정 결과

빔 진행거리(㎜)	W_{B1}	W_{N3}	W_{N3}'
W/W_{B1}	1.00		

그림 4.13은 원주면에코가 얻어지는 경우의 초음파의 경로를 각각 에코마다 표시한 것이다. (a)는 초음파가 종파가 그대로 정삼각형의 경로를 통과하는 것이고, (b)는 종파로 진행된 초음파가 반사될 때 횡파로 모드변환하고, 반사될 때에 다시 종파로 모드변환 하는 2등변 삼각형의 경로로 전달된 것이다. 시험체가 강(C_L = 5,900m/s, C_S = 3,230m/s)이고, 직경이 d인 경우의 에코의 빔 진행거리는 각각 $1.30d$ 및 $1.68d$가 된다. (c)는 초음파가 별모양을 그리면서 전달되는 경우를 나타내고 있다.

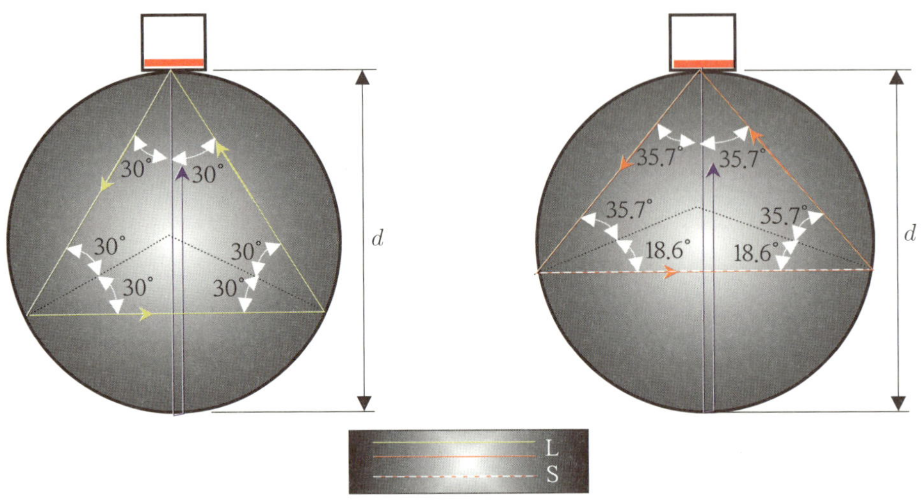

(a) 원주면에코 N_3의 빔 진행거리 = 1.30d (b) 원주면에코 N_3'의 빔 진행거리 = 1.68d

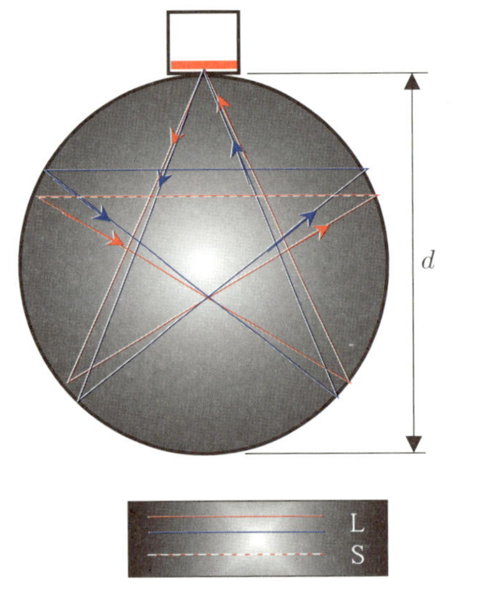

(c) 원주면에코 N_5의 빔 진행거리 = 2.38d

N_5'의 빔 진행거리 = 2.78d

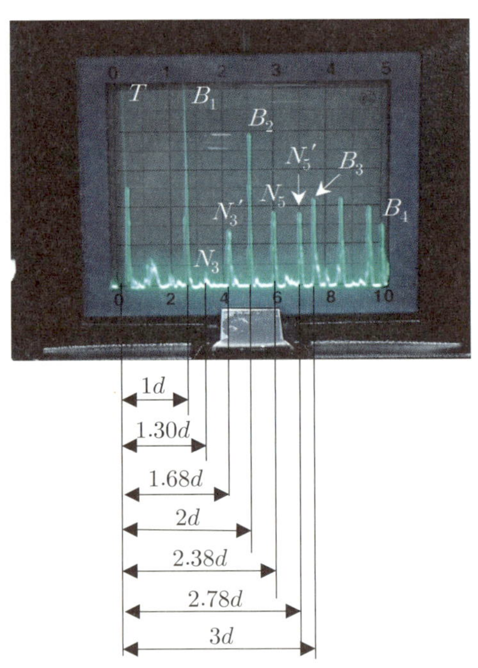

[그림 4.13] 원주면에코의 경로

4.6 에코높이의 측정

에코높이는 기준이 되는 에코높이와 비교하는 것에 의미를 갖는다. 예를 들면, 그림 4.14와 같이 인공결함(Ø2 평저공)으로부터의 에코를 60%에 감도를 조정하여 탐상한다. 그리고 같은 거리에서 60% 이상의 에코가 나타난 경우 그 반사원은 Ø2 이상의 크기로 판단할 수 있다.

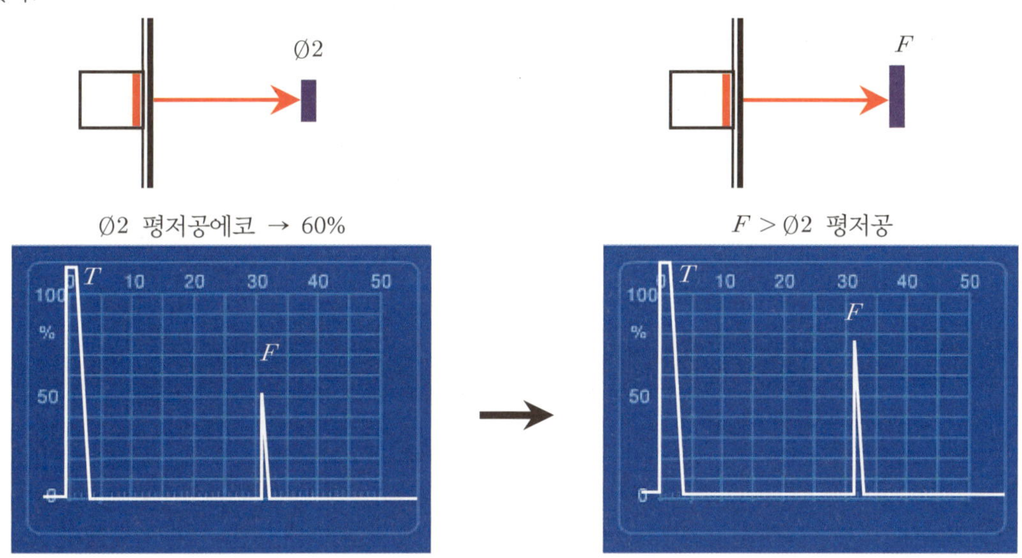

[그림 4.14] 에코높이가 갖는 의미

그림 4.15는 STB-A1을 사용하여 측정범위를 200㎜에 조정하고, STB-G V15-5.6을 좌우 주사에 의해 탐상하고 표시기상 150㎜에 나타난 최대에코높이를 구해보면, 최대에코높이는 그림 4.15와 같이 빔 중심이 반사원에 부딪칠 때 최대가 된다. 표준시험편 STB-G와 같은 원형평면결함(flat bottom hole : FBH)으로부터 반사되어 탐촉자에 수신된 초음파의 수신음압(에코높이)은 다음과 같다.

$$P_F = P_x \frac{\pi D_F^2}{4\lambda\pi} = P_x \frac{A_F}{\lambda x}(x > 1.6x_0) = P_0 \frac{\pi D^2}{4\lambda x} \times \frac{\pi D_F^2}{4\lambda x} = P_0 \frac{A \cdot A_F}{\lambda^2 \cdot x^2}$$

P_F : 결함으로부터의 반사파가 진동자에 입사하였을 때의 음압(수신음압)

P_x : 결함에서의 입사파의 음압(빔 중심축 상의 거리 x점의 음압)

D_F : 결함의 직경

x : 진동자로부터 결함까지의 거리(빔 진행거리로 생각하여도 좋다)

A_F : 결함의 면적

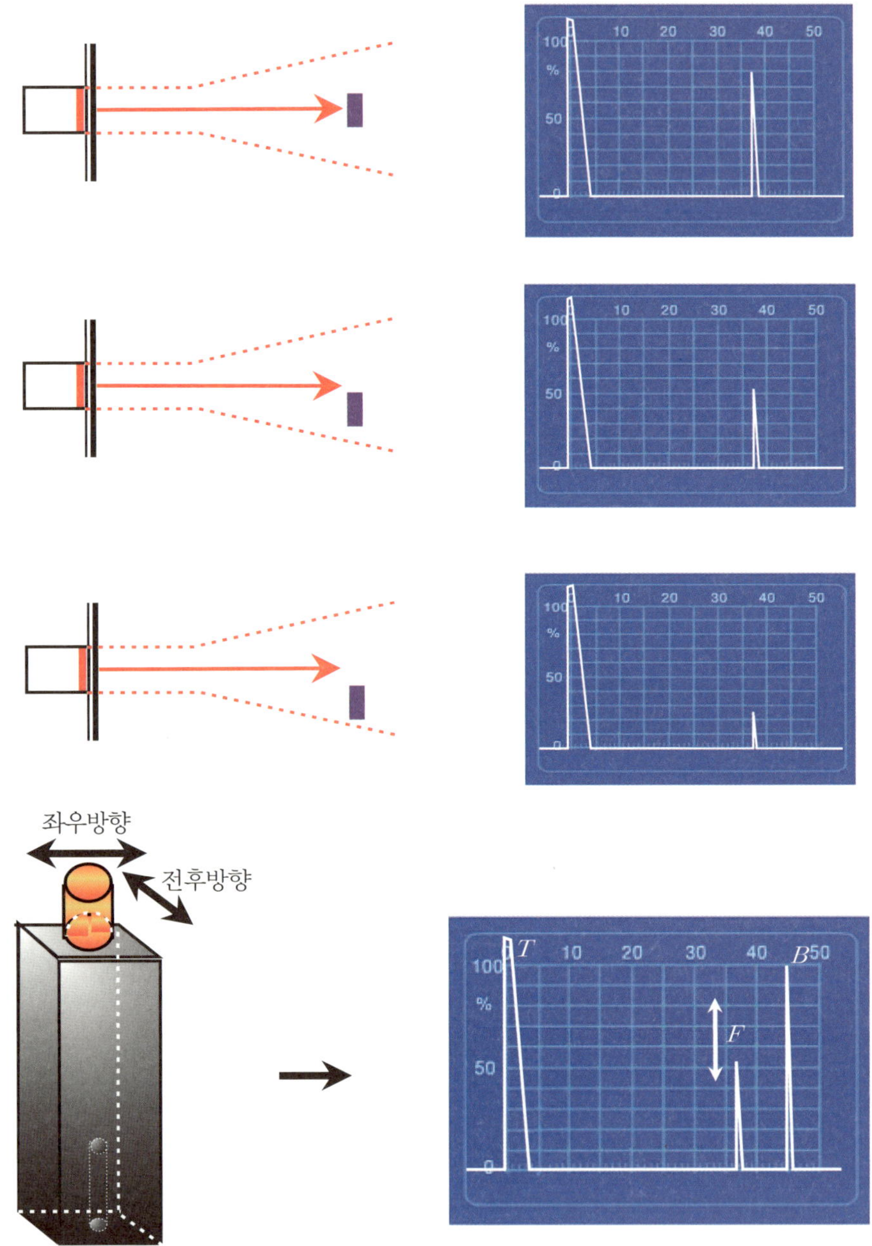

[그림 4.15] 최대에코를 찾는 방법(STB-G V15-5.6)

CRT상에 나타나는 결함에코높이는 결함의 면적에 비례하고 거리의 2승에 반비례한다. 따라서 브라운관에 측정되는 에코높이 h_F(%)는 수신음압에 비례하기 때문에 비례정수를 K라 하면 다음과 같이 나타낼 수 있다.

$$h_F = K \cdot P_F = K \cdot P_0 \cdot \frac{\pi^2 D^2 D_F^2}{16\lambda^2 x^2}$$

에코높이를 표시하는 방법에는 다음의 두 가지 방법이 있다.

- 첫 번째 방법-%표시: 정해진 감도로 최대에코높이의 선단을 종축 눈금 전체 100%로 표시한다. 1% 단위로 읽고 100%를 넘는 경우는 > 100%로 표시한다.
- 두 번째 방법-dB 표시: 최대에코높이의 선단을 정해진 %값이 되도록 감도를 조정하였을 때의 게인조정노브값(dB)으로 표시한다. 첫 번째 방법에서는 > 100%로 되는 경우나 수 %정도 되는 경우도 이 표시방법을 이용하면 정확히 표시할 수 있다.

1) 결함크기와 에코높이

동일 거리, 형상에서도 결함의 크기가 다르면 에코높이는 달라진다. 여기서는 STB-G V15-5.6, V15-4, V15-2.8, V15-2 표준시험편을 탐상하고 결함크기와 에코높이의 관계를 확인하기 위해 최대에코높이를 %와 dB 조정노브 값을 측정하는 실습순서는 다음과 같으며, 그 결과를 표 4.5에 기록한다.

① 측정범위를 200㎜에 조정한다.

② STB-G V15-5.6을 탐상하고 표준구멍에서의 최대에코높이가 80%가 되도록 감도를 조정한다.

③ 탐상기의 게인조정노브 값(H5.6)을 읽는다(표 4.5 ①에 기입).

④ 탐상기의 감도를 그대로 V15-4를 탐상하고 최대에코높이를 얻는다.

⑤ 최대에코높이 선단의 %값(h4.0)을 1% 단위로 읽는다(표 4.5 ②에 기입).

⑥ V15-2.8~2에 대해 순서 ④, ⑤로 데이터를 채취하고 표 4.5 ③, ④에 기입한다.

⑦ 탐상기의 감도를 6dB 정도 높여 V15-4를 탐상하고 최대에코높이가 80%가 되도록 감도를 조정한다.

⑧ 탐상기의 게인조정노브값(H4.0)을 읽고 표 4.5 ⑤에 기록한다.

⑨ V15-2.8~2에 대해 순서 ⑦, ⑧로 데이터를 채취하고 표 4.5 ⑥, ⑦에 기입한다.

표 4.5 STB-G V 시리즈 탐상결과

시험편	게인조정노브 값 ① H5.6 = ( )dB에서 에코높이 값	에코높이를 80%에 조정하였을 때의 게인조정노브 값(Hm, m)
V15-5.6	H5.6 = 80%	① H5.6 = dB
V15-4	② H4.0 = %	⑤ H4.0 = dB
V15-2.8	③ H2.8 = %	⑥ H2.8 = dB
V15-2	④ H2.0 = %	⑦ H2.0 = dB

V15시리즈는 표준결함으로부터의 에코높이는 6dB스텝이다. 채취한 데이터의 인접한 값이 2배 또는 절반의 관계가 되지 않으면 최대에코높이를 바르게 측정한 것이 아니다. 즉, 실험 · 실습순서 ②로 에코높이를 소정의 높이가 되도록 게인조정노브를 조작하는 것을 탐상감도의 조정이라 부른다.

2) 결함까지의 거리와 에코높이

결함이 같은 크기, 형상이라도 탐상 면으로부터 결함이 위치하는 거리가 다르면 에코높이는 달라진다. 따라서, 결함을 정확히 평가하기 위해서는 그림 4.16과 같은 「거리진폭특성곡선, Distance Amplitude Compensation : DAC)」을 그려 놓고 결함에코높이를 이 「거리진폭특성곡선」과 비교한다.

여기서는 같은 감도로 STB-G V Ø2시리즈(V2~8, V15-2, STB-G V2, V3, V5, V8, V15-2) 표준시험편을 탐상하고 에코높이가 거리에 따라 변화하는 양상을 관찰하기위해 최대에코높이를 측정하는 실습순서는 다음과 같다.

① 5M10N, STB-A1을 이용하여 측정범위를 200㎜에 조정한다.

② STB-G V2 Ø2평저공의 에코높이가 80%가 되도록 감도를 조정한다(게인조정노브 값(H2)을 메모)

③ 이때의 에코의 피크점을 눈금판에 마크한다.

④ 게인조정노브는 고정하고 STB-G V2, V3, V5, V8, V15-2를 차례로 탐상해서 각각 Ø2평저공 에코의 선단을 작도한다.

⑤ 스크린 상에 마크한 각 점들을 그림 4.16에 직선으로 이어 그리면 거리진폭특성곡선이 작성된다.

탐상에 앞서 「거리진폭특성곡선」을 그려 놓으면 결함에코가 나타나는 거리에 관계없이 결함크기의 비교, 평가가 가능하다. 「거리진폭특성곡선」은 거리에 의한 에코높이의 변화를 나타내는 선으로 주파수, 진동자크기에 따라 다르다. 따라서, 탐상에 사용하는 탐촉자를 사용하여 「거리진폭특성곡선」을 그려 놓을 필요가 있다.

그림 4.17에 나타낸 그래프는 DGS선도(Distance Gain Size : DGS Diagram)라 불리고 이론적으로 계산하여 그린 선도이나 데이터 수가 많아지면 DGS 선도를 얻을 수 있다.

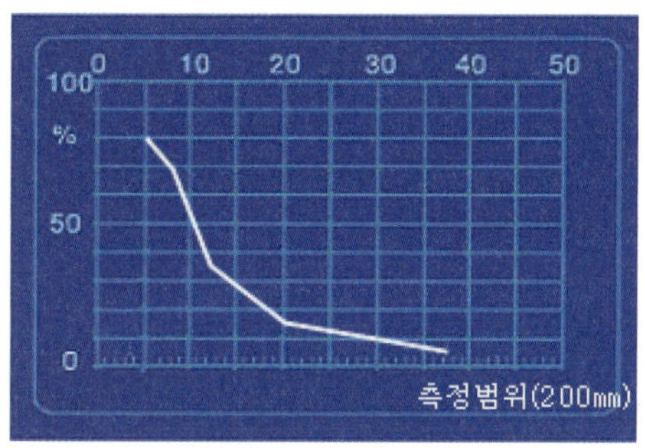

[그림 4.16] 거리진폭특성곡선의 예

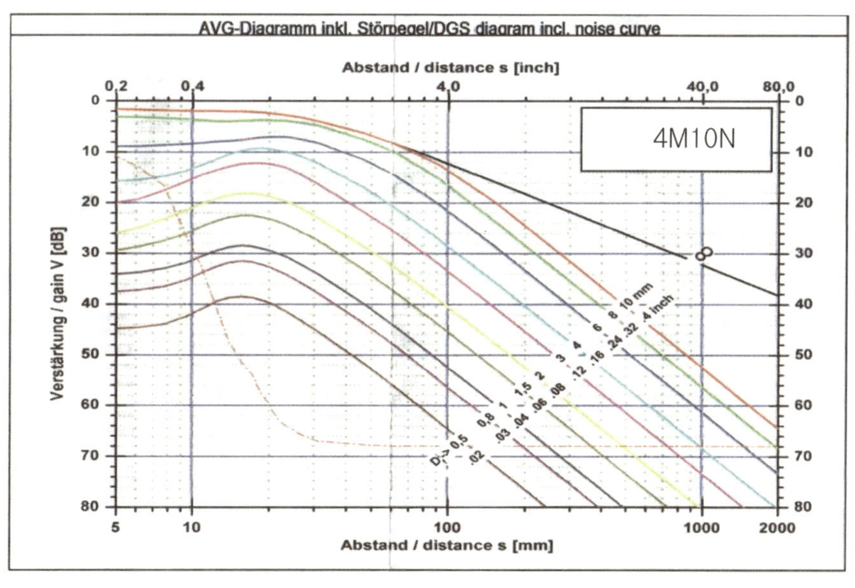

[그림 4.17] DGS 선도의 예

4.7 수직탐상의 응용

1) 종파의 음속 측정

음파가 전파하는 속도를 음속이라 부르고, 음속은 초음파의 종류나 전파하는 물질에 따라 다르다. 예를 들면 강중을 전파하는 종파 음속은 약 5,900㎧이다. 초음파탐상기의 횡축은 시간을 나타내고 시험체의 음속이 일정하면 거리로 표시하는 것이 가능하다. 따라서 STB-A1으로 횡축을 조정한 경우 시험체의 음속은 그것과 동등한 강이면 에코의 빔 진행거리를 읽고 결함의 위치나 두께를 추정하면 좋다. 그러나 음속이 다른 경우에는 빔 진행거리로부터 정확히 거리를 읽는 것은 어렵다. 초음파탐상시험에서 결함위치를 정확히 구하기 위해, 또 정확한 두께를 측정하기 위해서는 시험체의 정확한 음속측정이 불가결한 요소이다. 시험체의 탄성률, 밀도, 푸아송비 등의 물성치나 응력이 변화하면 음속도 변화하기 때문에 음속을 아는 것에 의해 시험체 재질의 판별, 결함의 검출 및 잔류응력측정 등이 가능하게 된다.

초음파가 매질 중을 전파하는 속도, 즉 음속 C는 다음의 탄성매질의 정수로 표시된다.

$$C = \sqrt{\frac{E\ (\text{탄성계수})}{\rho\ (\text{밀도})}}$$

여기서, 포아송 비를 고려한 종파속도 C_L, 횡파속도 C_S는 다음 식으로 표시된다.

$$C_L = \sqrt{\frac{E(1-\nu)}{\rho(1+\nu)(1-2\nu)}} = \sqrt{\frac{K+(4/3)\mu}{\rho}}$$

$$C_S = \sqrt{\frac{E}{2\rho(1+\nu)}} = \sqrt{\frac{\mu}{\rho}}$$

여기서, E는 영율(Young's modulus), ν는 포아송 비(Poisson's ratio), K는 체적탄성계수(Shear modulus), μ는 Lame constant이다.

종파속도와 횡파속도의 비는 포아송 비에 따라 다르나 종파속도의 약 1/2 정도이다. 표면파의 속도 역시 포아송 비에 관계하나 횡파속도의 약 90% 정도이다. 판파의 속도는 주파수와 판의 두께에 따라 다르게 변화한다. 또, 판파에는 위상속도(Phase velocity) C_P와 실제의 펄스가 전파하는 군속도(Group velocity) C_g가 있다.

초음파탐상기를 사용해서 알미늄합금시험편, 스테인레스강시험편(판 두께 5㎜, 10㎜ Step형 시험편)의 종파 음속을 측정하기 위한 실습순서는 다음과 같다.

① STB-A1을 사용하여 측정범위를 50㎜가 되도록 조정한다.

② 시험체의 두께 10㎜의 방향으로 초음파가 전파하도록 탐촉자를 접촉시킨다.

③ 다음 식으로부터 시험체의 종파음속 C_X ㎧를 계산한다. 단, CL은 STB-A1의 종파음속으로 $C_L = 5,900$㎧로 한다.

$$C_x = C_L \times \frac{4t}{W_{B4}} = 5900 \times \frac{4t}{W_{B4}}$$

그림 4.18은 초음파탐상기를 이용하여 펄스 에코 반사법에 의한 어떤 시험체의 음속측정 결과를 A-scan mode로 나타내고 있다. 그림 4.18에서 T는 송신펄스, B_1은 첫 번째 저면신호, B_4는 네 번째 저면신호를 나타내고 있다. 빔 진행거리의 값으로부터 음속측정이 가능하다.

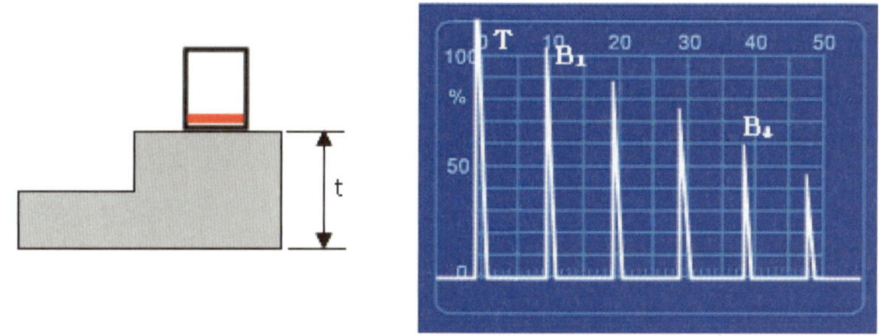

[그림 4.18] 초음파탐상기에 의한 음속측정의 예

표 4.6 음속측정기록표(초음파탐상기 사용)

측정항목	알루미늄합금	스테인리스강
시험체 두께 t(㎜)	10.0	10.0
빔진행거리 W_{B4}(㎜)		
음속 C_x(㎧)		

2) 감쇠계수 측정

초음파가 전파해 감에 따라 음압이 감소하는 원인에는 “확산감쇠”, “산란감쇠”, “반사손실”, “전달손실” 등이 있다. 산란감쇠는 재료의 결정립에 의해 초음파가 산란되기 때문에 결정립이 조대한 재질 중에서는 초음파의 산란감쇠가 크다. 또, 산란감쇠의 정도는 파장이 짧을수록, 즉 주파수가 높을수록 크고, 파장이 길수록, 즉 주파수가 낮을수록 작다. 초음파는 시험체의 결정립에 의한 산란에 의해 감쇠한다. 결정립이 조대하고 감쇠가 큰 시험체와 결정립이 미세하고 감쇠가 작은 시험체와는 저면에서의 다중반사에 의한 탐상도형이 다르다. 이 현상을 실험에 의해서 확인한다.

재료 중에 평면초음파가 거리 x만큼 전파할 때 감쇠에 대해서는 다음의 식의 관계가 성립하며, α_0를 감쇠계수(Attenuation coefficient)라 부르고 단위는 dB/㎜이다. 재료의 감쇠계수는 주파수에 크게 의존하고 일반적으로 주파수가 높을수록 감쇠계수는 크다.

$$P_x = P_0 \cdot e^{-\alpha_0 \cdot x}$$

$$\alpha_0 = \frac{1}{x} \cdot 20\log_{10} \frac{P_0}{P_x}$$

여기서 P_0: 음파의 최초 음압, x: 음파의 전파거리, P_x: 거리 x만큼 전파 후의 음압이다.

감쇠가 작은 재료(Ⅰ재료)와 큰 재료(Ⅱ재료)를 탐상주파수 2㎒ 및 5㎒로 탐상하고 저면으로부터 다중반사도형을 비교하여 초음파의 감쇠계수 측정을 위한 실습순서는 다음과 같다.

① 탐촉자는 5M20N을 사용하고, 측정범위는 250㎜에 조정한다.

② 시험편 Ⅰ을 30㎜방향으로 탐상하고, B_1 에코가 80%가 되도록 게인조정노브를 조작한다. 게인눈금을 기록한다(H_{1B1}).

③ B_2 에코가 80%가 되도록 게인조정노브를 조작한다. 게인눈금을 기록한다(H_{1B2}).

④ 시험편 Ⅱ를 ② 및 ③과 같이 탐상하고 기록한다[(H_{2B1}), (H_{2B2})].

⑤ 탐촉자를 2M20N으로 바꾸고 ②~④를 같은 방법으로 한다.

「감쇠계수 차의 계산」 $\Delta\alpha = \dfrac{\Delta H_2 - \Delta H_1}{2\ x_{B1}}$

여기서 $\Delta\alpha$(dB/mm) : 감쇠계수의 차, ΔH_1(dB) : 시험편 Ⅰ의 B_1에코와 B_2에코를 각각 기준에코 높이에 맞추었을 때의 게인조정노브 값의 차($H_{1B2} - H_{1B1}$), ΔH_2(dB) : 시험편 Ⅱ의 B_1에코와 B_2에코를 각각 기준에코높이에 맞추었을 때의 게인조정노브 값의 차($H_2B_2 - H_{2B1}$), X_{B1}(mm) : 시험편 B_1에코의 빔 진행거리, 시험편의 두께이다.

이처럼 초음파의 감쇠가 크면 저면으로부터의 다중 반사 횟수가 적어진다(그림 4.19). 감쇠가 큰 시험체를 탐상하는 경우는 낮은 주파수로 탐상한다. 단, 불필요하게 낮은 주파수로 탐상하면 결함의 검출능이 저하되든가, 빔 진행거리의 읽음 오차 등이 생긴다.

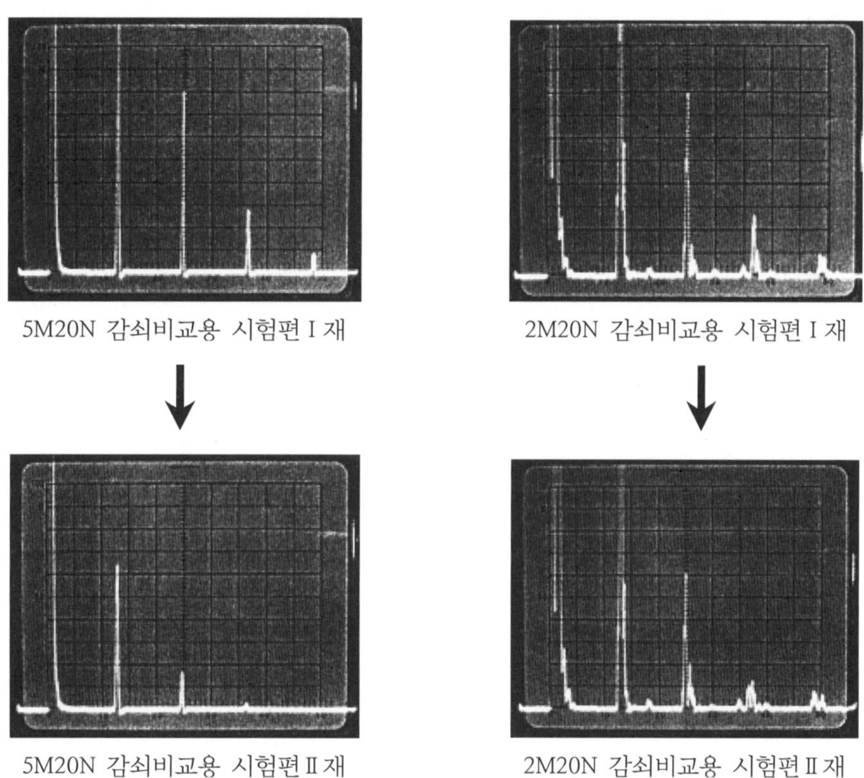

5M20N 감쇠비교용 시험편 Ⅰ재

2M20N 감쇠비교용 시험편 Ⅰ재

5M20N 감쇠비교용 시험편 Ⅱ재

2M20N 감쇠비교용 시험편 Ⅱ재

[그림 4.19] 초음파감쇠의 예

표 4.7 감쇠계수차의 측정

시험편 / 탐촉자	Ⅰ재			Ⅱ재			$\triangle H_2 - \triangle H_1$	$\Delta\alpha$ (dB/mm)
	H_{1B1}	H_{1B2}	$-(H_{1B1} - H_{1B2}) = \triangle H_1$	H_{2B1}	H_{2B2}	$-(H_{2B1} - H_{2B2}) = \triangle H_2$		
5M20N								
2M20N								

4.8 판재의 탐상

1) 탐상도형의 예

압연강판 등의 판재의 결함은 대부분이 연속주조에서의 제조과정에서 발생하고, 압연될 때 강판의 표면과 평행하게 연신된다.

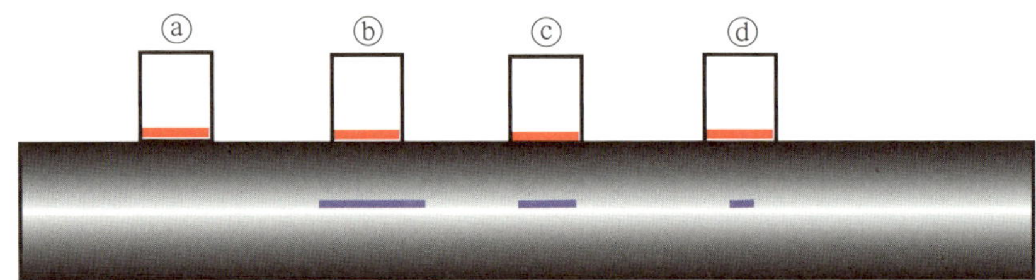

판재의 수직탐상 단면도

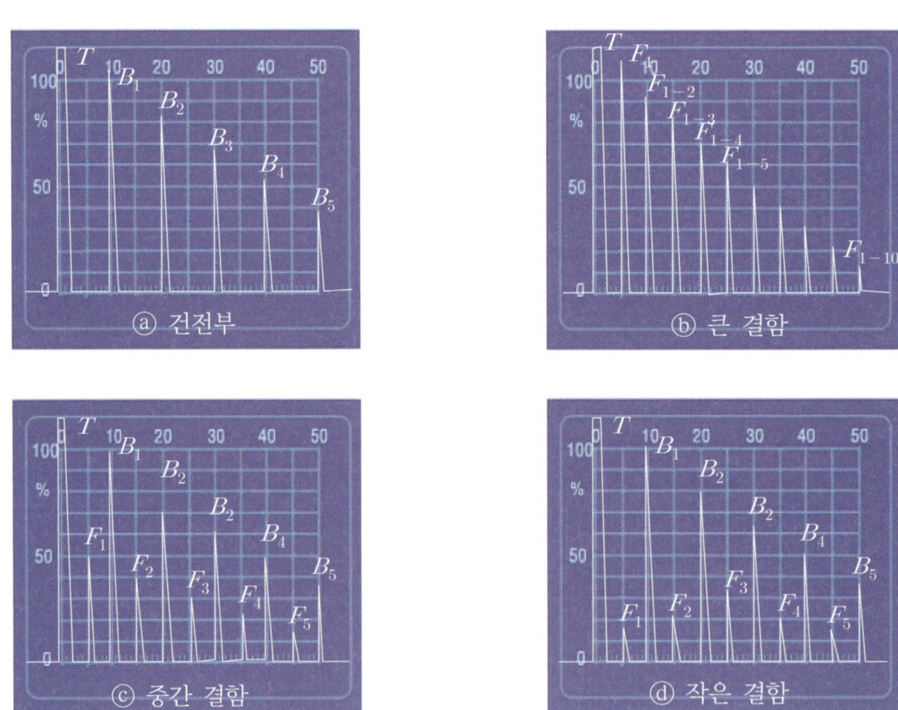

[그림 4.20] 판재의 수직탐상에 의한 탐상도형

따라서, 일반적으로 판재의 탐상에서는 결함 면에 대해서 수직으로 초음파를 입사시키기 때문에 수직탐상이 사용되고 있다. 판재를 수직 탐상하였을 때 탐상도형의 예를 그림 4.20에 나타내고 있다. 시험체 건전부를 탐상하면 ⓐ와 같이 저면으로부터 규칙적인 다중반사도형이 얻어진다. 라미네이션 등의 매우 큰 결함(초음파 빔 보다 큰 결함)이 있을 때는 ⓑ와 같이 탐상면과 결함 사이에 초음파가 왕복하여 저면에코는 얻어지지 않고, 결함에코의 다중반사가 나타난다.

중간 정도 크기의 결함(초음파 빔의 크기보다 작지만, 비교적 큰 결함)을 탐상할 때는 ⓒ와 같이 제1회 저면에코 B_1 앞에 제1회 결함에코 F_1이 나타난다. 결함이 판 두께 방향의 중앙에 있는 경우는 그림과 같이 제2회 저면에코 B_2의 앞에 제2회 결함에코 F_2가 나타나고, 에코높이는 점점 더 저하되어 간다. 결함이 판 두께 방향의 중앙에 있는 작은 결함(초음파 빔의 크기보다 매우 작은 결함)을 탐상하였을 때는 ⓓ와 같이 제1회 저면에코 B_1 앞에 제1회 결함에코 F_1이 나타나지만, 그림과 같이 F_2, F_3가 되면서 에코높이는 점점 높아진다.

이것을 적산효과라고 부르고, 그림 4.21 ⓐ에서와 같이 에서는 초음파의 진행거리가 첫 번째인 데 비하여 F_2, F_3가 되면서 그 경로가 많아지고 이것들이 더해져서 표시기상에 에코로 나타나기 때문이다.

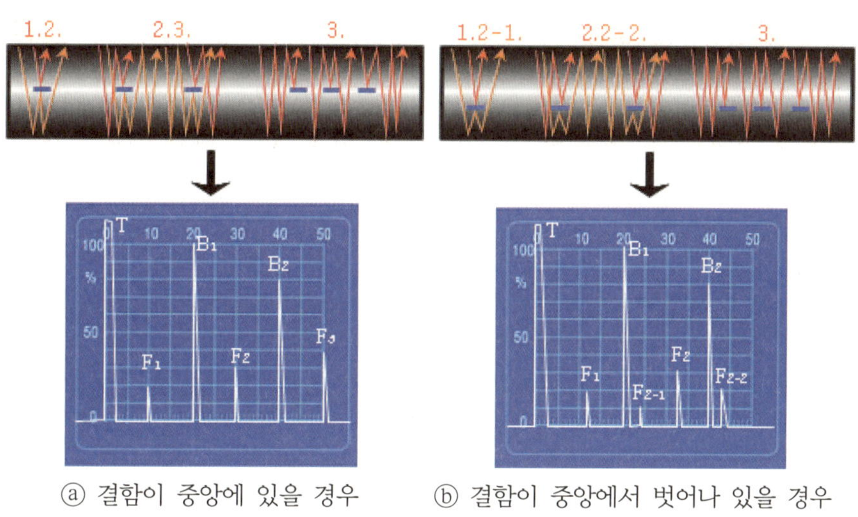

ⓐ 결함이 중앙에 있을 경우　　ⓑ 결함이 중앙에서 벗어나 있을 경우

[그림 4.21] 작은 결함에 의해 적산효과가 나타나는 경우 초음파의 전파경로

그림 4.21 ⓑ와 같이 결함위치가 판 두께 방향의 중앙에서 벗어난 위치에 있으면 탐상방향에 따라서는 제2저면에코 B_2의 앞에 2개의 결함에코가 나타나고 있다. 이것으로 결함의 위치를 알 수 있으며 또 2개의 에코가 1개의 결함에 의한 것인 경우 각 에코에 대해서는 그림 4.21 ⓑ와 같이 기호를 붙인다.

2) 감도보정의 필요성

탐상면이 거친 경우나 곡률이 있으면 전달손실이 크게 되고, 재료의 결정입이 조대하면 초음파의 감쇠가 크게 된다. 이와 같은 재료에 대해 표준시험편으로 탐상감도를 조정하면 결함을 놓치거나 과소평가할 수도 있다. 따라서, 감도보정에 사용한 표준시험편과 대상물이 되는 시험체와의 초음파특성의 차이를 미리 조사하여 감도조정을 할 필요가 있다.

3) 탐상순서

KS D 0233「압력용기용 강판의 초음파탐상검사」에 따라 다음의 탐상순서로 강판을 수직탐상하고 얻어진 결함에코를 평가한다. 탐상순서를 정리한 것은 표 4.8과 같다.

① 강판의 두께를 측정하고, 표 4.8에 기입한다.

② 측정범위를 결정한다. 일반적으로는 저면에코가 5~10개 정도 나타나게 하고, 다중반사의 형태를 관찰하면서 탐상한다.

③ 사용하는 탐촉자의 종류를 선정한다(수직 탐촉자).

④ 사용하는 탐촉자의 주파수 및 진동자치수를 선정한다.

⑤ 탐상감도를 선정한다.

⑥ 선정한 탐촉자와 STB-N1을 사용하고 측정범위 및 탐상감도를 조정한다. 탐상감도를 조정한 후 감도조정노브의 읽음을 기록한다.

⑦ 시험체의 탐상 면을 천으로 가볍게 닦은 후 측정 면 전면(全面)에 접촉매질을 도포한다.

⑧ 탐상기의 감도를 6dB 높여 전면을 탐상하여 결함의 유무를 조사한다. 결함이 있다고 생각되는 부분에 표시를 한다.

⑨ 탐상기의 감도를 본래대로 돌리고, 검출한 결함에 대해 다음을 수행한다.
   ⓐ 에코높이로부터 결함을 분류한다(○, △, ×).
   ⓑ 결함깊이(d)를 읽는다.
   ⓒ 결함 지시 길이를 측정한다(종 방향 및 횡 방향).

⑩ 시험체 내부의 결함의 분포상황을 스케치하고 표 4.10에 기록한다.

표 4.8 강판의 초음파탐상 절차

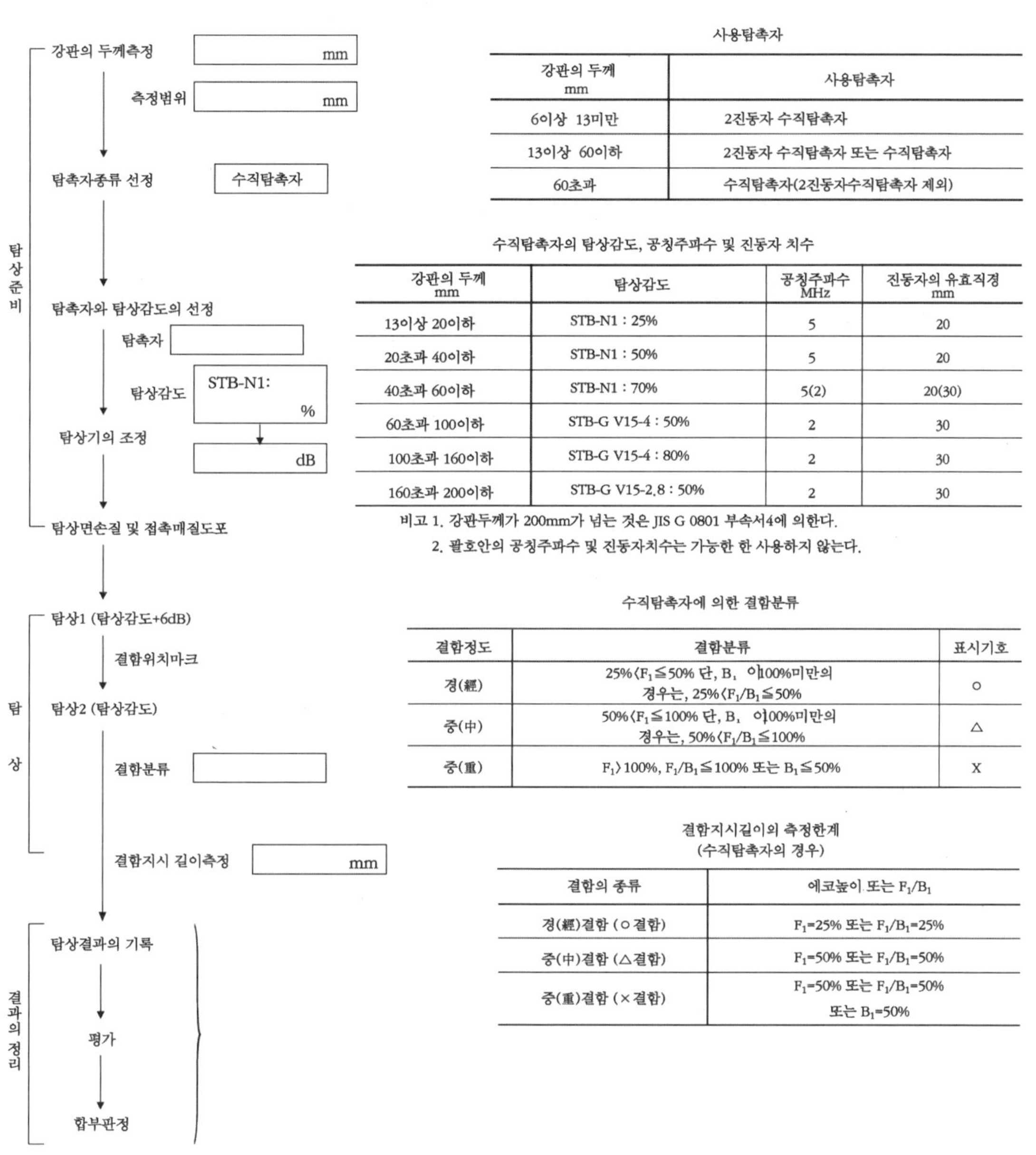

사용탐촉자

강판의 두께 mm	사용탐촉자
6이상 13미만	2진동자 수직탐촉자
13이상 60이하	2진동자 수직탐촉자 또는 수직탐촉자
60초과	수직탐촉자(2진동자수직탐촉자 제외)

수직탐촉자의 탐상감도, 공칭주파수 및 진동자 치수

강판의 두께 mm	탐상감도	공칭주파수 MHz	진동자의 유효직경 mm
13이상 20이하	STB-N1 : 25%	5	20
20초과 40이하	STB-N1 : 50%	5	20
40초과 60이하	STB-N1 : 70%	5(2)	20(30)
60초과 100이하	STB-G V15-4 : 50%	2	30
100초과 160이하	STB-G V15-4 : 80%	2	30
160초과 200이하	STB-G V15-2.8 : 50%	2	30

비고 1. 강판두께가 200mm가 넘는 것은 JIS G 0801 부속서4에 의한다.
2. 괄호안의 공칭주파수 및 진동자치수는 가능한 한 사용하지 않는다.

수직탐촉자에 의한 결함분류

결함정도	결함분류	표시기호
경(經)	$25\% < F_1 \leq 50\%$ 단, B_1 이 100%미만의 경우는, $25\% < F_1/B_1 \leq 50\%$	○
중(中)	$50\% < F_1 \leq 100\%$ 단, B_1 이 100%미만의 경우는, $50\% < F_1/B_1 \leq 100\%$	△
중(重)	$F_1 > 100\%$, $F_1/B_1 \leq 100\%$ 또는 $B_1 \leq 50\%$	X

결함지시길이의 측정한계
(수직탐촉자의 경우)

결함의 종류	에코높이 또는 F_1/B_1
경(經)결함 (○결함)	F_1=25% 또는 F_1/B_1=25%
중(中)결함 (△결함)	F_1=50% 또는 F_1/B_1=50%
중(重)결함 (×결함)	F_1=50% 또는 F_1/B_1=50% 또는 B_1=50%

4) 결함의 평가

① 강판 내부: △결함 및 ×결함을 평가대상으로 하고, ○결함은 평가대상으로 하지 않는다.

② 주변 또는 개선예정선: 결함 지시 길이가 10㎜를 초과하는 ○결함, 그 이외의 △결함 또는 ×결함 모두를 평가대상으로 한다.

표 4.9 감도보정량의 측정기록표

측정항목	게인조정노브의 값	
STB-N1 건전부 저면에코: 80%	H_{N1}	(dB)
시험체 건전부 저면에코: 80%	H_{TP}	(dB)
감도 보정량	$-(H_{N1}-H_{TP})$	(dB)

표 4.10 강판의 초음파탐상결과

결함번호		1	2	3
결함에코높이가 얻어지는 위치 (㎜)	X_P			
	Y_P			
	d			
에코높이(%)				
X방향의 결함지시 길이 (㎜)	시작부 X_S			
	끝단부 X_E			
	X_E-X_S			
Y방향의 결함지시 길이 (㎜)	시작부 Y_S			
	끝단부 Y_E			
	Y_E-Y_S			

단, 에코높이가 100%를 초과시에는 >100으로 표시한다.

4.9 단강품의 탐상

단강품을 탐상하는 경우 탐상감도의 조정방법으로 저면에코방식과 시험편방식이 이용된다. 여기서는 각각의 방식으로 감도조정을 하고 DGS선도를 이용하여 평가한다.

1) AVG(DGS)선도에 의한 결함크기의 추정

DGS선도는 저면 및 여러 종류의 크기의 원형평면결함의 에코높이와 탐상거리와의 관계를 그림으로 표시한 것이다. 이 그림을 이용하면 얻어진 탐상결과로부터 결함을 초음파 빔에 수직한 원형평면결함으로 가정하여 그 크기를 추정하는 것이 가능하다. DGS선도에는 어느 탐촉자에서나 사용가능하도록 기준화하여 표시한 것과 주파수와 진동자직경이 지정된 탐촉자만 사용가능한 것이 있다. 여기서는 주파수와 진동자직경이 지정된 탐촉자에 대해 사용가능한 DGS선도의 이용방법에 대해 연습한다.

① 실험 · 실습 과제

Ø70 및 Ø75 시험체 인공결함의 크기를 저면에코를 기준으로 한 방법과 시험편(STB-G V8)방식을 기준으로 한 방법으로 추정한다.

② 실험기기

- 탐촉자: 2M20N
- 시험편: STB-A1, STB-G V8
- 시험체: Ø70 시험체, Ø75 시험체
- 접촉매질: 기계유

③ 실험 · 실습 순서

ⓐ 저면에코를 기준으로 하는 방법

2M20N을 이용하여 측정범위를 200㎜에 조정한다.

그림 4.22에서와 같이 Ø70 시험체를 길이방향으로 탐상하고 저면에코가 표시기상에 50%가 되도록 탐상기의 감도를 조정하고 이때의 빔 진행거리 및 게인조정노브의 값을 읽는다.

탐상기의 감도를 20㏈ 높여 결함에코높이를 검출하고 결함에코 높이가 최대가 되는 탐촉자 위치에서 결함에코높이가 표시기상에서 50%가 되도록 탐상기의 감도를 조정하고 그때의 빔 진행거리 및 게인조정노브의 값을 읽는다.

Ø75 시험체에 대해 같은 방법으로 데이터를 채취한다.

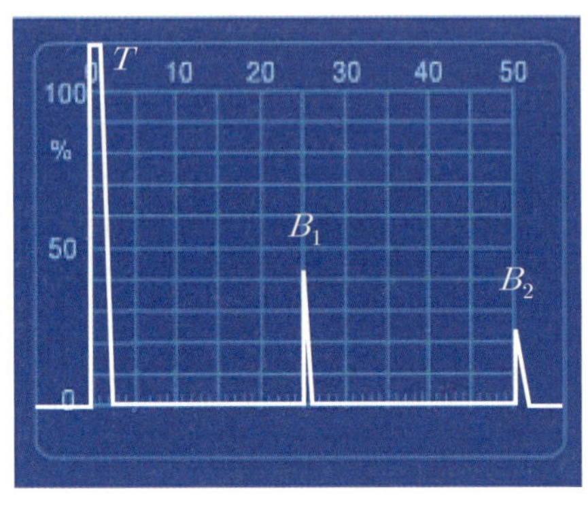

[그림 4.22] 기준으로 하는 저면에코의 측정방법

ⓑ STB-G V8를 기준으로 하는 방법

㉠ 2M20N을 이용하여 측정범위를 200㎜에 조정한다.

㉡ STB-G V8의 표준결함의 에코높이가 표시기상에 50%가 되도록 탐상기의 감도를 조정하고 이때의 빔 진행거리 및 게인조정노브의 값을 읽는다.

㉢ Ø70 시험체를 탐상하고 결함에코높이를 검출하고 결함에코 높이가 최대가 되는 탐촉자 위치에서 결함에코높이가 표시기상에서 50%가 되도록 탐상기의 감도를 조정하고 그때의 빔 진행거리 및 게인조정노브의 값을 읽는다.

㉣ Ø70 시험체에 대해 같은 방법으로 데이터를 채취한다.

ⓒ 저면에코를 기준으로 한 경우 결함크기의 추정방법

㉠ 그림 4.23의 DGS선도의 횡축눈금에서 저면까지의 거리 x_{B1}의 위치를 Ⓐ라 하고, 그곳에서 수직으로 그어 올려 저면에코의 선과의 교점Ⓑ를 구한다.

㉡ Ⓑ로부터 왼쪽에 수평선을 그어 이 높이의 종축눈금을 Ⓒ라 한다. 이 값은 DGS선도에서 저면에코높이가 된다. 이 값에 저면에코높이와 결함에코 높이의 비(A-B) Ⓓ를 더한 값 Ⓔ를 종축 상에서 구한다. 이 값이 DGS선도에서 결함에코높이가 된다.

㉢ DGS선도의 횡축의 결함까지의 거리x_F를 Ⓕ라 하고, 그곳에서 수직으로 그어 올려 앞에 구한 Ⓔ로 부터 수평선을 긋고 이들 교점을 Ⓖ라 한다.

㉣ Ⓖ점에서 결함의 등가직경의 값을 읽는다. 이때 점 Ⓖ가 선과 선 사이에 있을 때는 비례배분으로 그 사이의 값을 읽는다.

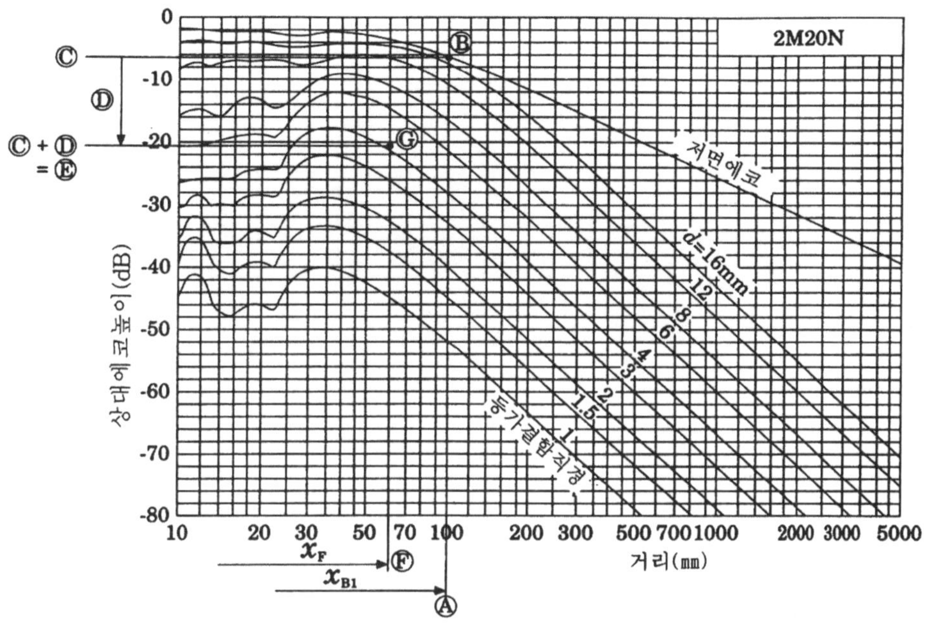

[그림 4.23] 저면에코를 기준으로 한 경우

ⓓ STB-G V8의 표면결함을 기준으로 한 경우 결함크기의 추정방법

㉠ 그림 4.24의 DGS선도의 횡축눈금에서 STB-G V8의 표면결함까지의 거리 x_{V8}의 위치를 Ⓐ라 하고, 그곳에서 수직으로 그어 올려 등가직경 $d = 2$㎜ 선과의 교점 Ⓑ를 구한다.

㉡ Ⓑ로부터 왼쪽에 수평선을 그어 이 높이의 종축눈금을 Ⓒ라 한다. 이 값은 DGS선도에서 STB-G V8의 에코높이가 된다. 이 값에 표준결함의 에코높이와 결함에코높이의 비(A-B) Ⓓ를 더한 값 Ⓔ를 종축 상에서 구한다. 이 값이 DGS선도에서 결함에코높이가 된다.

㉢ DGS선도의 횡축의 결함까지의 거리 x_F를 Ⓕ라 하고, 그곳에서 수직으로 그어 올려 앞에 구한 Ⓔ로부터 수평선을 긋고 이들 교점을 Ⓖ라 한다.

㉣ Ⓖ점에서 결함의 등가직경의 값을 읽는다. 이때 점 Ⓖ가 선과 선 사이에 있을 때는 비례배분으로 그 사이의 값을 읽는다.

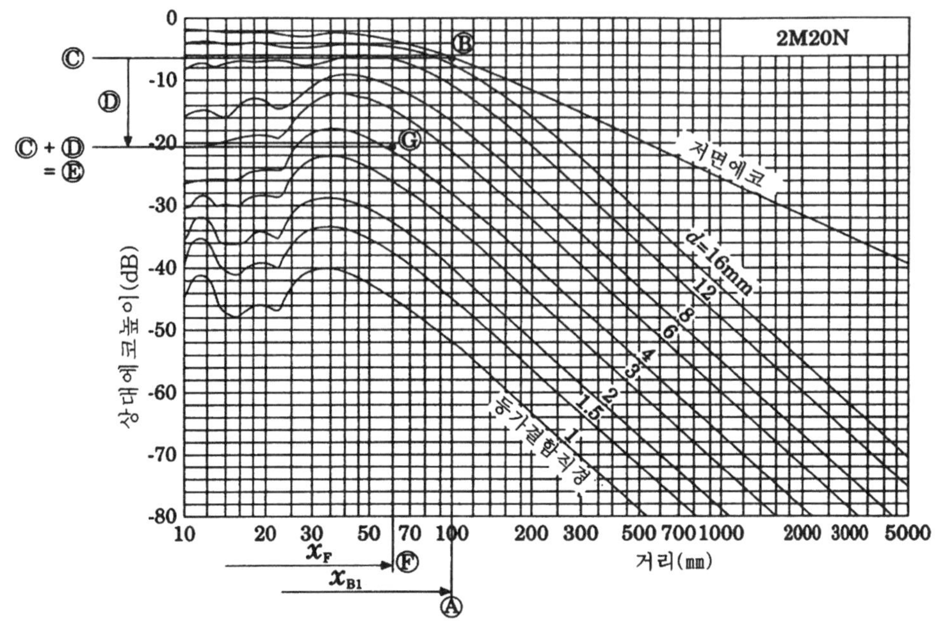

[그림 4.24] 표준시험편을 기준으로 한 경우

표 4.11 저면에코방식에 의한 탐상결과

탐촉자	기준으로 하는 반사원			탐상하는 결함			에코높이의 비 $A-B$(dB)	결함의 등가직경 (mm)
	시험체와 반사원	반사원까지의 거리 x(mm)	에코높이 A(dB)	시험체와 반사원	반사원까지의 거리 x(mm)	에코높이 A(dB)		
2M20N	Ø70 저면			Ø70 결함				
	Ø75 저면			Ø75 결함				
	STB-G V8-Ø2			Ø70 결함				
	STB-G V8-Ø2			Ø75 결함				

표 4.12 DGS선도 기록표

탐촉자	기준으로 하는 반사원				탐상하는 결함				에코 높이의 비 $A-B$ (dB)	결함의 등가 직경 (mm)
	시험체와 반사원	반사원까지의 거리 x(mm)	에코높이 A(dB)	감쇄 보정 후 A'(dB)	시험체와 반사원	반사원까지의 거리 x(mm)	에코높이 A(dB)	감쇄 보정 후 A'(dB)		
2M20N	Ø70 저면				Ø70 결함					
	Ø75 저면				Ø75 결함					
	STB-G V8-Ø2				Ø70 결함					
	STB-G V8-Ø2				Ø75 결함					

2) 감쇠계수의 측정과 보정방법

초음파가 재료 내를 통과할 때, 빔의 확산에 의한 확산손실과 결정입계에서의 산란반사에 의한 산란감쇠의 영향을 받고, 전파거리가 길어지면 음압이 점차적으로 저하된다. 산란감쇠는 사용하는 탐촉자가 정해지더라도 시험체의 재질이나 열처리의 정도 등에 따라 결정립의 크기의 영향을 받는다. 따라서, 감도조정용시험편과 시험체 사이에 재질이나 열처리의 정도가 다르면 에코높이를 정확히 평가할 수 없다. 에코높이 H(dB)를 정확히 평가하기 위해서는 미리 감쇠계수 α를(dB/㎜) 구하고 다음 식으로 보정한다.

보정한 에코높이: $H'(dB) = H(dB) - 2\alpha x$

x = 빔 진행거리

앞의 실습에서는 2㎒ 탐촉자를 사용하여 감쇄의 영향을 무시할 수 있다고 가정하고 결함의 크기를 추정하였다. 그런데 주파수가 높게 되면 이것을 무시할 수 없기 때문에 감쇠계수를 측정하고, 이 값을 보정하여 결함크기를 추정하는 방법을 실습한다.

① 실험 · 실습 목적

DGS선도의 실습에서 사용한 시험체의 감쇄계수를 구하고 이 값을 사용하여 감쇄보정하고 DGS선도로부터 결함의 크기를 추정하는 방법을 연습한다.

② 실험 · 실습 과제

주파수 5㎒인 탐촉자를 사용하여 시험체의 B1/B2로부터 감쇠계수를 구한다.

③ 실험기기

- 탐촉자: 5M10N(보호막 부착)
- 시험편: STB-A1, STB-G V8
- 시험체: Ø70시험체, Ø75시험체
- 접촉매질: 기계유

④ 실험 · 실습 순서

ⓐ 5M10N 및 STB-A1을 사용하여 측정범위를 200㎜로 조정한다.

ⓑ Ø70 시험체 건전부 제1회 저면에코 B_1이 표시기상에서 50%가 되도록 탐상기의 감도를 조정하고 이때의 게인조정노브 값 H_{B1}을 읽는다.

ⓒ 동일한 탐촉자 위치에서 제2회 저면에코 B_2가 표시기상에서 50%가 되면 탐상기의 감도를 조정하고 이때의 게인조정노브값 H_{B2}을 읽고 기록한다.

ⓓ 제1회 저면에코높이와 제2회 저면에코높이의 비 B_1/B_2를 다음 식으로 구한다.

$$\frac{B_1}{B_2} = -(H_{B1} - H_{B2})$$

ⓔ 감쇠계수 α는 다음과 같이 구한다.

ⓕ 5M10N의 근거리음장한계거리 X_0는 약 21㎜이고, $X_{B1} > 4_{X0}$를 만족하기 때문에 초음파 빔의 확산에 의한 확산손실은 B_1에 비해서 B_2가 6dB 더 크다(그림 4.25에 나타내고 있는 DGS선도의 저면에코곡선의 우측하단 직선부에서, $X_{B1} = 100$㎜에서 에코높이는 -9.5dB, $X_{B2} = 200$㎜에서는 -15.5dB이고, 그 차는 6dB이다). 즉, 감쇠계수 α는 다음 식으로 표시된다.

$$\alpha = \frac{\left(\frac{B_1}{B_2}\right) - 6 - L_R}{2t}$$

t : 시험체의 두께(㎜), L_R : 탐촉자의 접촉면에서의 반사 손실

여기에서는 탐촉자의 접촉면에서의 반사손실 L_R을 무시하고 구한다.

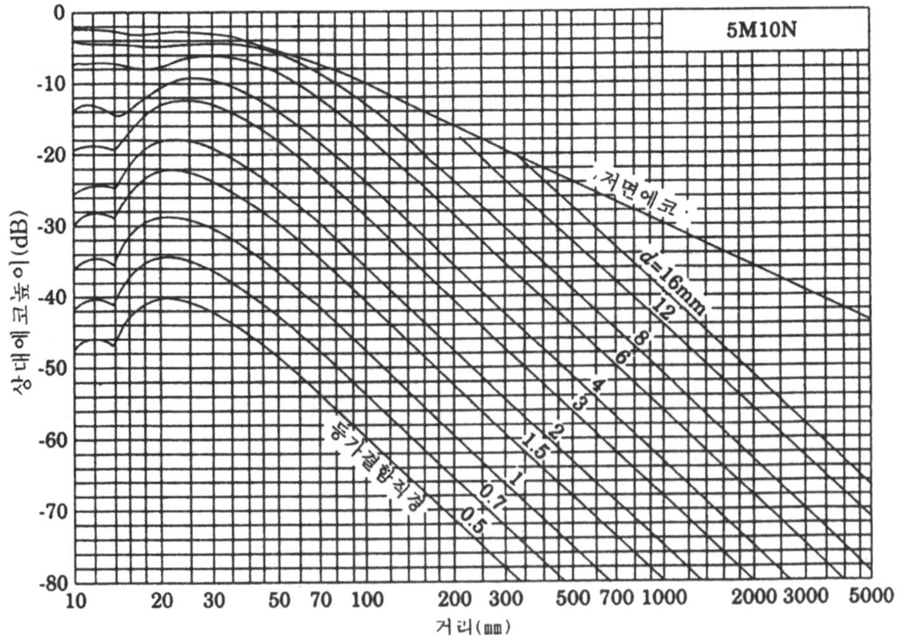

[그림 4.25] DGS선도(5M10N)

ⓖ Ø70 시험체 및 STB-G V8에 대해서도 같은 요령으로 감쇠계수 α를 구한다.

ⓗ 5M10N을 이용하여 Ø70 시험체를 세워서 길이방향으로 탐상하고, 저면에코높이가 표시기상에 50%가 되도록 탐상기의 감도를 조정하고, 이때의 빔 진행거리 및 게인조정노브값을 읽는다.

ⓘ 게인조정노브 값을 읽은 에코높이 A에 대하여 다음 식으로 감쇠보정하고, 보정한 에코높이 A'를 구한다.

$$A' = A - 2\alpha x$$

ⓙ 탐상기의 감도를 20㏈ 정도 높여 결함에코를 검출하고, 결함에코높이가 최대가 되는 탐촉자 위치에서 결함에코높이가 표시기상에서 50%가 되도록 탐상기의 감도를 조정하고 이때의 빔 진행거리 및 게인조정노브의 값을 읽는다.

ⓚ ⓘ와 같은 방법으로 보정한 에코높이 B'를 구한다.

$$B' = B - 2\alpha_F$$

ⓛ 4.9의 1) ③ 실험 · 실습 순서 ⓐ 및 ⓑ와 같은 방법으로 Ø75시험체의 저면에코와 결함에코, STB-G V8을 기준한 에코높이에 대해서도 같은 방법으로 감쇠 보정한 에코높이 A' 및 B'를 구한다.

ⓜ 감쇠 보정한 에코높이의 값을 이용하고, 4.9의 1) ③ 실험 · 실습 순서 ⓒ 및 ⓓ의 방법으로 결함의 크기를 추정한다.

표 4.13 감쇠계수 측정 기록표

시험체	H_{B1}	H_{B2}	$(B_1/B_2) = H_{B2} - H_{B1}$	$(B_1/B_2) - 6$	α(dB/mm)	비고
Ø70 시험체						
Ø75 시험체						
STB-G V8						

끝으로 감쇠계수의 측정방법에서는 B_1과 B_2의 에코높이를 비교하고 있으나 저면과 탐상면에서도 반사손실이 발생한다. 저면에서 반사손실은 작지만, B' 에코높이의 측정시에는 이미 기술한 것과 같이 탐상면, 즉 탐촉자의 접촉면에서 반사손실 L_R이 생기고, 이 값이 큰 경우는 2~3㏈정도 되는 것도 있고, 감쇠계수를 구할 때에 오차의 원인이 되고 있다. 이 반사손실을 적게 하기 위해서는 같은 재질의 환봉을 작은 직경의 탐촉자를 사용하여 원주면에서 탐상하여 B_1과 B_2를 측정하는 방법도 있다. 이때 접촉매질을 가능한 한 소량 사용하여 측정하면 탐상면에서의 반사손실 L_R을 거의 0이 되게 할 수 있다. 감쇠계수를 정확하게 측정해야 할 때는 반사율을 정량적으로 구할 수 있는 수침법이 사용되고 있다.

제5장 두께측정

5.1 디지털 표시 초음파 두께계에 의한 방법

5.2 초음파탐상기를 이용한 두께 측정

5.3 수직 탐촉자를 이용한 알루미늄 step-wedge의 가상두께 측정방법

제5장 두께측정

5.1 디지털 표시 초음파 두께계에 의한 방법

두께 측정에는 그림 5.1과 같이 측정값을 숫자로 표시하는 디지털 표시초음파 두께계가 많이 이용되고 있다. 「초음파 두께 측정」은 초음파를 이용하여 두께를 측정하는 비파괴적인 측정방법으로 현재에는 「펄스반사법」이 주류를 이루고 있다. 이 펄스 반사식 초음파 두께 측정의 원리는 「측정물 내부를 초음파펄스가 왕복하는 시간을 측정하고 표시한다.」라고 알려져 있다. 그림 5.3에 이 원리를 설명한다. 두께 D의 측정물 속에 탐촉자로 부터 초음파펄스가 송신된다. 이 초음파는 측정면에서 반사하고 표면에코(S)를 발생하고 나머지 초음파는 측정물 속을 진행하여 저면에서 반사하고 저면에코(B)를 발생한다. 이 에코가 같은 경로로 되돌아와 탐촉자에 수신된다. 표면에코와 저면에코와의 사이에 시간을 측정하면 전파시간 t를 구하는 것이 가능하다. 이들 t, D 및 측정물의 음속 C와의 사이에는 다음의 관계가 성립한다.

$$t(\mu s)=\frac{2\times D(mm)}{C(km/s)}$$

이 식 중의 "2"는 초음파가 측정물 내를 왕복하기 때문에 두께 2배의 경로를 진행함을 의미한다. 이 식으로부터 초음파펄스로 두께를 측정할 때의 오차는 측정물의 음속에 의존함을 알 수 있다. 따라서, 교정한 시험편과 측정물의 재료가 다르거나 동일 재료에서도 온도가 현저하게 변화하여 음속이 달라질 때는 이것을 보정해야 한다.

디지털 표시 초음파 두께계를 이용하여 RB-E 각부의 치수 및 STB-A2의 표준구멍을 측정하기 위한 실습순서는 다음과 같다.

① 두께계에 탐촉자를 접속하고 전원스위치를 "ON" 한다.

② 표시개소에 표시가 나타나는 것을 확인한다.

③ 교정용시험편으로 표시가 지시치로 되도록 조정한다.

④ RB-E의 각부에 접촉매질을 도포하고 측정한다.

⑤ 표시부에 표시된 값을 표 5.1에 기록한다.

⑥ STB-A2 ø8×8 표준구멍이 아래를 향하게 놓고 구멍의 반대면부터 그 구멍의 선단까지의 치수를 측정한다.

⑦ 같은 방법으로 ø4×4, ø2×2 및 ø1×1 구멍의 선단까지의 치수를 측정한다.

표 5.1 두께 측정 결과(초음파 두께계)

RB-E 두께 (mm)	3	4	5	6	7	8	9	10
측정값 (mm)								
RB-E 두께 (mm)	12	15	19	24	30	36	42	48
측정값 (mm)								
STB-A2 표준구멍	ø8×8		ø4×4		ø2×2		ø1×1	
측정값 (mm)								

[그림 5.1] 표시기 부착 두께계

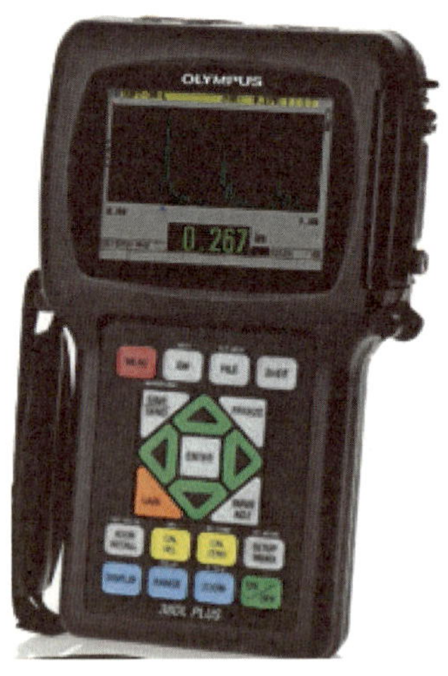

[그림 5.2] 디지털 두께계

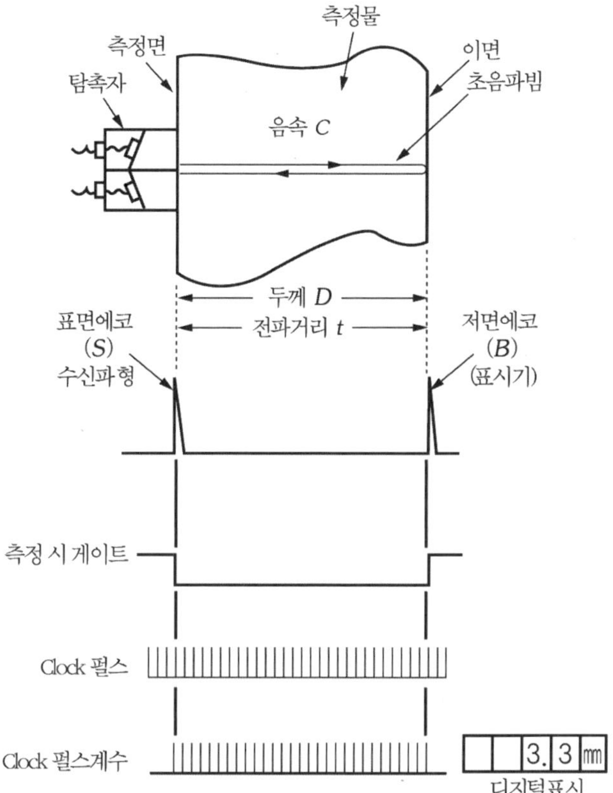

[그림 5.3] 초음파 두께 측정의 원리

5.2 초음파탐상기를 이용한 두께측정

디지털 표시 초음파 두께계에 의한 보통의 수직탐촉자로 강재의 두께를 측정한다.

1) 수직탐촉자에 의한 방법

① 목적

보통의 수직탐촉자로 강재의 두께를 측정한다.

② 장치 및 시험방법

ⓐ 실험 · 실습과제

RB-E의 각 부의 두께를 측정하고 그림면상의 치수와 측정치를 비교한다.

ⓑ 실험기기

- 탐촉자 : 5M10N
- 시험편 : STB-A1, RB-E
- 접촉매질 : 글리세린

ⓒ 실험 · 실습순서

㉠ STB-A1으로 측정범위를 50㎜에 조정한다.

㉡ 감도는 STB-A1의 B_1 에코를 80%의 높이에 조정한다.

㉢ 그림 5.4의 RB-E 두께방향의 각부를 12㎜ 부분부터 차례로 탐촉자를 대고 B_1에코의 빔 진행거리를 읽는다.

㉣ 다음에 RB-E의 얇은 10㎜ 부분부터 순차로 측정한다. 이때 두께가 어느 정도 얇게 되면 B_1에코의 빔 진행거리를 읽지 못한다. 이 경우는 n번째 에코의 빔 진행거리를 읽고 그 값을 n으로 나누어 두께를 측정한다. 또, 그림 5.4와 같이 n번째의 저면에코와 $(n+m)$번째 저면에코의 빔 진행거리를 각각 읽고 그 차를 m으로 나누어 두께로 한다.

㉤ 측정결과를 표 5.2에 기록하고 강철자에 의한 측정치와 비교한다.

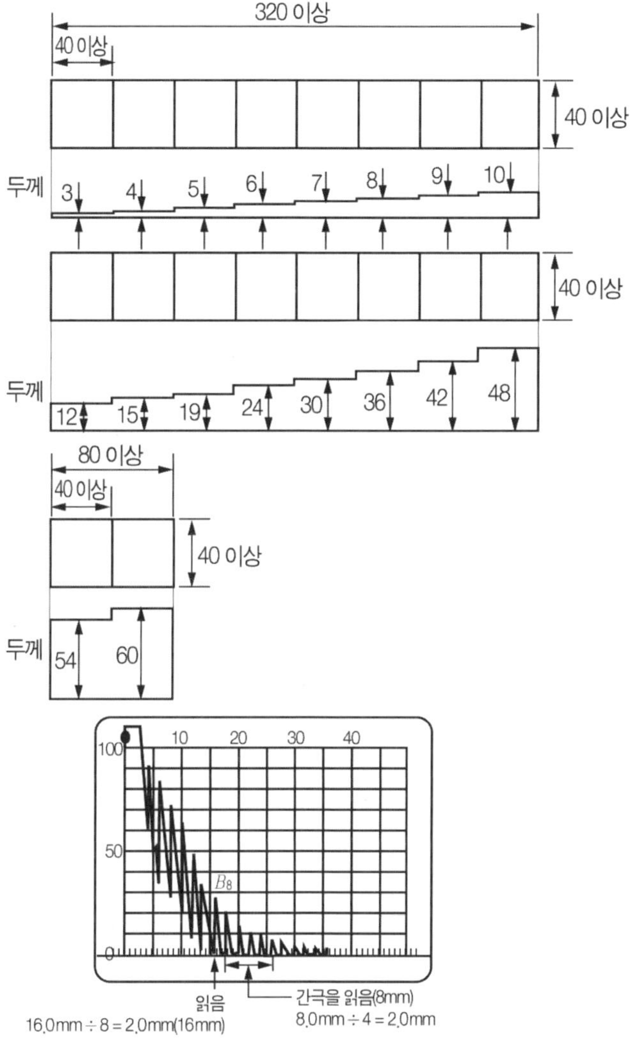

[그림 5.4] RB-E의 형상과 치수(위) 및 두께측정방법의 예(아래)

표 5.2 두께 측정 결과

RB-E 두께 (mm)		12	15	19	24	30	36	42	48
측정값 W_{B1} (mm)									
RB-E 두께 (mm)		10	9	8	7	6	5	4	3
측정값	W_{Bn} (mm)								
	n								
W_{Bn}/n									

2) 2진동자 수직 탐촉자에 의한 방법

① 목적

2진동자 수직탐촉자를 이용하여 강재의 두께를 측정하는 방법을 습득한다.

② 장치 및 시험방법

ⓐ 실험 · 실습과제

RB-E의 얇은 부분의 두께 및 STB-A2의 표준구멍을 측정하고 실제의 치수와 측정치를 비교한다.

ⓑ 실험기기

- 탐촉자: 5M4ND, 5M10N
- 시험편: STB-A1, RB-E
- 접촉매질: 글리세린

ⓒ 실험 · 실습순서

㉠ 5M10N을 사용하여 측정범위를 25㎜에 조정한 후 2진동자 탐촉자로 바꾼다.

㉡ RB-E 5㎜ 부분의 저면에코가 횡축의 10눈금에 일치하도록 펄스위치 조정노브로 조정한다.

㉢ RB-E 15㎜ 부분의 저면에코가 횡축의 30눈금에 일치하도록 측정범위조정노브로 조정한다.

㉣ ㉡ 및 ㉢의 조작을 반복하여 5㎜ 및 15㎜의 저면에코가 각각 횡축의 10 눈금 및 30 눈금에 일치할 때까지 조정한다.

㉣ RB-E의 얇은 10㎜ 부분부터 순차로 측정한다.

㉤ STB-A2 ϕ8×8 표준구멍이 아래를 향하게 놓고 구멍의 반대면 부터 그 구멍의 선단까지의 치수를 측정한다.

㉥ 같은 방법으로 ϕ4×4, ϕ2×2 및 ϕ1×1 구멍의 선단까지의 치수를 측정한다.

㉦ 측정결과를 표 5.3에 기록하고 실제 측정치와 비교한다.

표 5.3 두께 측정 결과(2진동자 수직 탐촉자)

RB-E 두께 (㎜)	10	9	8	7	6	5	4	3
측정값 W_{B1} (㎜)								
STB-A2 표준구멍	ϕ8×8		ϕ4×4		ϕ2×2		ϕ1×1	
측정값 W_{F1} (㎜)								

5.3 수직 탐촉자를 이용한 알루미늄 step-wedge의 가상두께 측정방법

1) 알루미늄 스텝웨지 측정

① 목적 및 두께 계산방법

목적은 알루미늄 스텝웨지(총 7계단)의 가장 얇은 두께를 10㎜라 가정할 때 2~6단계의 가상두께를 측정한다.

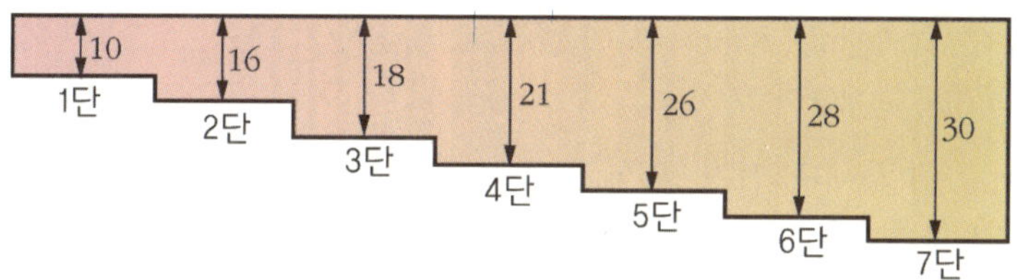

[그림 5.5] 알루미늄 스텝웨지

가상두께의 장비교정 계산방법은 다음과 같다.

㉠ 이 문제는 이원 일차 연립방정식을 이용하여 풀 수 있다.

㉡ $y = ax + b$에서 실제두께를 x, 가상두께를 y라 하면 실제두께를 10㎜는 가상두께 10㎜이므로 $10 = 10a + b$, 실제두께 30㎜가 가상두께 40㎜이므로 $40 = 30a + b$, 이 두 식을 풀면, $a = 1.5$, $b = -5$이므로, $y = \frac{3}{2}x - 5$인 이원일차방정식이 된다.

㉢ 위의 방정식에 실제두께를 대입하면 가상두께를 얻을 수 있다.

② 장치 및 시험방법

ⓐ 실험 · 실습과제

수직 탐촉자를 사용하여 7계단을 가진 알루미늄 스텝웨지의 두께를 전혀 알 수 없는 상황에서 제일 얇은 부분의 두께를 10㎜라 가정하고 제일 두꺼운 부분의 두께를 40㎜라고 가정했을 때 2~6계단의 가상두께를 측정한다(그림 5.6).

[그림 5.6] 두께를 알 수 없는 스텝웨지

ⓑ 실험기기

- 탐촉자: 5M10N
- 시험편: STB-A1, 알루미늄 스텝웨지 시험편
- 접촉매질: 글리세린

ⓒ 실험 · 실습순서

㉠ 초음파탐상기의 전원을 연결하고 약 5분간 예열한다.

㉡ 시험체 전면에 접촉매질을 도포한다.

㉢ 수직 탐촉자를 사용하여 스텝웨지 시험체의 가장 얇은 두께와 가장 두꺼운 두께를 확인한다.

㉣ 가장 얇은 두께면에 수직 탐촉자를 위치시키고 저면 에코가 80%가 되도록 게인 조정 스위치를 조정한다.

㉤ 가장 얇은 두께의 저면 반사 에코가 일어나는 부분이 화면상 시간축의 10눈금에 위치하도록 소인지연 스위치를 조정한다{그림 5.7(a)}.

㉥ 수직 탐촉자를 두께가 가장 두꺼운 부분에 위치시키고 저면 반사 에코를 화면상 시간축의 40눈금에 오도록 소인 지연스위치를 사용하여 조정한다{그림 5.7(b)}.

㉦ ㉤항과 ㉥항을 번갈아 가면서 반복하여 가장 얇은 저면에코가 10눈금에 가장 두꺼운 저면 에코가 40눈금에 정확히 일치하도록 조정하면 측정범위의 조정이 완료된 것이다(그림 5.7).

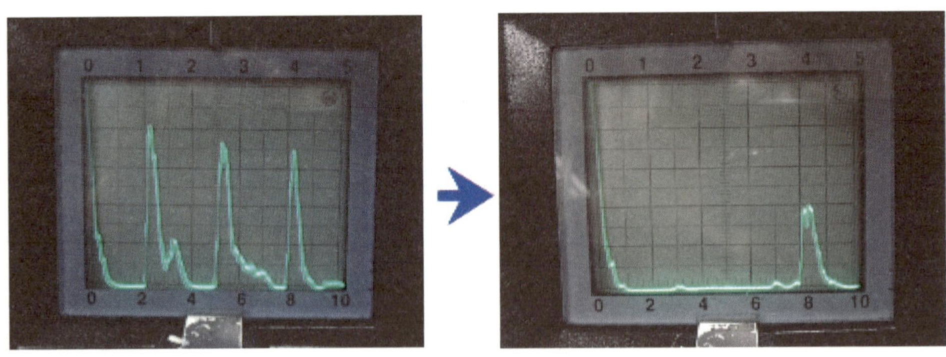

[그림 5.7] (a) 가장 얇은 두께의 B_1에코(좌), (b) 가장 두꺼운 두께의 B_1B에코(우)를 이용한 측정범위조정

ⓞ 제2단계의 위치에 수직 탐촉자를 접속시키고 B1에코의 시간 축 눈금 값을 ㎜ 단위로 그대로 읽으면 그 값이 제2계단의 가상 두께 값이 된다(그림 5.8).

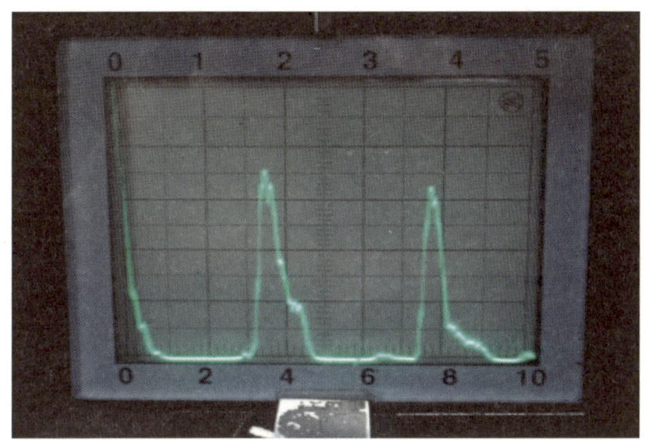

[그림 5.8] 제2계단의 B_1에코

ⓩ 동일한 방법으로 3~6계단의 가상두께를 측정한다.

⓪ 반복하여 실습한다.

ⓚ 정리 정돈한다.

ⓣ 보고서를 작성한다(표 5.4).

표 5.4 step-wedge의 두께 측정(㎜)

단 수	1	2	3	4	5	6	7
실 두 께	10						30
이론 값(두께)	10						40
가상두께	10						40

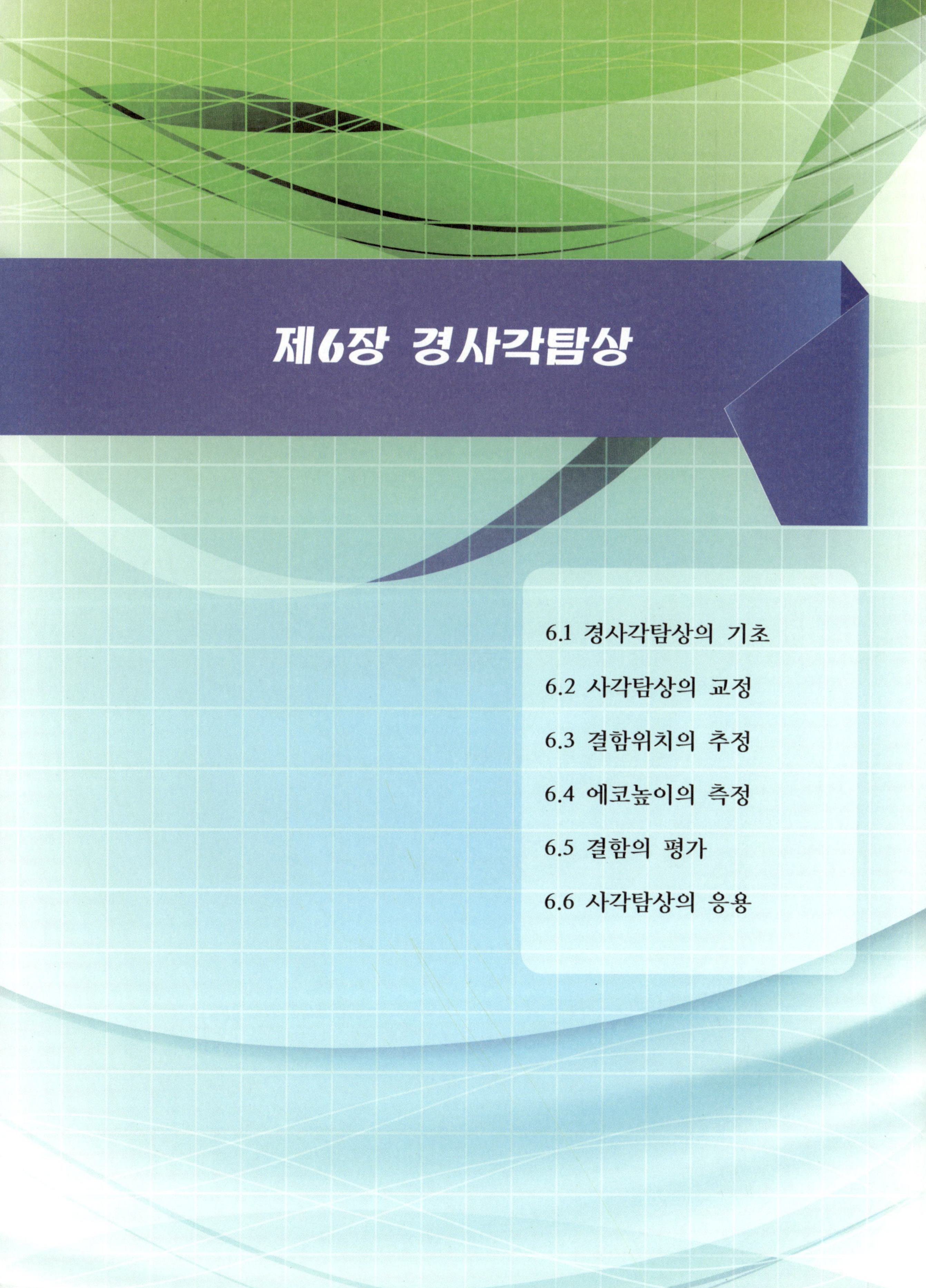

제6장 경사각탐상

6.1 경사각탐상의 기초

6.2 사각탐상의 교정

6.3 결함위치의 추정

6.4 에코높이의 측정

6.5 결함의 평가

6.6 사각탐상의 응용

제6장 경사각탐상

6.1 경사각탐상의 기초

사각탐상시험법은 초음파를 탐상면에 대해 경사방향으로 송수신하여 탐상하는 방법이다. 일반적으로는 횡파가 사용되지만 감쇠가 현저한 재료에는 종파사각법이 적용된다. 사각법의 용도는 주로 용접부나 관류의 검사에 주로 이용되고 있다. 여기서는 사각탐상을 할 경우에 반듯이 알아야 할 기본적인 내용을 습득한다. 사각탐상에 의한 결함의 검출방법, 탐상방향의 선정, 검출레벨과 탐상감도의 설정, 결함지시 길이의 측정방법, 탐상 시 주의점, 탐상결과에 대한 평가방법 등을 실습을 통해 숙지한다.

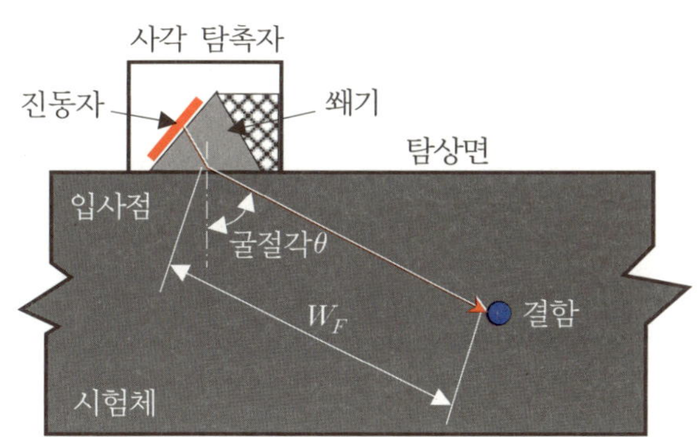

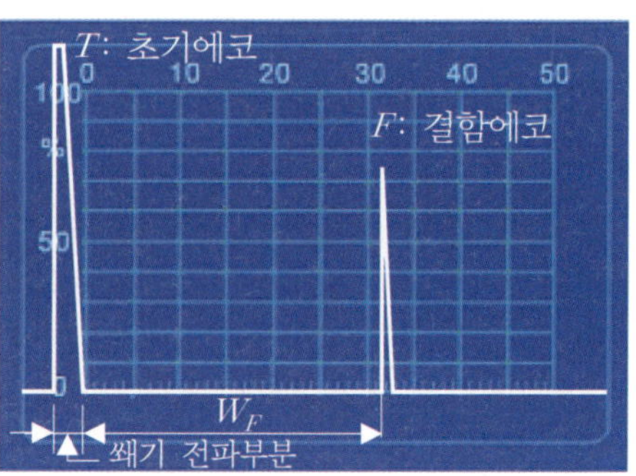

[그림 6.1] 사각탐상법의 개요와 결함검출의 예

그림 6.1은 사각탐상법의 개요를 나타낸다. 사각탐상에서는 시험체의 표면(탐상면)에 대해 경사방향으로 전파하는 초음파 빔을 이용하는 탐상방법으로 용접부 등의 검사에 주로 사용된다.

일반적으로 사용되는 사각 탐촉자에는 그림 6.1에서와 같이 진동자로부터 발생한 종파가 쐐기 내를 경사로 전파하고 탐상면에서의 굴절에 의해 종파로부터 횡파로 모드변환하고 횡파만이 시험체 속을 일정한 각도로 전파해 가도록 되어 있다.

따라서, 결함을 검출하였을 때의 탐상도형은 그림 6.1 (b)에서와 같이 송신펄스 T 및 결함에코 F만이 나타나고 수직탐상에서의 저면에코 B는 나타나지 않는다.

한편, 결함부에서는 초음파가 결함면에 수직 또는 수직에 가까운 각도로 입사하면 결함에코가 나타난다. 결함에코를 검출하는 데는 시험체에 탐촉자를 전후로 주사하고 초음파 빔을 저면에 반사시키지 않고 직접 결함을 찾는 직사법과 초음파 빔을 저면에서 1회만 반사시켜 결함을 찾는 1회반사법을 병용한다.

직접법 및 1회반사법에서 탐촉자를 전후로 주사하는 범위(전후주사범위)와 결함에코가 나타나는 범위(측정범위)는 각각 다음 그림 6.2에 표시된다.

즉, 직사법과 1회반사법 모두 탐촉자를 전후주사범위에서 지그재그주사를 하면 결함이 존재하고 있으면 결함에코는 측정범위 내에 나타난다. 측정범위 내에 나타난 결함에코는 기본주사를 하여 최대에코를 검출한다.

그림 6.1의 식에서 t: 시험체 두께이고, θ: 탐촉자의 굴절각이다.

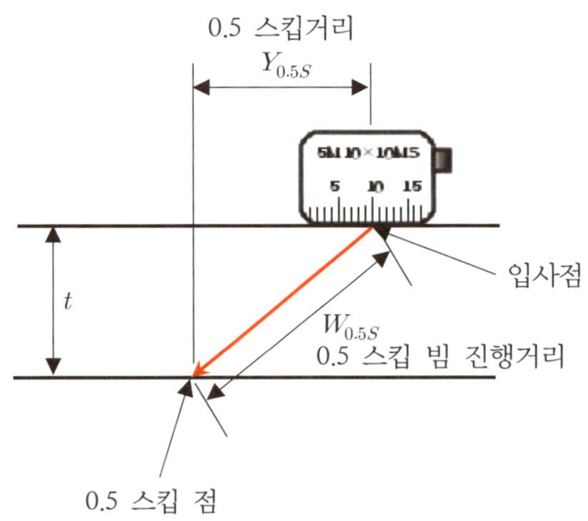

• 직사법의 경우

- 전후주사범위 $\leq Y_{0.5s} = t \cdot \tan\theta = W_{0.5s} \cdot \sin\theta$
- 측정범위 $\leq W_{0.5s} = \dfrac{t}{\cos\theta}$

[그림 6.2-①] 직사법과 1회반사법 및 초음파 빔의 거리

초음파 빔이 저면 및 탐상면에 부딪힌 위치를 특히 스킵(Skip)점이라 부르고 그림 6.2에 나타내는 식으로 계산이 가능하다. 탐촉자의 입사점으로부터 스킵점까지의 거리를 스킵거리라 한다.

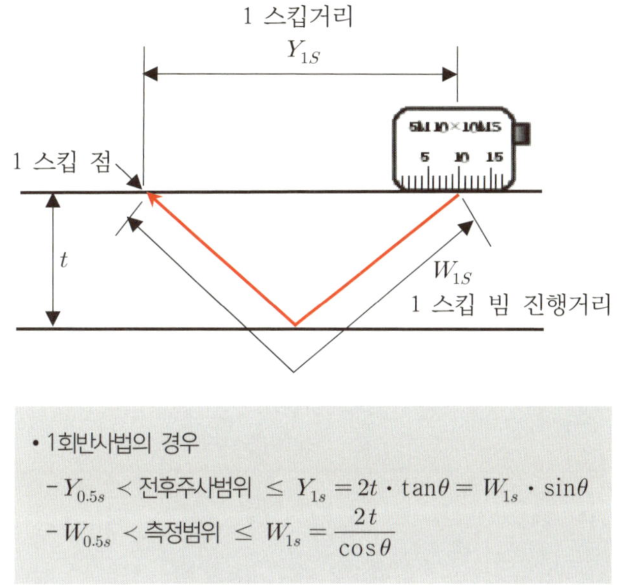

[그림 6.2-②] 직사법과 1회반사법 및 초음파 빔의 거리

1) 결함위치의 측정방법

그림 6.3의 위 그림은 직사법으로 결함의 최대에코를 검출한 경우를 나타내고 있다. 이때 기준선에서 결함까지의 거리 $k = Y - y = Y - W_F \times \sin\theta$로 구할 수 있다.

또, 그림 6.3의 아래와 같이 1회반사법의 경우는 다음 식에 의해 결함의 위치가 구해진다. 우선 직사법과 같은 방법으로 겉보기 결함깊이 $d' = W_F \times \cos\theta$를 계산한다.

시험체 내의 실제 결함깊이 d는 시험체의 두께(t)의 2배($2t$)로부터 d'를 뺀 값과 같기 때문에 1회반사법에서는 결함깊이를 구하는 식 $d = 2t - W_F \times \cos\theta$가 되며, 기준선에서 결함까지의 거리 $k = Y - y = Y - W_F \times \sin\theta$로 바뀐다.

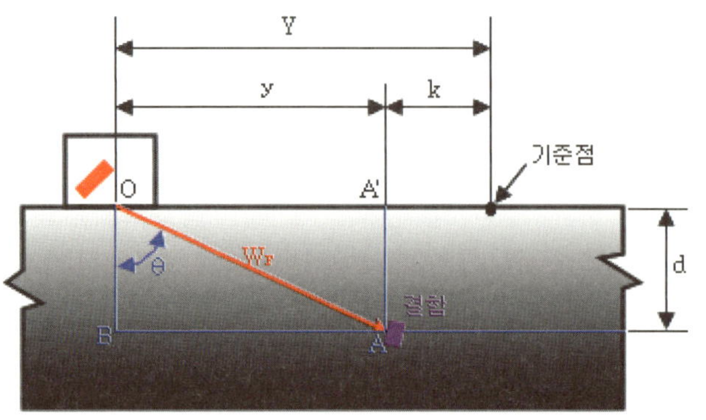

- 탐상면으로부터 결함까지의 깊이 : $d = \overline{A'A} = \overline{OB} = W_F \times \cos\theta$
- 탐촉자로부터 결함까지의 거리 : $y = \overline{OA'} = \overline{BA} = W_F \times \sin\theta$

O : 입사점
W_F : 빔 진행거리
θ : 굴절각

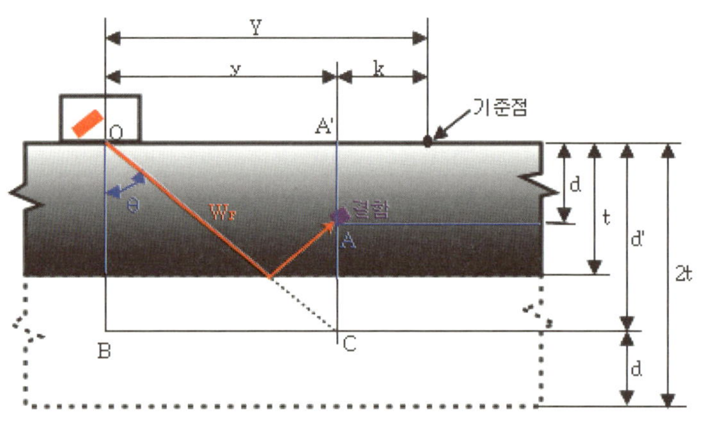

- 탐상면으로부터 결함까지의 깊이 : $d = \overline{A'A} = 2t - d' = 2t - W_F \times \cos\theta$
- 탐촉자로부터 결함까지의 거리 : $y = \overline{OA'} = \overline{BC} = W_F \times \sin\theta$

[그림 6.3] 결함의 위치 추정방법(위: 직사법, 아래: 1회 반사법)

그림 6.4는 사각탐상시험에서 표면과 저면이 평행한 시험체 내부를 전파해 가는 초음파의 경로를 빔 중심축으로 나타낸 것이다. 사각 탐촉자의 입사점에 대응하는 탐상면상의 0점(입사점)을 통과한 초음파는 시험체 내부를 경사로 전파하고 저면의 P 점에 굴절각 θ 와 같은 각도로 입사한다.

입사한 초음파는 입사각과 같은 각도 θ 로 반사하고 다시 시험체 내부를 전파하여 표면 Q 점에서 각도 θ 로 입사한다. Q 점에서도 P 점과 같은 입사와 반사현상이 일어나며 초음파는 R 점으로 전파해 간다.

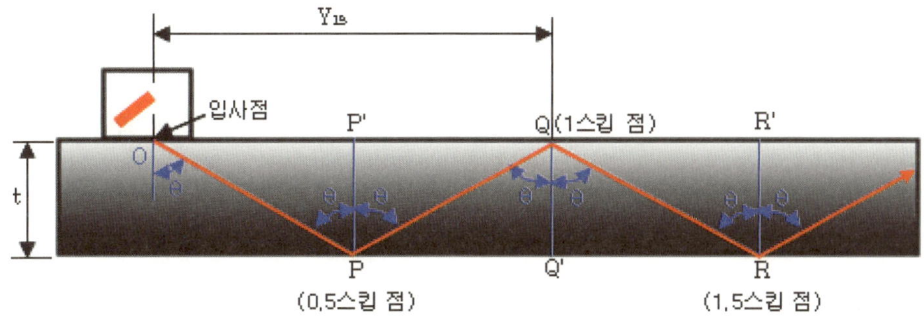

[그림 6.4] 시험체 내부에서의 초음파의 이동경로

그림 6.4에서 OQ는 1스킵거리라 하고 Y_{1S}로 표시하며, OP'는 0.5스킵거리라고 하고 $Y_{0.5S}$로 표시한다. 스킵거리 $Y_{0.5S}$ 및 Y_{1S}는 구하는 식을 알아보면 식은 $Y_{1.0S} = 2t \times \tan\theta$, $Y_{0.5S} = t \times \tan\theta$이다. 또한 그림 6.4에서 1스킵 빔 진행거리 $OP + PQ$은 W_{1S}로 표시하며, 0.5스킵 빔 진행거리 OP는 $W_{0.5S}$로 표시된다. W_{1S} 및 $W_{0.5S}$ 구하는 식은 $W_{1S} = 2t/\cos\theta$, $W_{0.5S} = t/\cos\theta$이다. 단, t: 판 두께, θ: 굴절각이다.

사각 탐상에서 측정범위를 정할 경우는 원칙으로 1스킵의 빔 진행거리가 표시기상에 들어가는 측정범위를 선정해야 한다. 따라서 탐상에 있어서는 저면에코가 나타나지 않으므로 반사원의 깊이를 직관적으로 추정할 수 없다. 따라서, $W_{0.5S}$ 및 W_{1S}를 계산해 놓고 그 위치를 CRT상에 마크해 두면 매우 편리하다.

2) 탐상방향의 선정

사각탐상시험은 시험체표면 (탐상면)에 대해 경사로 초음파를 투입하여 탐상하는 방법으로 표면에 대해 경사를 갖는 결함(표면에 평행하지 않는 결함)의 검출과 평가에 적합하고 용접부나 단조품에 적용된다.

탐상방향을 선정하는 경우 수직탐상과 같이 시험부 전체를 초음파 빔이 미치게 하는 것만 아니고 검출해야 할 결함의 발생위치, 방향을 고려하지 않으면 안 된다.

수직탐상의 경우 탐상방향은 탐상면에 의해 결정되지만 사각탐상에는 탐상면 뿐만이 아니고 탐촉자의 굴절각 및 시험체 표면과 저면에서의 반사회수, 탐촉자의 방향에 의해 변화한다.

탐상방향을 선정하는 경우의 기본적인 고려방법은 다음과 같다.

ⓐ 발생이 예상되는 결함의 위치 및 방향을 예상한다.

ⓑ 결함의 초음파 반사면에 수선(垂線)을 세워 그 수직선과 교차하는 시험체 표면을 탐상면으로 한다.

ⓒ 시험체의 구조상 ⓑ에서 얻은 표면을 탐상면으로 할 수 없는 경우에는 1회반사법 등을 고려하여 탐상면을 결정한다.

ⓓ 횡파 사각 탐촉자를 사용하는 경우 굴절각 40°이상 70°이하의 범위에서 결함면을 수직에 근사한 방향으로 초음파가 부딪치는 것이 가능한 굴절각을 선정한다.

ⓔ 결함의 발생위치(시험대상 부위) 전체에 미칠 수 있도록 탐촉자의 주사 범위를 결정한다.

3) 탐촉자의 선정

일반적으로 횡파 사각 탐촉자가 사용되지만 감쇠가 심한 재료에는 종파 사각 탐촉자가 사용되며 사각 탐촉자에는 주파수, 진동자의 크기, 굴절각에 따라 여러 종류가 있다.

예를 들면 용접부의 탐상에는 시험체의 재질, 판 두께, 개선형상 및 비드형상 등을 고려하여 사용하여야 한다.

① 시험주파수

시험주파수의 선정에서 고려해야 하는 것은 검출한계가 되는 결함크기(파장의 1/10 정도), 탐촉자 및 결함의 지향특성, 산란에 의한 감쇠나 SN비, 탐상면의 거칠기 및 곡률에 의한 전달손실 등을 고려해야 한다. 일반적으로 보통의 사각탐상에는 횡파초음파가 사용되고 있고 용접부의 탐상에는 2~5㎒의 주파수가 많이 사용되고 있다. 동일 주파수의 경우 수직탐상에 비해 파장이 약 1/2이기 때문에(횡파음속이 종파음속의 약 1/2이다) 주파수의 영향을 받기 쉽다.

② 진동자 크기

진동자 크기의 선정 시 고려해야 하는 것은 수직탐상의 경우와 같이 근거리 음장한계거리와 지향성을 고려해야 한다. 사각 탐촉자에서 음장은 쐐기의 존재 및 쐐기와 시험체와의 경계에서 굴절의 영향 등으로 복잡하다.

③ 굴절각

굴절각의 선정 시 먼저 고려되어야 하는 것은 시험체의 형상과 치수, 예상되는 결함의 방향, 초음파가 결함에 수직에 가까운 방향으로 부딪히게 가능한 한 짧은 빔 진행거리로 탐상할 수 있는 굴절각을 선정할 필요가 있다.

용접부의 사각탐상에는 덧살에 의한 접근한계 때문에 탐상이 불가능한 영역이 존재하기 때문에 주의하지 않으면 안 된다.

예를 들면, 진동자 크기 10×10㎜ 탐촉자의 경우 접근한계길이는 약 10㎜이고 굴절각이 45°, 60°, 70°의 경우 각각 깊이 약 7㎜, 5㎜, 3㎜ 이상이 아니면 탐상이 불가능해진다.

1회반사법을 적용하는 경우 저면측의 덧살로 초음파가 산란되기 때문에 저면에 가까운 용접금속부분은 충분한 탐상을 할 수 없게 된다. 이들 앞뒷면 근방의 탐상불능영역에 대해서는 실제 대상부의 단면도를 그려 검토할 필요가 있다.

④ **불감대(Dead zone)**

불감대라는 것은 빔 진행거리상에서 얼마만큼 짧은 거리에 있는 결함을 검출할 수 있는가를 나타내는 것으로 불감대가 길면 표면근방의 탐상이 곤란하게 된다.

6.2 사각탐상의 교정

결함에코높이의 측정, 결함위치의 측정을 위해서는 결함의 최대에코높이가 얻어지도록 탐촉자를 주사할 필요가 있다. 그림 6.5는 사각탐상의 기본주사를 나타내고 있다.

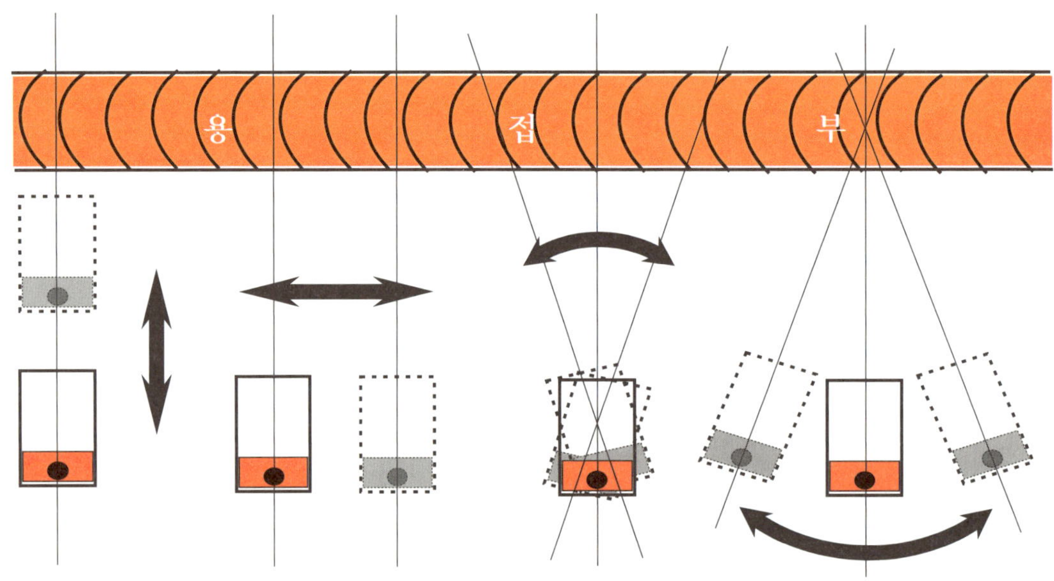

[그림 6.5] 사각탐상의 기본주사방법

6.2.1 아날로그장비의 경우(USK-7S)

1) 입사점 측정

사각 탐상 시 탐촉자의 입사점은 결함의 위치를 찾는 데 매우 중요한 요소 중의 하나로 탐상기의 교정 시 반드시 측정하여야만 한다. 특히 결함의 위치를 작도하여 표기할 때 탐촉자의 위치(초음파 중심 빔의 위치)를 표시하는 데 사용한다.

사각 탐촉자의 접촉면에서 시험체 내부로 입사하는 초음파 빔의 중심을 입사점이라 한다. 입사점 측정원리를 그림 6.6에 나타내고 있다.

STB-A1의 R 100면을 사용해서 4M8 × 9A70의 입사점을 측정하는 실습순서는 다음과 같다.

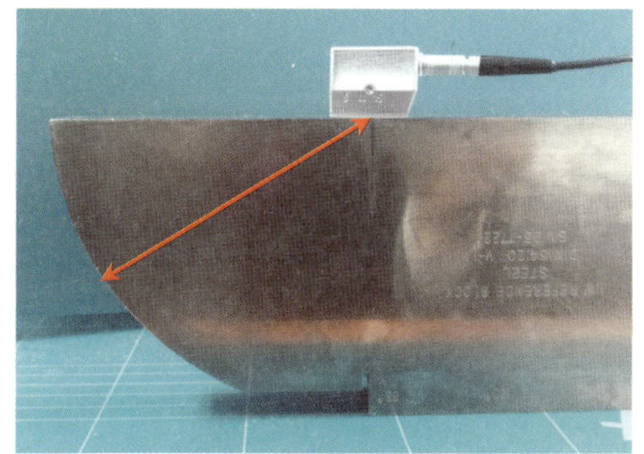

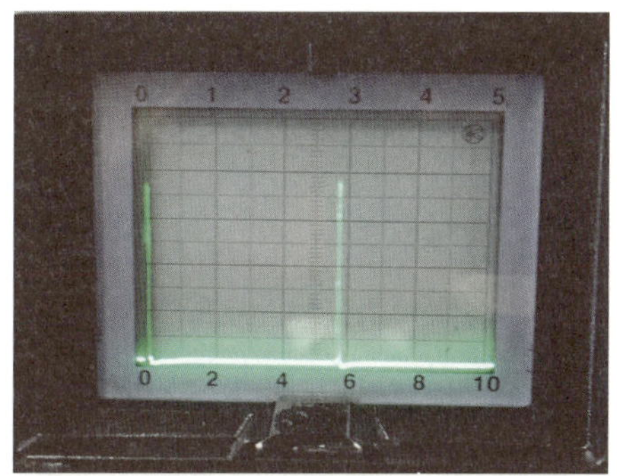

(a) 탐촉자의 입사점이 R 100 중심과 일치하였을 때 에코높이가 최대가 된다.

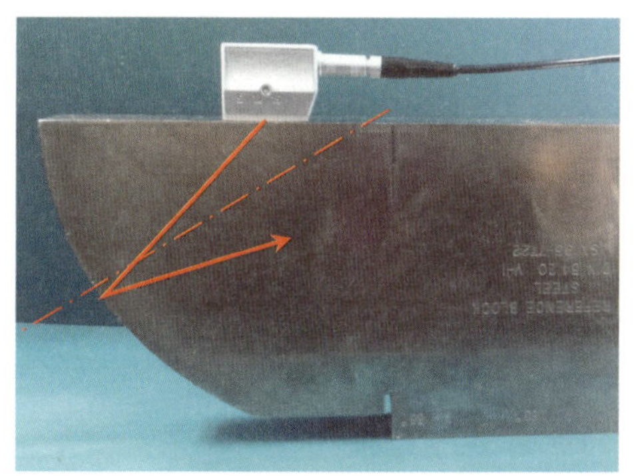

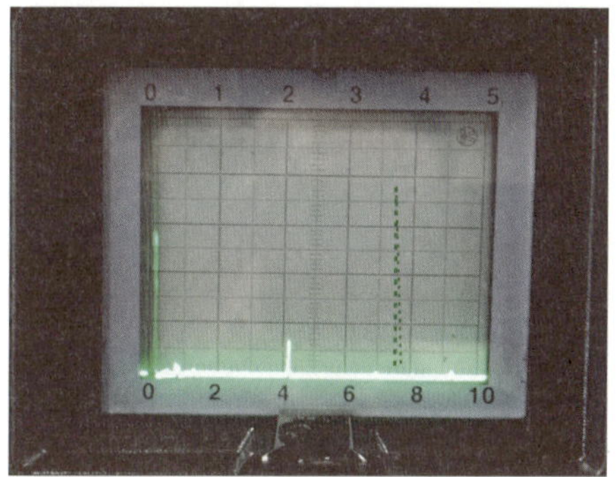

(b) 탐촉자의 입사점이 R 100의 중심보다 전방에 있을 때 에코높이는 낮아지고 빔 진행거리는 짧아진다.

[그림 6.6] 입사점 측정의 원리

① STB-A1의 R 100의 중심 부근에서 탐촉자를 놓고, 그림 6.7과 같이 R 100면을 향해서 R 100면에서의 에코를 브라운관상에 나타나게 한다. 이때, 그림 6.8과 같이 에코높이가 50~80% 범위가 되도록 탐상기 감도를 조정한다.

② 탐촉자를 앞뒤로 수 ㎜ 움직이면 에코는 브라운관상에서 좌우로 이동하면서 그 높이가 변화한다. 그 변화의 모양을 잘 보면서 에코높이가 최대가 되는 탐촉자 위치에서 탐촉자를 멈춘다.

③ 최대에코 위치에서 탐촉자를 고정하면 R 100의 중심 홈의 좌측 위 귀퉁이에 대응하는 위치가 입사점이 되므로 그림 6.9와 같이 탐촉자의 측면에 붙어있는 눈금을 읽고 그 위치에 표시를 한다.

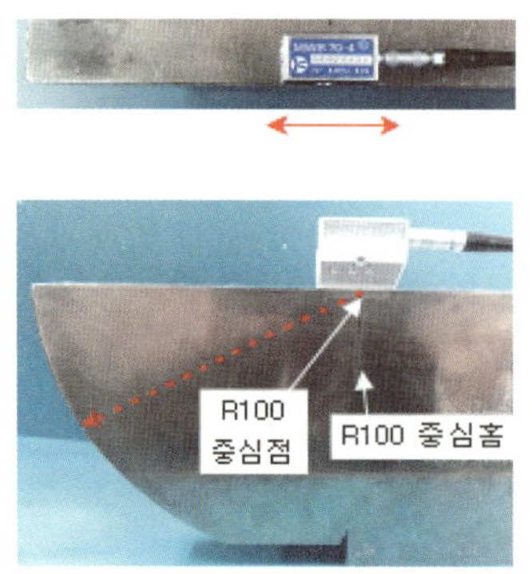

[그림 6.7] 입사점 측정 시 탐촉자 위치

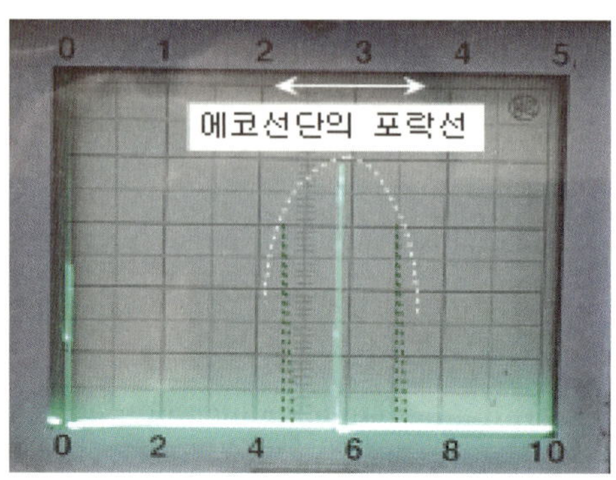

[그림 6.8] 최대에코를 잡는 방법

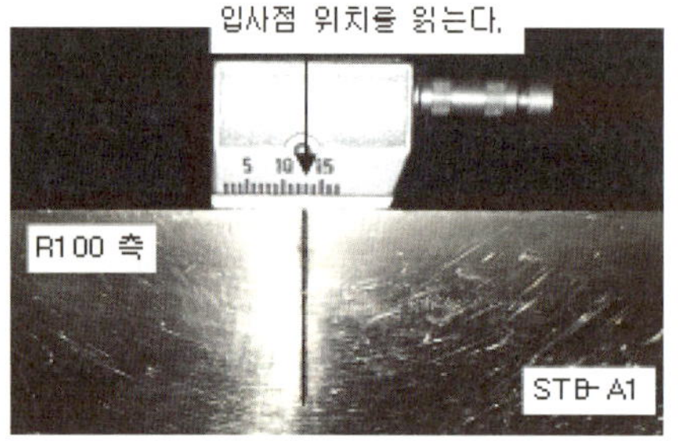

[그림 6.9] 입사점 표시방법

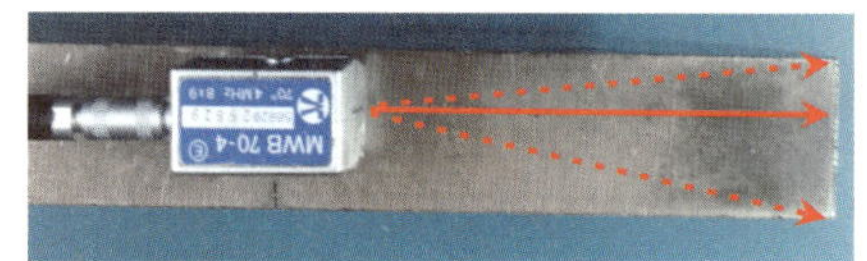

[그림 6.10] 입사점 측정 시 탐촉자 방향

표 6.1 입사점 측정 결과

측정횟수	입사점의 읽음	측정횟수	입사점의 읽음
1		4	
2		5	
3			

2) 시간 축(측정범위)의 조정

사각탐상에서는 저면에코가 얻어지지 않으므로 수직탐상의 경우와는 다른 방법으로 측정범위를 조정해야 한다. 여기서는 가장 일반적인 STB-A1을 사용하여 측정범위를 R 100면을 사용해서 측정범위를 125㎜로 조정하는 실습순서는 다음과 같다.

① 그림 6.11의 (1)과 같이 송신펄스를 0눈금 부근에 놓고, R 100면의 에코를 40눈금 부근이 되도록 음속조정노브로 간극을 조정한다.

② R 100면의 에코를 펄스위치조정노브 만을 사용하여 그림 6.11의 (1)과 같이 0눈금 부근으로 이동시킨다.

③ 게인조정노브로 감도를 약 20dB 올려 R 100면에서의 반복에코를 확인한다. R 100면에서의 반복에코는 40눈금 부근에 나타난다. 그림 6.11의 (2)와 같이 2개의 에코가 나타나는 경우는 좌측(0눈금 측)의 에코를 R 100면의 반복에코로 한다.

④ 펄스위치조정노브를 사용하여 R 100면의 에코를 0눈금에 맞춘 후 음속조정 노브로 R 100면의 반복에코를 40눈금에 맞춘다. 이 조작을 반복하여 그림 6.11의 (3)과 같이 각각의 에코를 0눈금 및 40에 정확히 맞춘다.

⑤ 감도를 20dB 낮추어 본래의 감도로 조정한다.

⑥ 그림 6.11의 (4)와 같이 펄스위치조정노브를 사용하여 R 100면의 에코를 40눈금에 정확히 맞춘다.

⑦ 탐촉자를 STB-A1에서 떼고 송신펄스가 0눈금 부근에 있는 것을 확인한 후 입사점을 맞추고 탐촉자를 바꾸어 R 100면의 에코가 40눈금에 맞는지를 확인한다. 만약, 맞지 않는 경우는 처음부터 다시 한다.

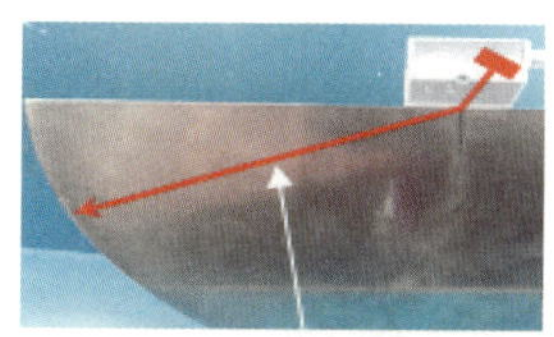

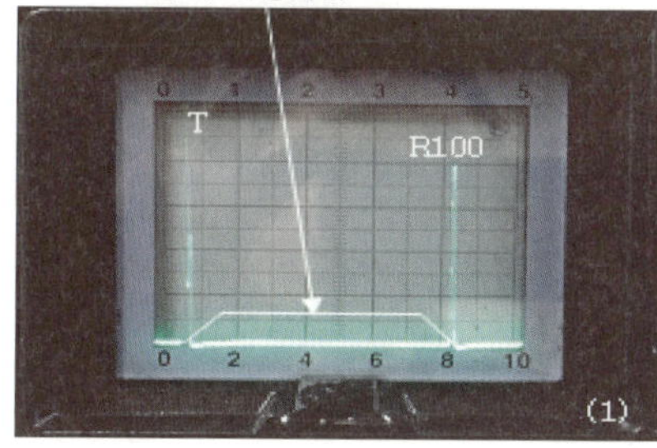

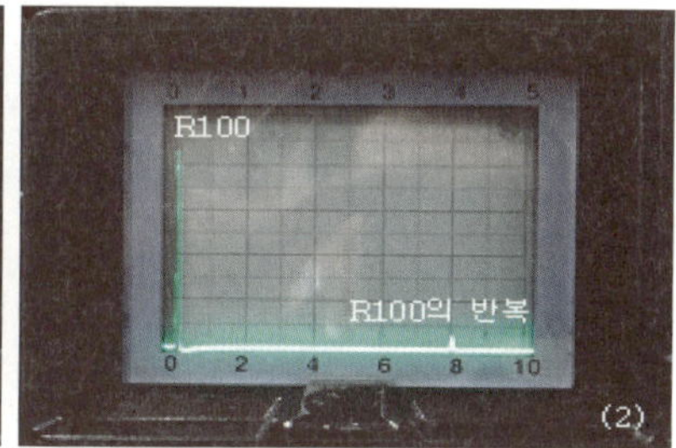

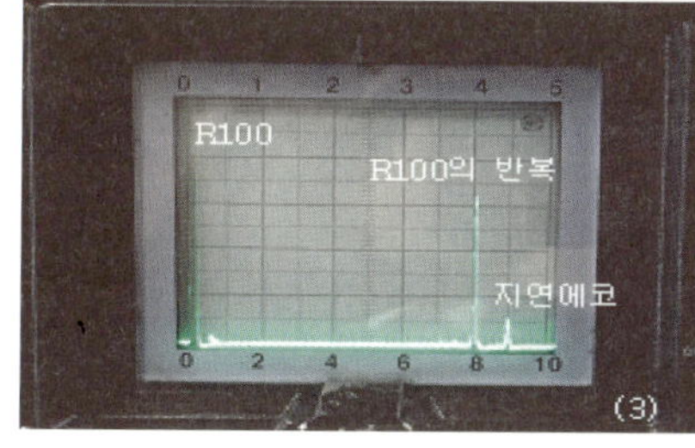

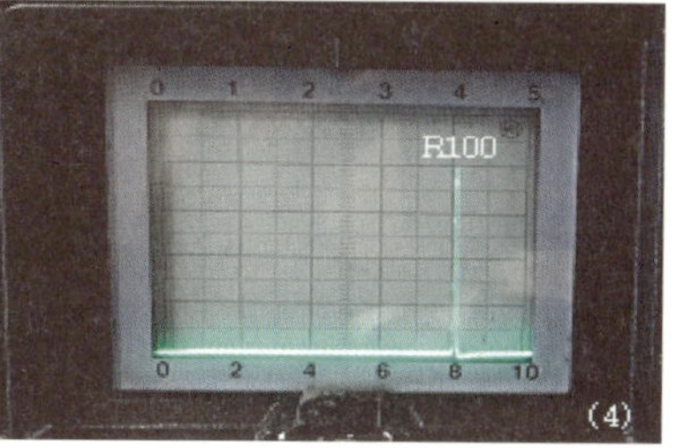

[그림 6.11] 측정범의 125㎜의 조정의 예

따라서 사각탐상에서 입사점의 측정, 측정범위의 조정 및 다음에 실습하는 굴절각의 측정은 탐상 전에 정확히 되지 않으면 결함위치의 추정 등 탐상결과에 중대한 잘못을 초래하게 된다. 입사점을 결정한 후 탐촉자의 선단으로부터 입사점까지의 거리를 측정하여 놓으면 실제로 탐상하는 경우에 편리하다. 이 치수를 접근한계길이라 부른다. 이상과 같은 방법으로 125㎜ 이외의 측정범위 조정(100, 200 및 250㎜)을 한다.

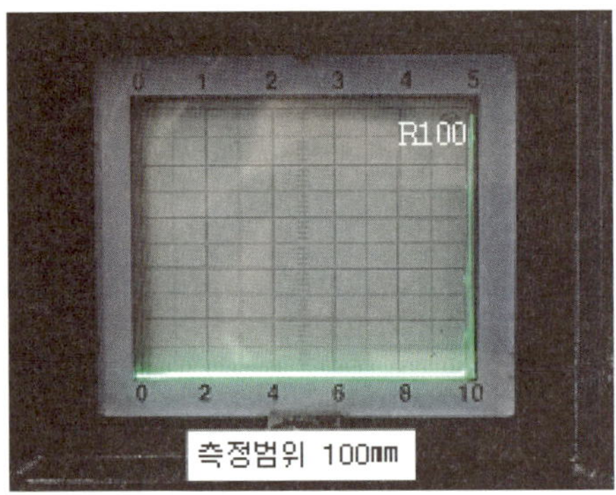

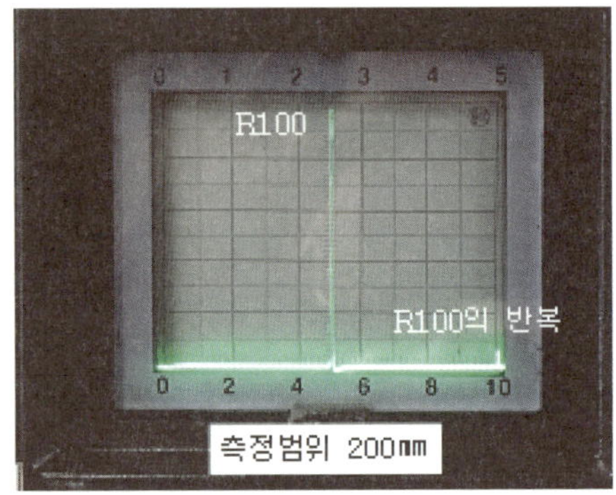

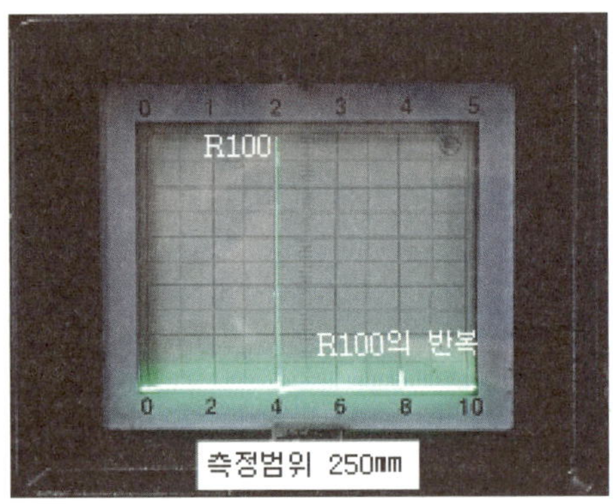

[그림 6.12] 측정범위 조정의 결과(100㎜, 200㎜, 250㎜)

3) 굴절각의 측정

사각탐상에서 반사원의 위치를 정확히 조정하기 위해서는 경사각탐촉자의 입사점과 함께 굴절각을 정확히 측정해 놓을 필요가 있다. 사각탐촉자 4M8×9A70은 제작 시에 굴절각이 70°가 되도록 설계되어 있으나, 사용하는 사이에 탐촉자의 접촉면이 마모되거나 주위의 온도가 변화하면 굴절각이 공칭값과 다른 경우가 있으므로 STB-A1을 이용해서 4M8×9A70은 실측굴절각을 측정해야 하며 실습순서는 다음과 같다.

① 4M8×9A70은 공칭굴절각이 70°이며, 그것에 가까운 실측굴절각을 가지고 있다고 생각된다. 따라서, 먼저 그림 6.13의 (a)와 같이 STB-A1의 측면 눈금의 70°를 표시하는 위치의 바로 위에 입사점이 거의 일치하도록 탐촉자를 놓는다.

② 다음에 탐촉자를 약간의 수진주사를 해서 최대 에코를 구하고 이 에코높이가 CRT 상에서 약 50~80% 정도가 되도록 탐상기의 감도를 조정해 둔다.

③ 입사점의 측정과 같은 요령으로 탐촉자를 앞뒤로 움직여서 최대에코를 구하고, 최대 에코가 얻어지는 위치에서 탐촉자를 고정한 후 이 위치에서 탐촉자의 바로 아래의 STB-A1의 굴절각 눈금을 0.5° 단위(또는 0.1° 단위)로 읽는다.
따라서 공칭굴절각이 60° 또는 45°인 탐촉자의 경우는 각각 그림 6.13의 (b) 또는 (c)와 같이 탐촉자를 배치하고 측정하게 된다. 측정 요령은 70°의 경우와 같고 굴절각 눈금의 간격이 넓으므로 0.2°단위(또는 0.1° 단위)로 읽는 것이 좋다. 단, 굴절각이 커질수록 탐촉자를 전후 주사시켰을 때 브라운관상의 에코가 원만해지므로 최대에코를 찾기 어렵다. 따라서 충분한 연습을 한 후 바른 측정이 되도록 해둘 필요가 있다. 입사점의 측정 및 측점범위의 조정이 바르게 행해지고 있으면 굴절각이 60° 및 45°인 탐촉자의 경우에는 다음 식이 성립되게 된다.

$$(W+25)\times\cos\theta = 70 \quad \text{(단위: mm)}$$

굴절각 눈금의 45° 바로 위에 탐촉자의 입사점이 일치하도록 놓았을 때 위 식의 θ에 45°를 대입하여 빔 진행거리 W는 74.0mm가 된다. 즉, 공칭굴절각 45°인 탐촉자의 굴절각을 측정할 경우 Ø50mm의 원기둥면의 에코의 빔 진행거리가 74.0mm인 것을 확인해 놓으면 입사점의 측정과 측정범위의 조정이 체크되게 된다.
공칭 굴절각이 60°인 탐촉자의 경우는 입사점이 굴절각 눈금의 60° 바로 위에 오도록 탐촉자를 놓았을 때 Ø50mm 원기둥면의 에코의 빔 진행거리는 115mm가 된다. 한편, 공칭 굴절각이 70°인 탐촉자의 경우는 탐촉자를 대는 면이 다르므로 위 식의 우변이 30mm가 된다. 따라서, 입사점이 굴절각 눈금의 70°바로 위에 오도록 탐촉자를 놓았을 때 순서 ①에서 Ø50mm 원기둥면의 에코의 빔 진행거리는 62.7mm가 된다. 즉, 측정범위를 125mm에 맞추었을 때는 눈금판 횡축의 바로 중앙 25눈금의 곳에 에코가 나타나게 된다.

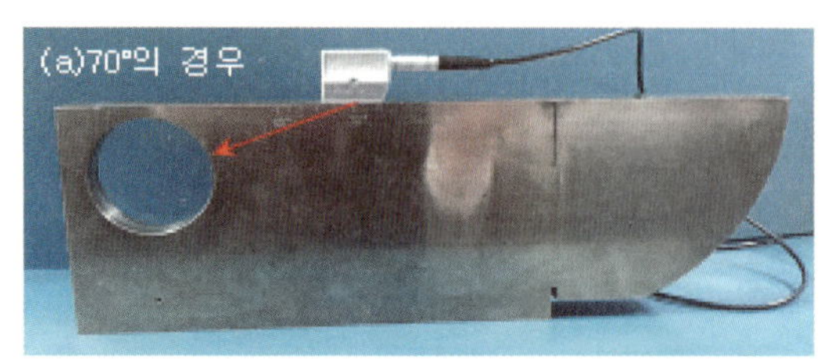

[그림 6.13] 굴절각의 측정

표 6.2 굴절각 측정 결과

	1회	2회	3회	4회	5회
굴절각의 측정값 1					

표 6.3 STB-A3을 사용한 입사점 및 굴절각의 측정 결과

측정횟수	입사점	굴절각	측정횟수	입사점	굴절각
1			4		
2			5		
3					

6.2.2 디지털장비의 경우(Sitescan 150S)

사각 탐상의 교정 또한 중요한 절차는 위에서 설명한 것과 마찬가지로 "ZERO"와 "VEL"을 설정하는 것이다. 이 두 가지 절차를 완료함으로써, 모재의 두께 그리고, 불연속부에 대한 위치 등을 정확하게 파악할 수 있다.

1) "VEL" 교정절차

① POWER 스위치를 눌러 장비를 ON 시킨다.

② SINGLE/DOUBLE 스위치를 SINGLE이 되도록 조정한다.

③ 메인 메뉴 중 "CAL"을 선택한 후 "< >"을 이용하여 "CAL"에 맞추고 서브 메뉴의 " "VEL"에 커서를 놓고 ↳와 ↰ Key를 이용하여 3230m/s정도로 조정한다(이때 서브 메

뉴 안의 상자에 변수와 〉 또는 》 마크는 변수를 조정할 때 조정속도 및 조정 숫자의 크기를 조정하기 위한 표시이므로{ 〉(미세조정), 》(빠른 속도 및 저장된 변수로 변환) 설정할 때 유용하게 사용하면 된다).

④ 서브 메뉴의 "RANG"를 250㎜정도로 조정한다.

⑤ 메인 메뉴를 "< >"Key를 이용하여 "AMP"로 이동하여 서브메뉴의 "DETECT"에 커서를 놓고 ⮤와 ⮧ Key를 이용하여 "FULL"로 놓는다.

⑥ 메인 메뉴를 "MEAS"에 놓고 서브 메뉴의 변수들을 조정한다.

ⓐ MODE: E-E(본 모드에 놓으면 2겹의 "GATE"가 나타날 것이다.)
ⓑ TRIGGER: PEAK
ⓒ HUD: 작업자에 의해 결정
ⓓ BLANK: 추후 설정

⑦ 또한 메인 메뉴를 "MEAS"에서 "PROBE"로 이동하여 "ANGEL:"에는 실측 굴절각을 "X_OFF:"에는 입사점을 입력한다.

⑧ 사각 Probe를 V1 또는 A1 Block의 25㎜ 교정 위치에 놓은 후 2개 이상의 Echo가 나타나는지 확인한다.

⑨ 화면상에 2겹의 "GATE" 중 위쪽에 위치한 "GATE"를 Echo에 걸리게 위치하고, 아래쪽에 위치한 "GATE"는 두 번째 Echo에 걸리게 위치한다. 이때 본 "GATE"를 조정하는 메뉴는 메인 메뉴 중 "GATE1"에서 하면 되고, 아래쪽에 있는 "GATE"가 두 번째 Echo에 정확하게 걸리지 않을 시에는 위의 "ⓓ"항, 즉 "BLANK"을 이용하여 폭을 조절한다(그림 6.14).

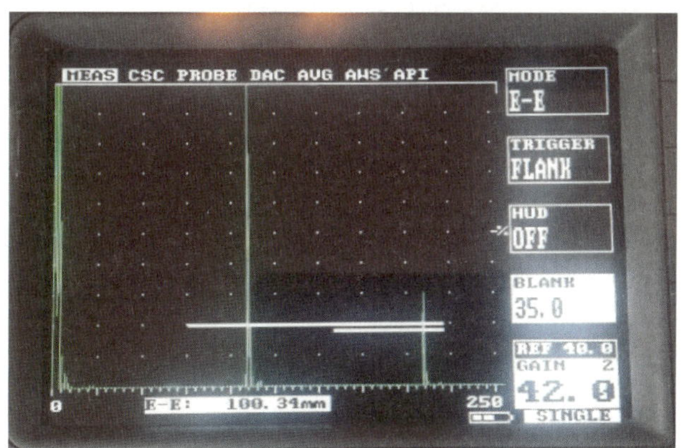

[그림 6.14] "E-E" 설정방법

⑩ 이때 “GATE2”는 “OFF”로 설정해야 한다.

⑪ 위와 같은 절차로 설정을 하면 화면 아래의 “E-E”라는 란에 임의의 숫자가 표시될 것이다. 이 숫자의 의미는 Echo와 Echo사이 즉, 2겹의 “GATE”에 걸린 Echo사이의 거리를 나타내는 것으로, V1 또는 A1의 Block에서는 “100㎜”가 되어야 한다.

⑫ “⑪”에서 설명한 것과 같이 “100㎜”가 되게 하기 위하여 메인 메뉴 중 “CAL”에서 “VEL”에 커서를 놓은 후 와 Key를 이용하여 본 숫자를 “100㎜”가 되게 조절하면 된다. 그러면 음속에 대한 조정이 완료된 것이다.

2) “ZERO” 교정절차

위와 같이 “VEL”의 교정이 완료되면, 이제 “ZERO”를 설정해주면 된다.

① 우선 메인 메뉴 중 “MEAS”에서 “E-E”로 되어 있는 모드를 “TRIG” 모드로 설정한다. 그러면 “GATE”가 한 개의 Bar로 나타날 것이며, 화면 하단에는 “↘, →, ↓”라는 기호들이 나타날 것이다(그림 6.15).

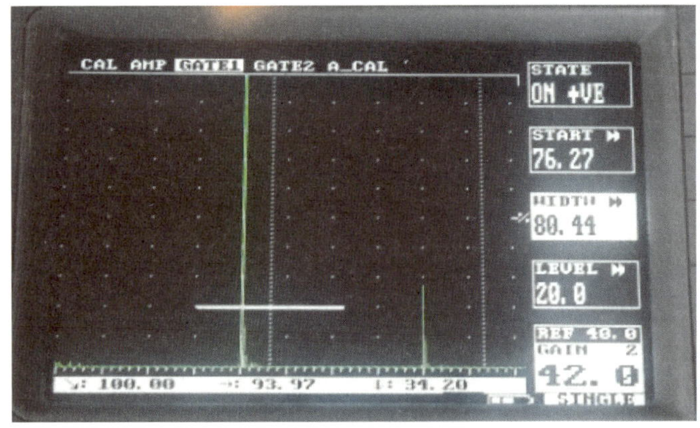

[그림 6.15] “ZERO” 설정방법

② “GATE”를 첫 번째 Echo에 위치시키고, Probe를 이용하여, 최대점을 찾아낸다. 이때 최대점에 대한 “↘:”의 숫자가 “100㎜”이 되어야 한다.

③ 만약 “100㎜”이 되질 않는다면, 메인 메뉴 “CAL”의 “ZERO”에 커서를 위치시키고, 와 Key를 이용하여, “100㎜”으로 설정해 주면 된다.

이상과 같은 절차에 의해 탐상기와 Probe에 대한 최적의 교정 값을 얻게 될 것이며, 현장에서는 검사를 하는 품목에 대한 정확한 Data를 얻게 될 것이다.

6.3 결함위치의 추정

사각탐상으로 결함위치를 추정하는 방법을 연습하기 위해 사각탐촉자 4M8×9A70을 사용해서 ⓐ STB-A1의 끝 면을 기준으로 Ø1.5㎜ 관통구멍 ⓑ Side drill hole의 위치를 추정하는 실습순서는 다음과 같다.

① 입사점의 측정 및 STB 굴절각 측정을 끝낸 탐촉자 4M8×9A70을 사용하여 측정범위를 125㎜에 조정한다. 입사점 및 STB 굴절각을 표 6.4에 기입한다. 실제의 탐상에서는 탐상 전에 탐상감도를 조정하지만 여기서는 시간축(빔 진행거리)만 고려하여 연습하기 때문에 STB 굴절각 측정을 완료하였을 때의 감도(Ø50 아크릴 면으로부터 에코높이: 50~80%) 그대로 탐상을 한다.

② 그림 6.16와 같이 STB-A1을 세워 직사법으로 Ø1.5㎜의 관통구멍을 탐상하는 면에 기계유를 도포한다.

③ 탐촉자를 STB-A1 끝 면을 향하여 탐상하고 Ø1.5㎜의 관통구멍을 검출한다.

④ 탐촉자를 전후주사와 약간의 목돌림 주사하고 최대에코가 얻어지는 위치에서 탐촉자를 멈춘다.

⑤ 에코의 빔 진행거리(W_F)를 읽고 표 6.4에 기입한다.

⑥ STB-A1 끝 면을 기준으로 하고 기준선으로부터 탐촉자 입사점까지의 거리(Y)를 자로 측정하여 표 6.4에 기입한다.

⑦ 결함위치($d = W_F \times \cos\theta$)를 계산하고 표 6.4에 기입한다.

⑧ 탐촉자 결함거리($y = W_F \times \sin\theta$)를 계산하고 표 6.4에 기입한다.

⑨ 기준선(STB의 끝 면)으로부터 Ø1.5㎜의 관통구멍까지의 수평거리($k = Y - y = Y - W_F \times \sin\theta$)를 계산하고 표 6.4에 기입한다.

⑩ Ø1.5㎜의 관통구멍의 실제위치를 자로 측정하고 탐상데이터로부터 추정한 위치와 비교한다.

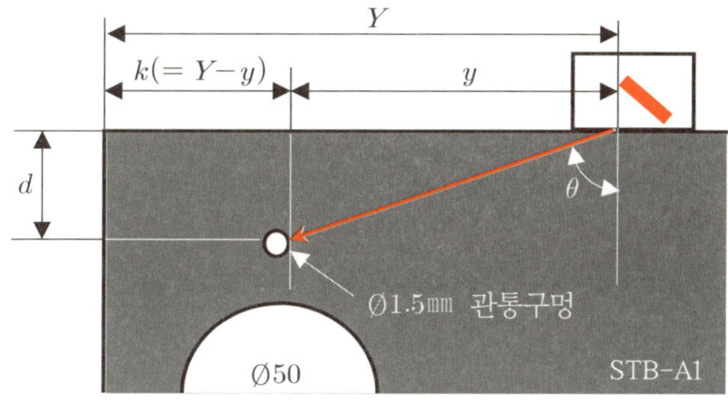

[그림 6.16] 결함위치의 추정방법과 표시방법

표 6.4 결함위치의 추정

입사점(접근한계길이)[mm], STB 굴절각[도]

측정범위 (mm)	빔 진행거리 W_F(mm)	탐촉차거리 Y(mm)	수평방향의 위치(mm)		길이 위치(mm) $d(=W_F \times \cos\theta)$
			$y(=W_F \times \sin\theta)$	$k(=Y-y)$	
125					

① 측정범위를 125mm에 조정한다. 탐촉자를 전후주사와 약간의 목 돌림 주사하고 최대에코를 얻는다.

② 최대 에코가 얻어지는 위치에서 탐촉자를 멈추고 다음을 측정한다.

ⓐ 에코의 빔 진행거리(W_F)를 읽는다.

ⓑ STB-A1 끝 면을 기준으로 하고 기준선으로부터 탐촉자 입사점까지의 거리(Y)를 자로 측정한다.

③ 결함위치($d = W_F \times \cos\theta$)를 계산하고 표 6.5에 기입한다.

④ 시험체의 끝 면으로부터 결함까지의 수평거리($k = Y - y = Y - W_F \times \sin\theta$)를 계산하고 표 6.5에 기입한다.

⑤ Side drill hole ①~④의 데이터를 위의 순서로 B면으로부터 탐상한다.

위에서 사각탐상에서 결함위치를 정확하게 측정하기 위해서는 입사점 및 STB 굴절각(θ)을 정확히 측정하고, 측정범위를 정확히 조정하며, 최대에코높이를 정확히 구해 에코의 빔 진행거리(W_F)를 정확하게 읽고, 탐촉자의 위치정보(Y)를 정확하게 측정해야 한다.

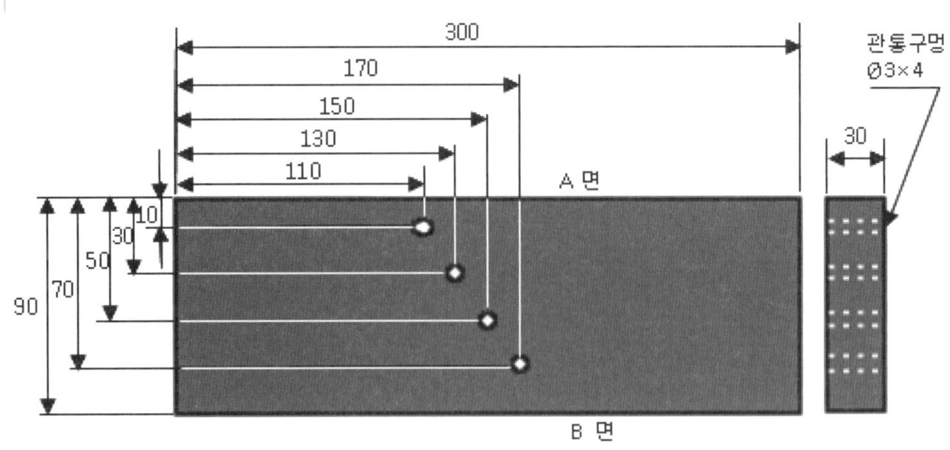

[그림 6.17] Side drill hole 시험체

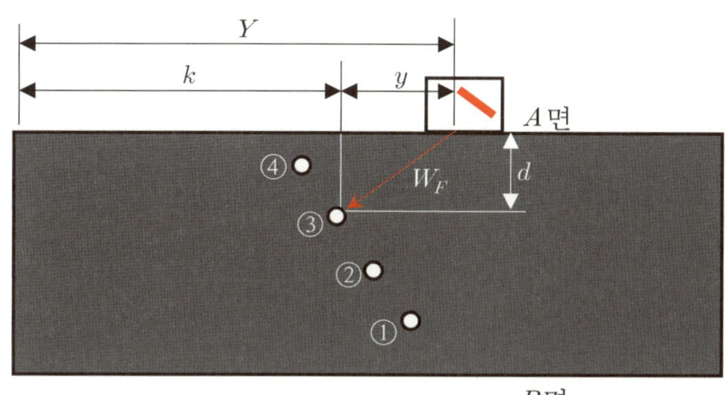

[그림 6.18] 결함 위치의 탐상

표 6.5 결함위치의 추정 결과

사용탐촉자 : 5Z10×10A45			입사점(　　　)		STB굴절각(　　　°)
측정하는 결함 A면으로부터	빔 진행거리 W_F(mm)	탐촉자 거리 Y(mm)	수평방향의 위치(mm)		깊이(mm) $d = W_F \times \cos\theta$
			$y = W_F \times \sin\theta$(mm)	$k = Y - y$(mm)	
①					
②					
③					
④					

사용탐촉자 : 5Z10×10A45			입사점(　　　)		STB굴절각(　　　°)
측정하는 결함 B면으로부터	빔 진행거리 W_F(mm)	탐촉자 거리 Y(mm)	수평방향의 위치(mm)		깊이(mm) $d = W_F \times \cos\theta$
			$y = W_F \times \sin\theta$(mm)	$k = Y - y$(mm)	
①					
②					
③					
④					

6.4 에코높이의 측정

1) 결함의 크기와 에코높이

수직탐상에서와 같이 사각탐상에서도 결함에코높이는 결함의 크기에 따라 변화한다. 여기서는 직선 홈(slit)의 깊이에 의한 에코높이의 변화를 관찰한다. 그림 6.19에서 경사직선 홈이 들어 있는 시험체의 직선 홈을 4M8×9A45로 1스킵으로 탐상하고 슬릿의 깊이와 에코높이 관계의 데이터를 채취한다. 채취한 데이터를 그래프 화하고 결함크기(슬릿깊이)와 에코높이와의 관계를 확인한다.

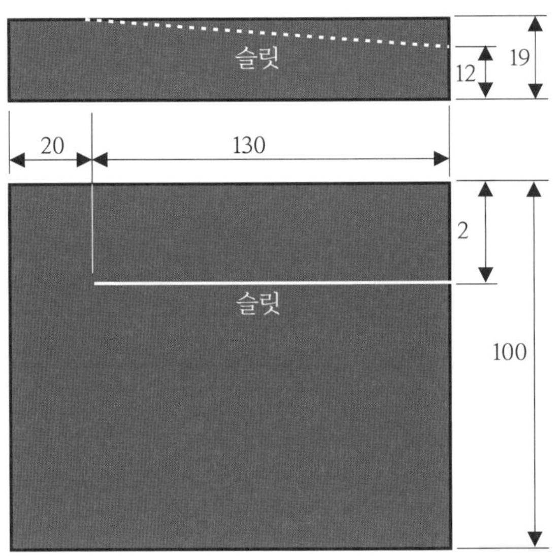

[그림 6.19] 경사슬릿 시험체

실습순서는 다음과 같다.

① 탐촉자 4M8×9A45를 이용하여 측정범위를 125㎜에 조정한다.

② 경사슬릿 시험체의 두께(t)를 강철자로 측정하고 표 6.7에 기입한다.

③ 경사슬릿 시험체의 슬릿면을 위로 오게 놓는다.

④ 슬릿에 자를 넣고 그 깊이가 4, 2, 1 및 0.5가 되는 위치를 구하고 그 부분을 화살표로 표시한다.

⑤ 시험체 끝 면의 코너를 1스킵으로 탐상하고 그 최대에코높이가 50%가 되도록 감도를 조정하고 그때의 게인조정노브의 값을 표 6.7에 기입한다.

⑦ 같은 방법으로 2, 1, 0.5㎜ 깊이 부분을 차례로 탐상하고 각각의 최대에코높이를 50%에 조정하였을 때 게인조정노브의 값을 표 6.7에 기입한다.

⑧ 코너에코의 높이를 기준으로 한 각 깊이의 슬릿으로부터 에코높이를 계산하고 그림 6.20에 기입한다.

⑨ 그림 6.20의 그래프를 작성한다.

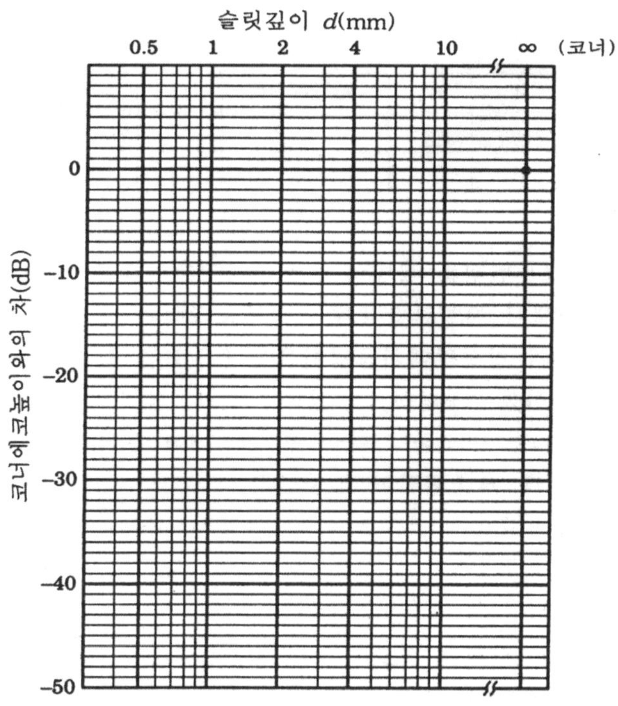

[그림 6.20] 슬릿깊이와 에코높이와의 관계

표 6.6 에코높이의 비교

입사점(접근한계길이)[㎜], STB 굴절각[도]

STB-A2. Ø4×4를 0.5S에서 50%일 때 게인조정노브의 값	H_1 dB	
STB-A1. Ø1.5를 0.5S에서 50%일 때 게인조정노브의 값	H_1 dB	
H1과 H2의 비교	□ + 또는 - □	$H_1 - H_2$dB

표 6.7 슬릿깊이와 에코높이

슬릿깊이(㎜)	코너	4	2	1	0.5
게인조정노브의 읽음 Hn(dB)					
코너에코높이와 차 H(dB)	0				

2) 거리진폭특성 곡선에 의한 에코높이구분선의 작성

동일 결함이라도 에코높이는 빔 진행거리에 따라 변화한다. 이것을 거리진폭특성이라고 하고 빔 진행거리에 의한 에코높이의 변화를 표시하는 곡선을 거리진폭특성 곡선이라고 한다. 초음파로 결함을 평가할 경우 반드시 이 거리진폭특성을 고려해야 한다.

거리진폭특성 곡선은 표준결함을 여러 가지 거리에서 탐상하고 각각의 에코높이를 플롯해서 각 플롯 점을 연결해 구한다. 실제의 탐상 작업에서는 이 곡선을 3개 이상 브라운관상에 그려서 결함평가에 사용된다. 탐촉자 4M8×9A70을 이용하여 측정범위를 200㎜로 하고 STB-A2 Ø4×4 또는 RB-4 No.1 Ø2.4 횡 구멍을 사용하여 거리진폭특성곡선을 작성한다.

실습순서는 다음과 같다.

STB-A2 Ø4×4의 경우

측정범위가 200㎜이고 STB-A2를 사용할 경우의 작성순서는 다음과 같다.

① 브라운관상에 보조 눈금판을 부착시키고, 보조눈금판에 시선 맞춤의 크로스 마크(+)와 0 및 50 눈금상의 50과 100%의 점에 포인트 마크를 넣는다.

② STB-A1을 사용해서 입사점의 측정, 측정범위(200㎜)의 조정, STB 굴절각을 측정한다.

③ STB-A2의 앞·뒤면 Ø4×4㎜의 구멍을 청소하고, 시험편의 뒷면이 책상 등에 닿지 않도록 나무 조각 또는 천 조각 위에 놓는다.

④ Ø4×4㎜의 표준구멍을 0.5 스킵으로 탐상하고 최대에코를 포착한 위치에서 탐촉자를 멈추고 그 에코높이가 100%가 되도록 게인조정노브 또는 보조게인 조정노브를 조정한다(보조게인 조정노브가 없는 탐상기에는 높이가 100~90% 사이가 되도록 한다). 이 경우의 게인눈금을 거리진폭특성곡선 작성의 "기준게인"으로 하고 표 6.8에 기록한다.

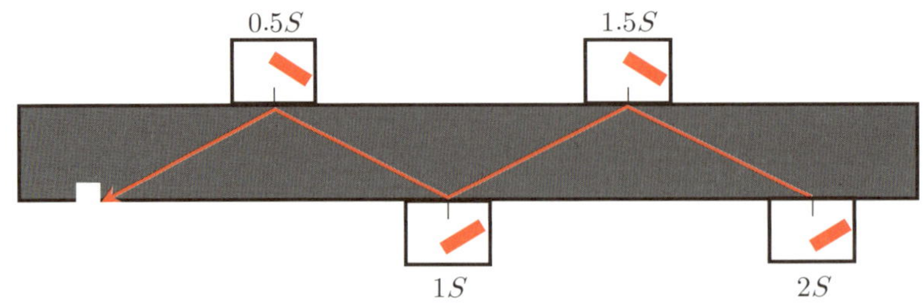

[그림 6.21] STB-A2 Ø4×4의 탐상법과 스킵위치

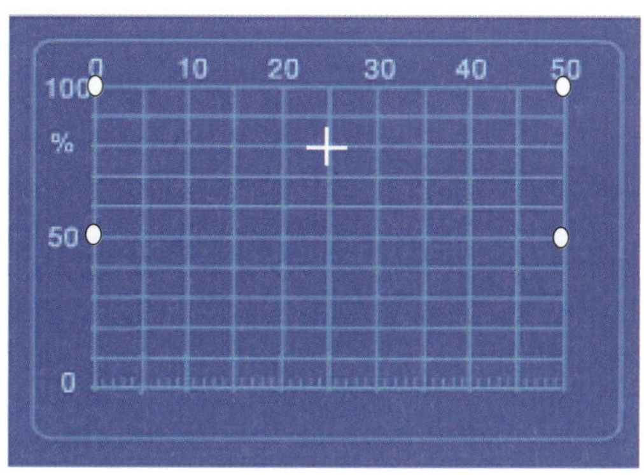

[그림 6.22] 시선에 맞춘 크로스마크

⑤ 기준게인에서 나타나고 있는 0.5 스킵 점의 에코높이(%)와 빔 진행 거리를 데이터 기록 용지에 기록한다. 동시에 그림 6.23의 ⓐ와 같이 에코높이를 가는 유성 사인펜으로 보조 눈금판에 기록한다. 다음에 탐촉자의 위치는 그대로 하고 기준게인보다 6dB 내렸을 때 (그림 6.23ⓑ)의 에코높이와 12dB 내렸을 때(그림 6.23ⓒ)의 에코높이를 각각 보조 눈금 판에 작도한다. 그리고 횡축 0 눈금 상에 0.5 스킵의 에코 높이를 3점 작도한다.

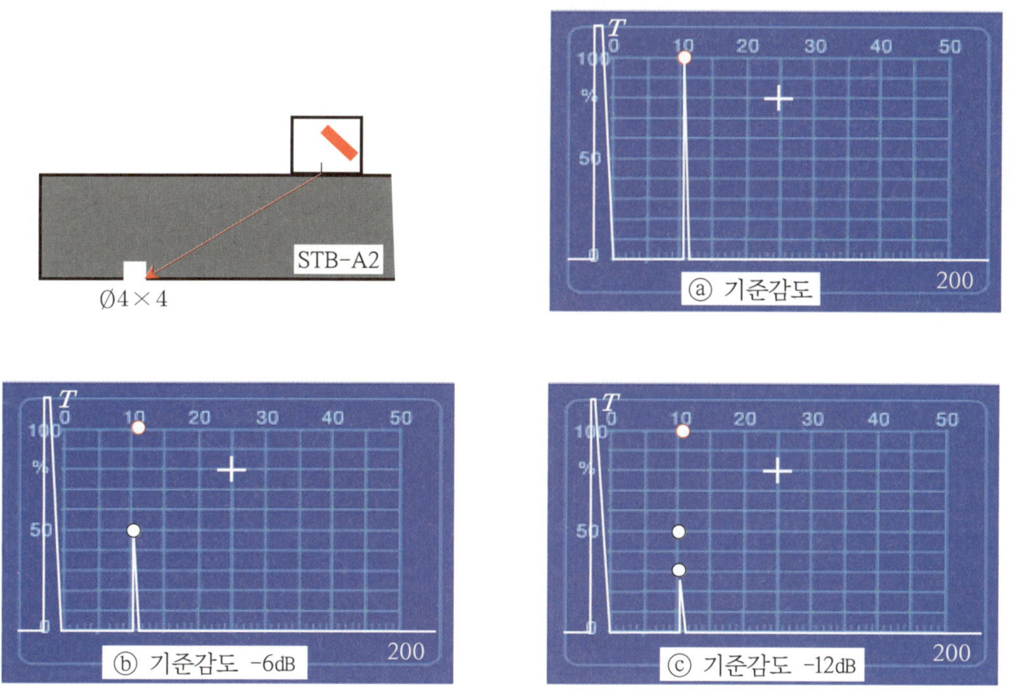

[그림 6.23] 0.5 스킵점의 작도

⑥ 기준 게인으로 되돌려서 Ø4×4㎜를 1 스킵으로 겨냥해서 최대에코를 포착한 곳에서 탐촉자를 멈춘다. 이때의 에코높이(%)와 빔 진행거리를 데이터기록용지에 기록한다. 동시에 기준게인에서의 에코높이를 보조 눈금판에 작도한다. 다음에 기준 게인보다 6㏈ 내렸을 때의 에코높이와 보조눈금판에 12㏈ 내렸을 때의 에코높이 및 6㏈ 올렸을 때의 에코높이를 보조눈금판에 그림 6.23과 같은 방식으로 작도한다.

⑦ 기준 게인으로 되돌려서 Ø4×4㎜를 1.5 스킵으로 겨냥해서 최대 에코를 포착한 곳에서 또 에코높이를 보조눈금판에 작도한다. 다음에 기준 게인보다 6㏈ 및 12㏈ 내렸을 때의 에코 높이와 6㏈ 및 12㏈ 올렸을 때의 에코높이를 보조눈금판에 기록한다.

⑧ 기준 게인으로 되돌려서 Ø4×4㎜를 2 스킵으로 겨냥해서 최대 에코를 포착한 곳에서 탐촉자를 멈춘다. 이때의 에코높이(%)와 빔 노정을 데이터 기록용지에 기록하고, 또 에코높이와 CRT면에 작도한다. 다음에 기준게인 보다 6㏈ 내렸을 때의 높이와 6㏈ 및 12㏈ 올렸을 때의 에코높이를 보조 눈금판에 작도한다.

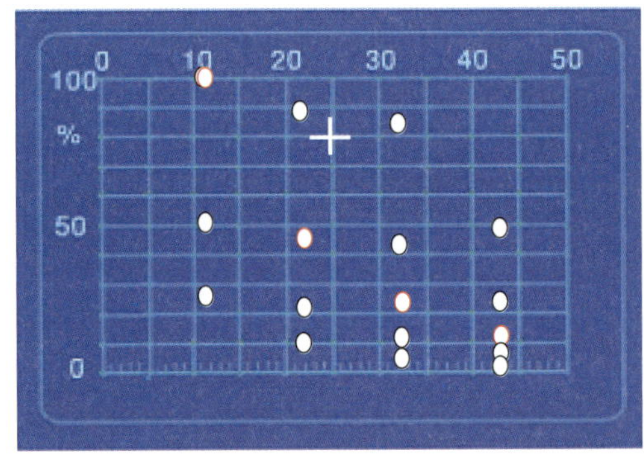

[그림 6.24] 전 플롯점의 그림

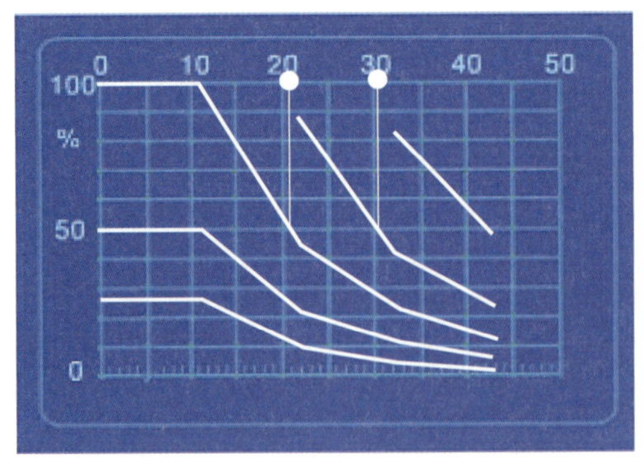

[그림 6.25] 에코높이 구분선과 100%플롯 그림

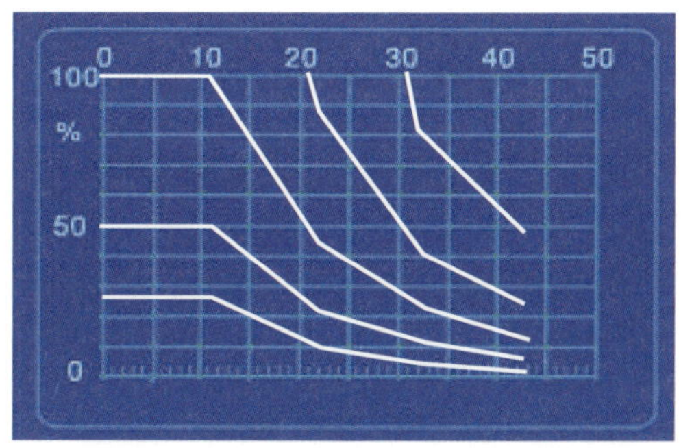

[그림 6.26] STB-A2 DAC 작성

⑨ 보조눈금판을 탐상기에서 떼고 뒤집어서 각 게인 마다의 플롯을 직선으로 잇는다. 여기까지의 플롯은 그림 6.24와 같이 된다.

⑩ 그림 6.25와 같이 기준감도의 플롯을 직선으로 연결한다. 같은 방법으로 기준감도 -6dB로 작도한 점, -12dB로 작도한 점 및 +6dB로 작도한 점을 각각 직선으로 연결하고, 기준감도 +6dB 및 +12dB 선은 미완성이기 때문에 보조눈금판을 표시기에 끼워 각각 하위 선의 50%가 되는 횡축과 100%의 교점에 작도한다.

⑫ 보조눈금판을 탐상기에서 떼고 각각 작도한 점과 미완성 선을 연결한다.

⑬ 보조 눈금판의 표면을 알코올 등으로 닦고 그림 6.26과 같은 거리진폭특성곡선에 의한 에코높이 구분선이 완성된다.

RB-4 No.1 Ø2.4 횡 구멍의 경우

① STB-A1 을 사용해서 입사점의 측정, 측정범위(200㎜)의 조정, STB 굴절각을 측정한다.

② Ø2.4를 탐상하기 전에 스킵거리 및 빔 진행거리를 계산한다.

③ 표준구멍을 그림 6.27과 같이 1/2스킵부터 탐상한다. Ø2.4의 최대에코높이를 구하여 100%에 조정하고 에코의 선단을 보조눈금판에 작도한다. 이때의 게인조정노브의 값을 기준감도로 하고 표 6.8에 기입한다. 그리고 -6dB 및 -12dB 에코의 선단을 작도한다.

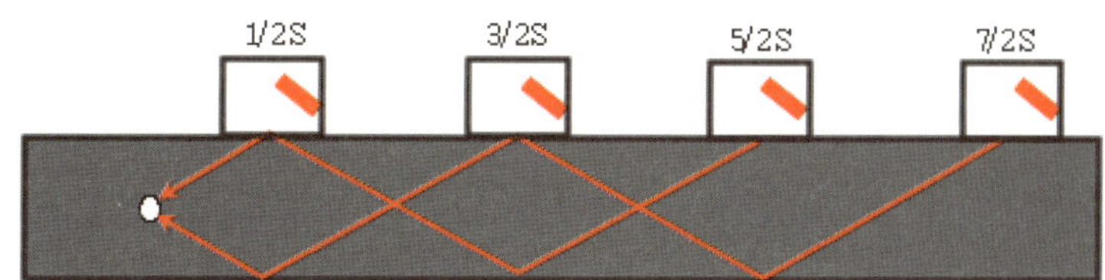

[그림 6.27] RB-4 No.1의 탐상과 스킵위치

④ 기준게인으로 되돌려서 3/2스킵으로 Ø2.4를 탐상하고 기준감도 -6dB, -12dB 및 +6dB에 코의 선단을 작도한다.

⑤ 5/2스킵으로 Ø2.4를 탐상하고 ④같은 방법으로 작도한다. 단, +12dB 점도 추가한다.

⑥ 최후는 7/2 스킵으로 Ø2.4를 탐상하고 +18dB 점도 추가한다.

⑦ 보조눈금판을 탐상기에서 떼고 각 감도마다 플롯점을 직선으로 연결한다. 미완성인 선은 전항을 참고로 하여 직선을 연결한다.

⑧ 완성한 에코높이구분선은 그림 6.28과 같다.

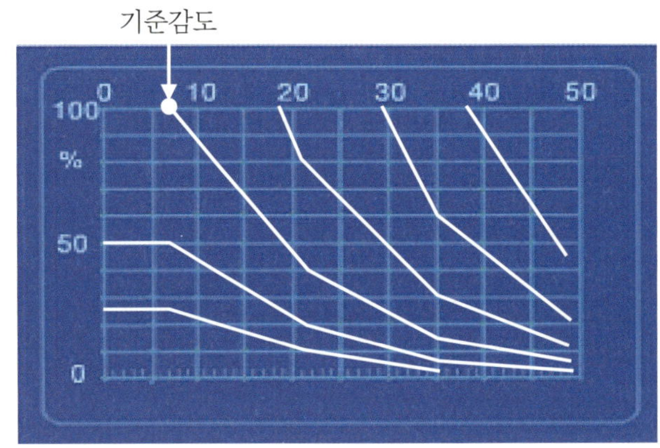

[그림 6.28] RB-4 No.1의 에코높이 구분선

결과적으로 거리진폭특성 곡선은 결함의 종류, 크기, 형상, 탐촉자의 주파수, 굴절각, 탐상기 및 시험체의 재질 등에 따라 다르다. 따라서, 실제로 사용되는 탐촉자로 작성하는 것이 필요하고 또 어느 표준결함에 의해 그리는 가는 각 규격에 의해 규정되어 있다.

디지털 장비의 경우(Sitescan 150^s)

DAC 곡선을 그리려면, 다음과 같은 절차를 실행해야 한다.

① 검사하고자 하는 재질과 같은 시험편에 Probe을 고정시킨다.

② Main 메뉴 중 "MEAS" 키를 누른 후 서브 메뉴에서 "< >" Key를 이용하여 DAC 기능을 선택한다.

③ ↳ Key를 이용하여 MODE를 "OFF"에서 "DRAW" 모드를 선택하여, Bar Cursor가 화면상에 나타나도록 한다. 이때, 서브 메뉴에 있는 커서는 자동으로 "ADJUST"로 가게 될 것이다.

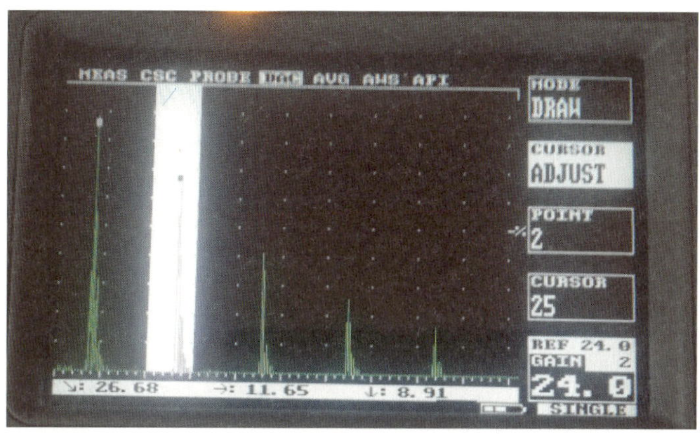

[그림 6.29] Bar Cursor를 이용하여 POINT 잡는 방법

④ 장비화면에 첫 번째 저면에코를 정확하게 설정하기 위해 Probe를 시험편 내지는 Sample에 놓고, REF Gain을 조정하여 피크점을 정확히 설정한다.

⑤ 보조메뉴 중 “CURSOR(ADJUST)”에 커서가 정확히 놓여져 있는지를 확인하고, ↳와 ↴ Key를 이용하여 피크점 위에 화면에 나타난 Bar Cursor를 움직에 첫 번째 “POINT”을 잡은 후 “OK” Key를 누른다.

⑥ 위와 같은 방법에 의해 첫 번째 에코에 대한 DAC 커브의 기준점을 잡고, 위와 같은 방법을 반복하여, 최대 10 Point까지 DAC커브를 그릴 수 있다.

⑦ Point 설정이 끝나면, 회색 버튼을 이용하여 커서를 “MODE”에 놓고, ↳ Key를 사용하여 “MODE”를 ON으로 바꾸면, 곡선이 표시된다.

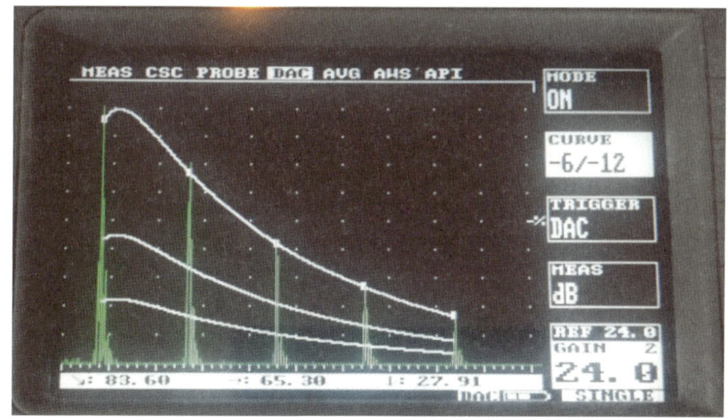

[그림 6.30] DAC 커브

⑧ 본 장비의 DAC곡선은 위의 그림 6.30과 같이 검사자가 설정한 기준 곡선과 -6/-12dB 또는 -6/-14dB 등의 곡선을 임의로 그릴 수도 있다(ASME 또는 JIS Code에 의한 곡선임). 단, DAC를 만들고자 할 때에는 에코의 높이가 일정하게 유지 되도록 Probe에 가해지는 압력을 일정하게 유지해 주어야 한다.

3) 에코높이 구분선의 영역구분

에코높이 구분선이란 결함에코 높이를 영역으로 구분하여 평가하기 위한 선으로 앞에서 학습한 것과 같이 6dB 간격으로 그려진 수 개의 거리진폭특성 곡선에 의해 구성된다. 여기서는 KS B 0896에 규정된 거리진폭특성곡선에 의한 에코높이구분선의 작성 방법을 연습하고 또 영역구분 방법 등에 대해 실습한다. STB-A2 Ø4×4㎜으로 작성한 에코높이구분선을 기술·구분한다. 여기서, 사용하는 빔 진행거리는 65㎜ 및 130㎜로 한다.

실험·실습순서는 다음과 같다.

① H선은 원칙으로 결함에코의 평가에 사용되는 빔 진행거리의 범위로 하위에서 3번째 이상이고, 그 높이가 40% 이하가 되지 않는 선으로 한다.

② H선보다 6dB 낮은 에코높이 구분선을 M선으로 하고 12dB 낮은 에코높이 구분선을 L선으로 한다.

③ H선, M선 및 L선의 3개에 의해 다음과 같이 4개의 영역으로 구분한다.

ⓐ L선 이하: 영역 Ⅰ
ⓑ L선 초과 M선 이하: 영역 Ⅱ
ⓒ M선 초과 H선 이하: 영역 Ⅲ
ⓓ H선 이상: 영역 Ⅳ

④ 빔 진행거리가 65㎜, 에코높이는 40% 이상으로 가장 40%에 가까운 선을 H선으로 한다. 빔 진행거리가 130㎜, 에코높이는 40% 이상으로 가장 40%에 가까운 선을 H선으로 한다.

⑤ 교정눈금판에 빔 진행거리 65㎜ 및 130㎜에서의 영역을 그린다.

그림 6.31에서와 같이 H선은 하위에서 3번째 이상에서 사용하는 빔 진행거리의 범위에 에코높이가 40% 이하가 되지 않는 것이 기본조건이다. 그림 6.31 ⓐ의 경우(측정범위 200㎜)는 이 조건에 맞는 사용범위는 빔진 행거리가 96㎜이다. 사용하는 빔 진행거리가 96㎜보다 길 때는 그림 6.31 ⓑ에서와 같이 아래에서 4번째의 구분선이 H선이 된다. 또, H선은 탐상하는 경우에 탐상감도기준선이 된다.

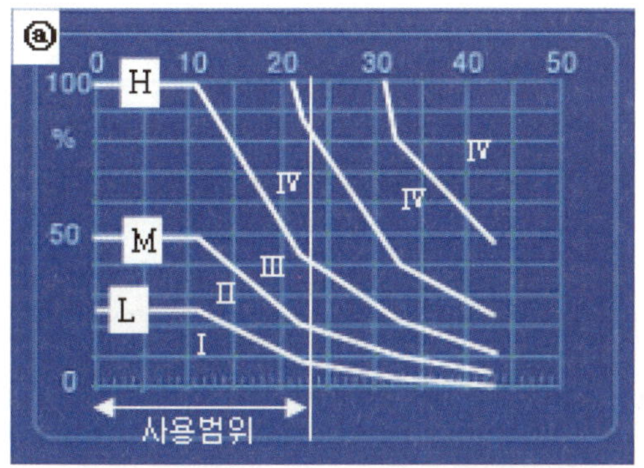

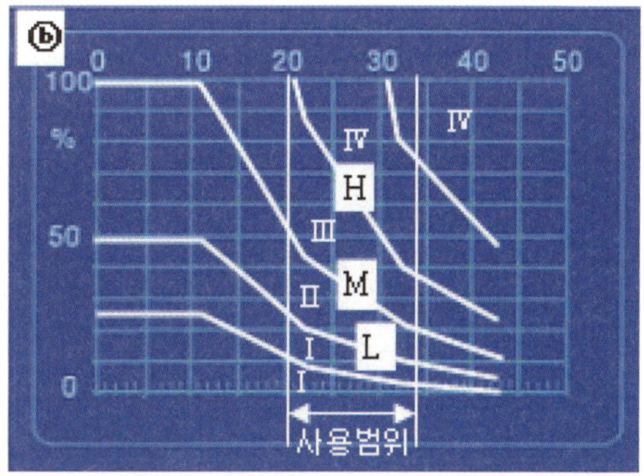

[그림 6.31] DAC 사용의 예

표 6.8 거리진폭특성곡선의 기록

(측정범위 : 200㎜)

사용 탐촉자	4M8 × 9A70(STB 굴절각 θ =　　　　)		
표준시험편	STB-A2 Ø4×4 종구멍	기준감도	dB
대비시험편	RB-4 No.1 Ø2.4 횡구멍	기준감도	dB

4) 탐상감도의 조정과 검출레벨의 선정

보통 탐상감도의 조정방법 및 그것에 이용되는 감도조정시험편이나 표준결함 등은 적용하는 규격에 규정되어 있다. 또, 결함으로 평가하기 위한 하한의 에코높이인 검출레벨도 정해져있는 것이 많다. 예를 들면, KS B 0896에서는 검출한 결함에코 모두를 평가대상으로 하는 것이 아니고 L선을 넘는 결함에코를 평가대상으로 하는 L 검출레벨과 M선을 넘는 결함에코를 평가대상으로 하는 M 검출레벨이 있고 어느 검출레벨을 선정하는 가는 사양에 의해 정해진다. STB-A2 Ø4×4 표준구멍을 이용하여 탐상감도를 조정하고 Ø2×2의 종구멍을 직사법으로 겨냥하고 M 검출레벨 및 L 검출레벨로 검출한다.

실험 · 실습순서는 다음과 같다.

① STB-A1을 이용해서 교정눈금판을 작성했을 때의 측정범위로 조정한다.

② 그림 6.32와 같이 STB-A2 Ø4×4의 표준구멍을 0.5스킵으로 탐상하고, 그 최대에코높이가 감도조정기준선인 H선에 일치하도록 게인을 조정한다. 이때의 게인조정노브의 값을 읽고 이것을 탐상감도로 한다.

③ 탐상감도를 그대로 하고 L검출레벨로 STB-A2 Ø2×2를 0.5스킵으로 탐상하고 그 결과를 표 6.9에 기록한다.

④ 탐상감도를 그대로 하고 M검출레벨로 STB-A2 Ø2×2를 0.5스킵으로 탐상하고 그 결과를 표 6.9에 기록한다.

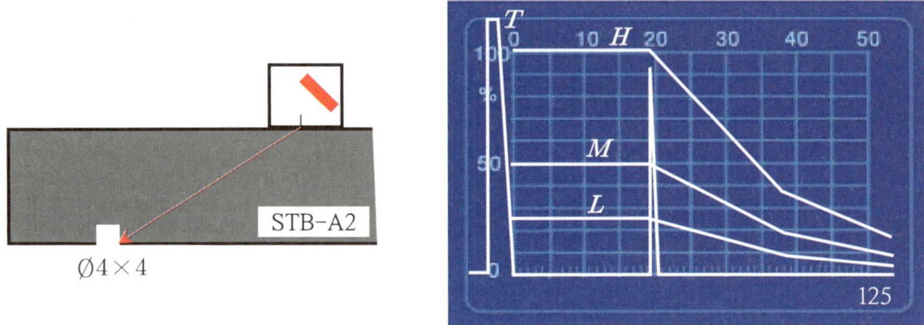

[그림 6.32] STB-A2를 이용한 탐상감도의 조정

표 6.9 검출레벨에 의한 탐상감도

(dB)

검출레벨의 차	Ø2×2㎜관통 구멍이 평가대상인가
L 검출레벨	대상, 대상외
M 검출레벨	대상, 대상외

STB-A2 Ø2×2의 에코높이는 Ø4×4의 에코높이 보다 약 9dB 낮게 된다. 따라서, *L* 검출레벨로 검출되나 *M* 검출레벨에서는 평가대상이 되지 않는다. 일반적으로 「*M* 검출레벨에서는 기공과 슬래그혼입은 검출되지 않으나 이 이외의 결함은 거의 검출한다. *L* 검출레벨에서는 작은 기공이나 슬래그혼입 등의 결함을 검출한다」로 알려져 있다.

STB-A3 Ø4×4에 의한 탐상감도의 조정은 다음과 같이 한다.

① STB-A3 Ø4×4가 저면이 되도록 놓는다.

② 그림 6.33과 같이 STB-A3 Ø4×4의 표준구멍을 0.5스킵으로 탐상한다.

③ 0.5스킵의 빔 진행거리 부근에는 그림 6.33의 a, b에서 반사된 에코가 그림 6.34에서와 같이 2개가 나타난다. 탐촉자를 좌우주사하면 Ø4×4의 에코는 나타나기도 하고 소멸되기도 하는 것을 확인할 수 있다.

④ Ø4×4의 최대에코높이가 H선에 맞도록 감도조정을 한다.

이와 같이 STB-A3은 STB-A1과 STB-A2의 필요최소한의 기능을 갖는 현장탐상용의 표준시험편이다. 단, STB-A3은 시험편의 폭이 15㎜이기 때문에 사용 가능한 탐촉자 크기는 14㎜ 이하로 한정된다.

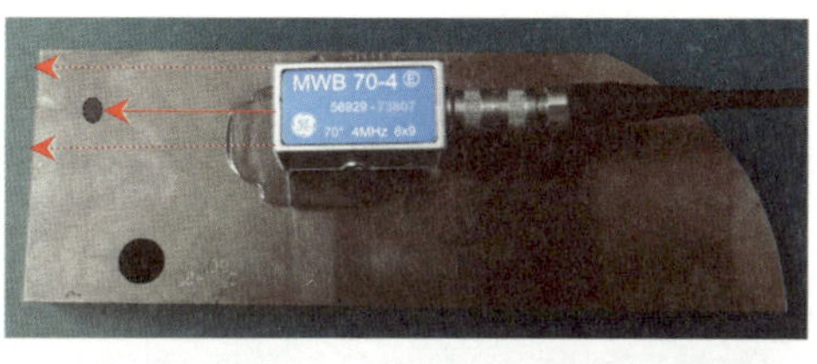

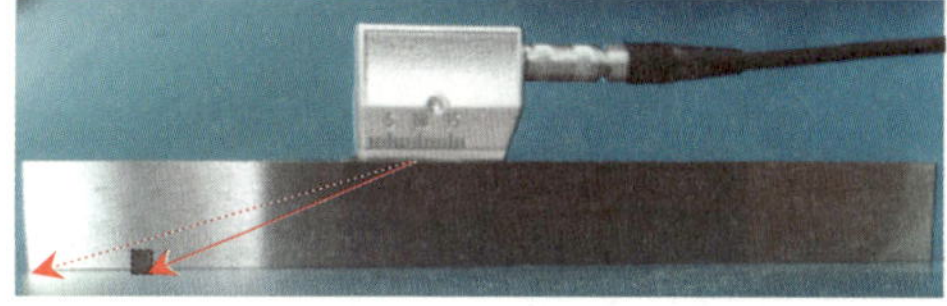

[그림 6.33] 탐촉자의 배치

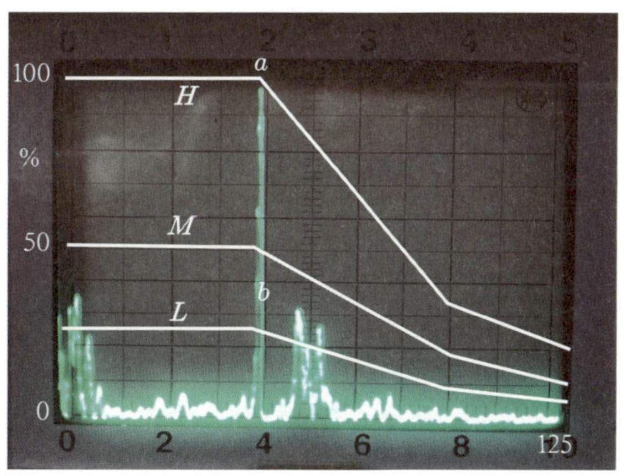

[그림 6.34] STB-A3 Ø4×4의 표준구멍의 탐상도형

6.5 결함의 평가

1) 결함지시 길이 측정

결함지시 길이란 탐촉자의 이동거리에 의해 측정한 결함의 겉보기 길이를 말한다. KS B 0896 등의 규격에서 채용하고 있는 결함지시 길이 측정방법에는 다음의 2가지가 있다.

① De 데시벨 드롭(Decibel Drop)법

De 데시벨 드롭(dB drop)법은 최대에코높이로부터 에코높이를 De 데시벨 저하할 때의 탐촉자의 이동거리를 결함지시 길이로 하는 방법이다. 이 De값은 탐촉자의 지향성, 빔 진행거리, 결함의 형상 등으로부터 영향을 받으나 일반적으로는 6dB, 10dB 및 20dB이 많이 채용되고 있다. 전달손실, 감쇠, 에코높이의 영향 등을 받기 어려운 장점이 있으나 결함을 과대평가하는 경향이 있고 측정값에 주관이 들어가기 쉽고 빔 프로파일(beam profile)에 영향을 받아 자동탐상에 이용하기 어려운 단점이 있다. 이 방법은 빔 폭보다 큰 평면형의 결함에는 측정 정밀도가 높으나 빔 폭보다 작은 결함에는 과대평가하기 쉬워 주의가 필요하다(그림 6.35 ⓐ).

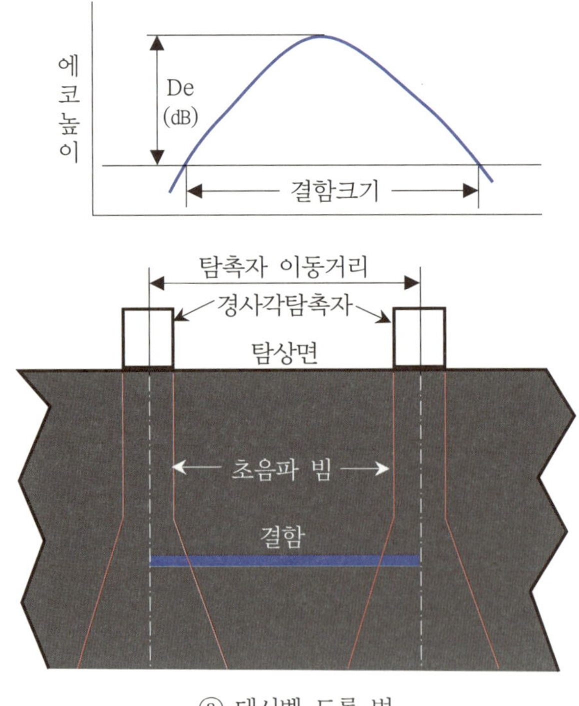

ⓐ 데시벨 드롭 법

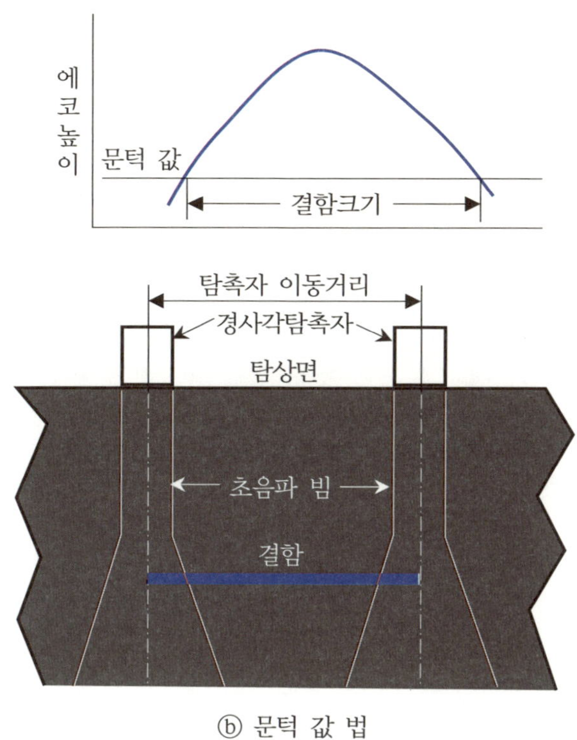

ⓑ 문턱 값 법

[그림 6.35] 결함지시 길이 측정방법

② 문턱 값 법

문턱 값에 의한 방법은 그림 6.35 ⓑ와 같이 최대에코높이와는 관계가 없고 에코높이가 어느 일정한 높이(문턱 값, threshold)로 나타나는 탐촉자의 이동거리를 결함지시 길이로 하는 방법이다. 문턱 값 법은 대비시험편 등을 이용하여 결정되지만 탐촉자의 지향성, 빔 진행거리, 결함의 형상, 탐상면의 거칠기, 결함의 경사 등의 영향을 받는다. 이 방법을 채용하고 있는 규격으로는 KS B 0896의 「L선 Cut 법」, ASME Sec. V의 50% DAC Cut법 등이 있다. 이 방법은 주관이 들어가기 어려워 자동탐상에 이용하기 쉬운 등 장점이 있으나 전달손실이나 결함에코높이의 영향을 받기 쉬운 등의 단점이 있다.

문턱 값 법에 의한 결함지시 길이의 측정방법 중에서 KS B 0896에서 채택하고 있는 L선 Cut법은 최대에코높이를 나타내는 탐촉자 · 용접부 거리에서 좌우주사를 하고 그림 6.36과 같이 에코높이가 L선을 넘는 범위의 탐촉자의 이동거리를 1㎜의 단위로 측정하고, 이것을 결함지시 길이로 규정하고 있다. 이때 약간의 전후주사는 좋으나 목돌림 주사를 해서는 안 된다.

앞에서 작성한 거리진폭특성곡선에 의한 에코높이구분선을 이용하여 경사슬릿 시험체의 직선 홈을 직사법으로 탐상하고 앞에서 작성한 에코높이구분선을 이용하여 L 선 Cut법에 의해 결함지시 길이를 측정하는 실험 · 실습순서는 다음과 같다.

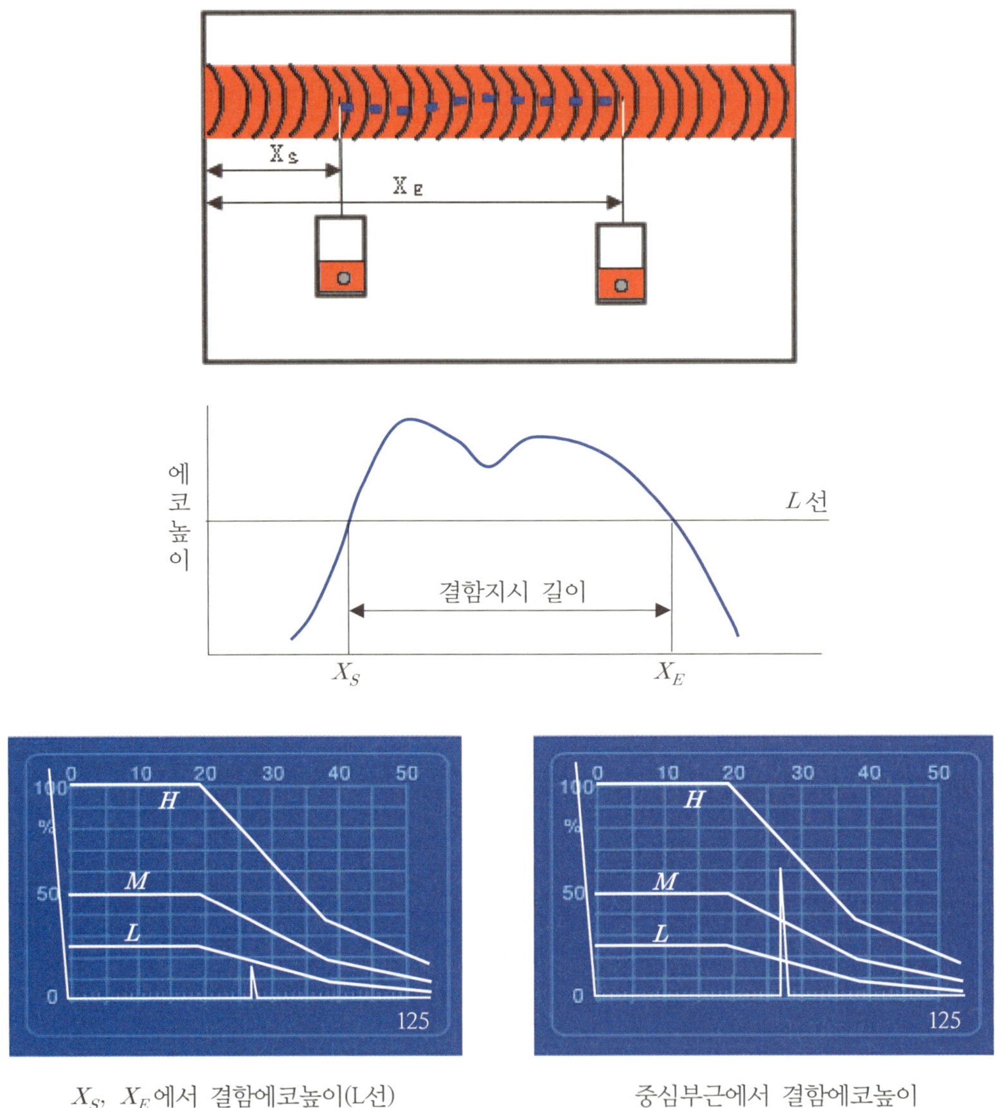

[그림 6.36] 용접부의 결함지시 길이의 측정

ⓐ STB-A1을 사용해서 4M8×9A70의 입사점의 측정, 측정범위의 조정 및 굴절각을 측정한다.

ⓑ STB-A2 Ø4×4㎜를 0.5스킵으로 탐상하고 최대에코높이를 H선에 맞도록 게인 조정한다.

ⓒ 경사 직선 홈 시험편의 직선 홈을 0.5 스킵으로 탐상한다.

ⓓ 직선 홈으로부터 에코높이가 최대가 되는 탐촉자 위치를 구한다.
에코높이가 100%를 넘는 경우는 감도를 낮춰 최대에코높이가 얻어진 탐촉자 위치를 구한 후 본래의 탐상감도로 한다.

ⓔ 최대에코높이가 되는 탐촉자 위치에서 좌우주사로 탐촉자를 이동시킨다. 이때 약간의 전후주사는 좋으나 목돌림 주사는 하지 않는다.

ⓕ 그림 6.38에서와 같이 에코높이가 L선과 일치하는 위치에서 탐촉자를 멈추고 시험체의 끝에서 탐촉자의 중심까지의 거리 XS를 자로 1㎜ 단위로 측정하고 표 6.10에 기입한다.

ⓖ 탐촉자를 반대방향으로 이동시켜 에코높이가 L선과 일치하는 위치에서 탐촉자를 멈추고 시험체의 끝에서 탐촉자의 중심까지의 거리 XE를 측정하고 표 6.10에 기입한다.

ⓗ 탐촉자의 이동거리 |XE-XS|를 계산하고, 이것을 결함지시 길이로 간주하고 표 6.10에 기입한다.

ⓘ 결함지시 길이와 시험체의 슬릿길이를 비교한다.

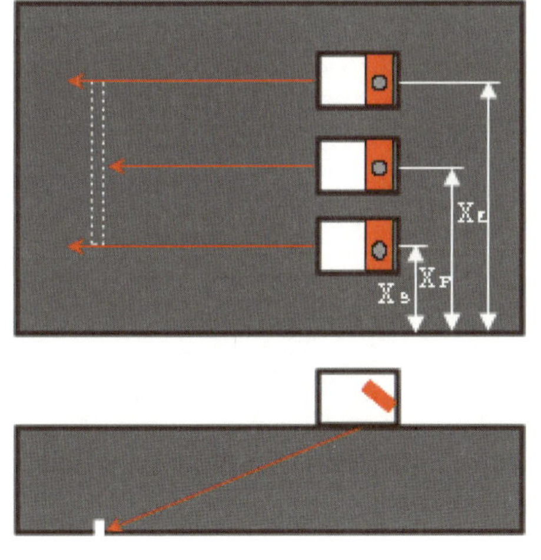

[그림 6.37] 탐촉자의 배치와 주사방법

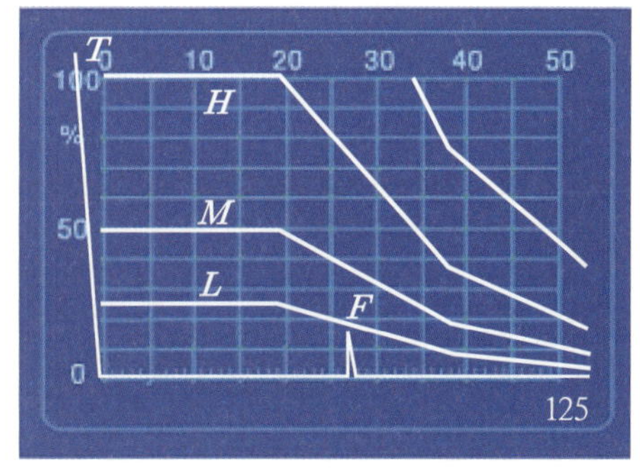

[그림 6.38] L선 cut법

KS B 0896에서 결함지시 길이의 측정은 M 검출레벨, L 검출레벨 모두 L선을 넘는 범위를 1㎜ 단위로 측정하는 것이다. 결함에코높이가 최대가 되는 탐촉자 위치에서 좌우주사를 하면 에코높이가 변화한다. 탐촉자 위치를 횡축에 에코높이를 종축으로 하여 그래프화한 것을 주사그래프라 부른다. 주사그래프에서 L선을 넘는 범위가 결함지시 길이이다. 즉, KS B 0896에서는 판 두께 75㎜ 이상의 시험체에 2㎒,

20×20㎜ 탐촉자를 사용하는 경우에는 결함에코의 최대에코높이의 1/2를 넘는 탐촉자 이동거리를 측정(6㏈ drop법)하여 결함지시 길이로 하고 있다.

표 6.10 결함지시 길이의 측정 결과

결함에코 높이가 L선 높이가 되는 위치		결함지시길이 $X_E - X_S$ (㎜)
X_S (㎜)	X_E (㎜)	

2) 결함높이의 측정

결함 높이라는 것은 결함의 판 두께 방향의 크기를 말한다. 재료의 강도에 가장 큰 영향을 미치는 결함은 판 두께 방향의 면상결함이다. 결함높이의 측정은 구조물의 안전성을 평가하는데 중요한 요인의 하나이다. 결함높이 측정법은 결함의 종류나 사용 탐촉자 등을 고려해서 각종 방법이 고안되어 있다. 결함 높이의 측정방법에는 단부(端部) 에코법(Tip Echo Method), TOFD법 및 표면파법 등이 있다.

① 단부에코 법

단부에코 법은 결함의 상·하단에서의 에코를 포착하고, 두 곳의 빔 진행거리와 탐촉자의 굴절각으로부터 결함높이를 구하는 방법이다. 그림 6.39와 같이 결함 면에 대해 경사로 초음파를 입사시키면 결함 단부로부터 에코가 얻어진다. 단부 에코법은 이 에코의 최대 값이 얻어졌을 때의 빔 진행거리와 탐촉자의 굴절각으로부터 결함의 높이를 측정하는 방법이다.

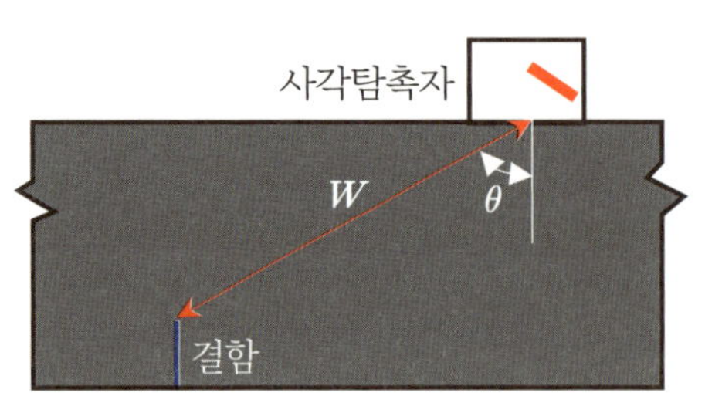

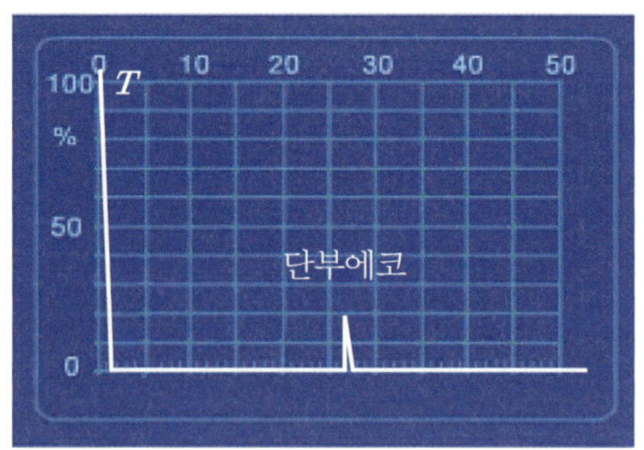

[그림 6.39] 단부에코 법

ⓐ 탐상 면과 반대 측에 있는 표면 개구결함

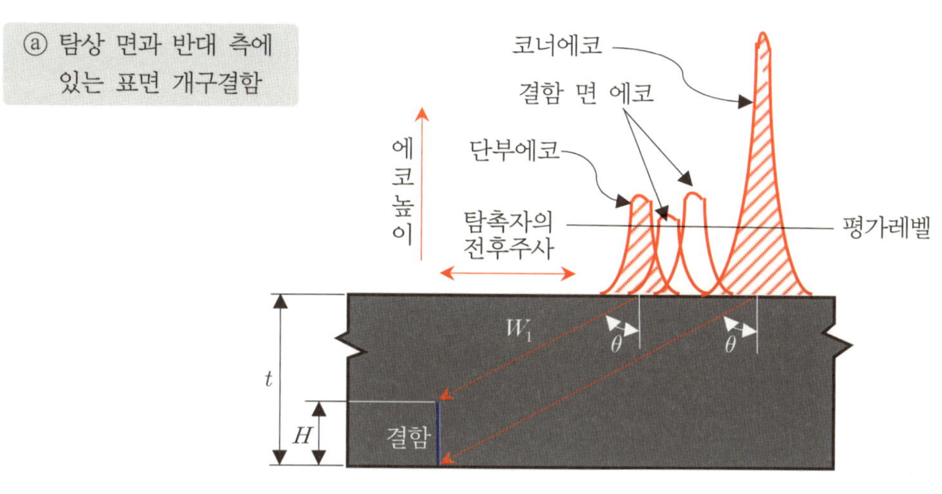

ⓑ 탐상 면과 같은 측에 있는 표면 개구결함

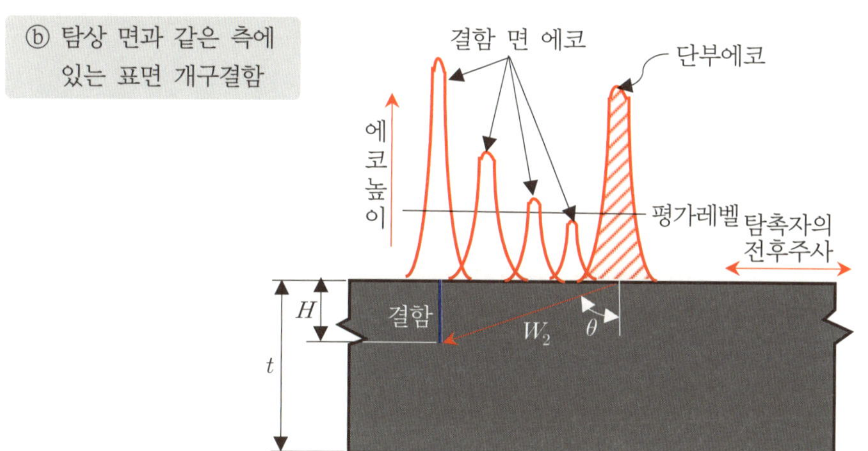

ⓒ 내부결함

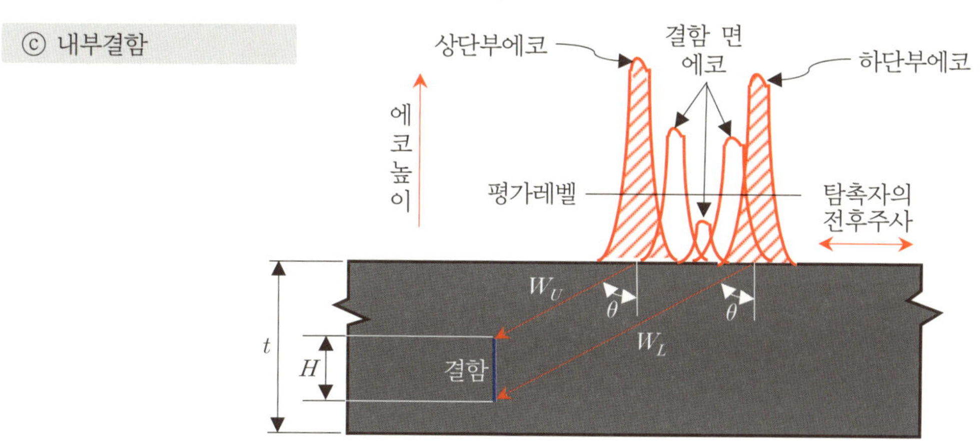

[그림 6.40] 단부에코 측정법

단부 에코법은 탐촉자의 전후주사에 의해 그림 6.40과 같은 패턴이 되기 때문에 결함 높이는 결함의 위치에 따라서 다음과 같이 구할 수 있다.

ⓐ 표면결함이 탐상면과 반대의 면(이면)에 있는 경우

$$H = t - (W_1 \times \cos\theta)$$

ⓑ 표면개구결함이 탐상면과 같은 면에 있는 경우

$$H = W_2 \times \cos\theta$$

ⓒ 결함이 내부에 있는 경우

$$H = (W_L - W_U) \times \cos\theta$$

여기서, θ: 탐촉자의 굴절각, t: 시험체의 판 두께, W_1, W_2 : 표면개구결함에서의 단부에코의 빔 진행거리, W_L, W_U : 내부결함에서의 상 · 하단부 에코의 빔 진행거리

사각 탐촉자를 사용한 단부 에코법에 의한 결함높이의 측정방법을 실습하기 위해 단부 에코법에 의해 STB-A1의 직선 홈의 깊이(결함높이)를 측정한다.

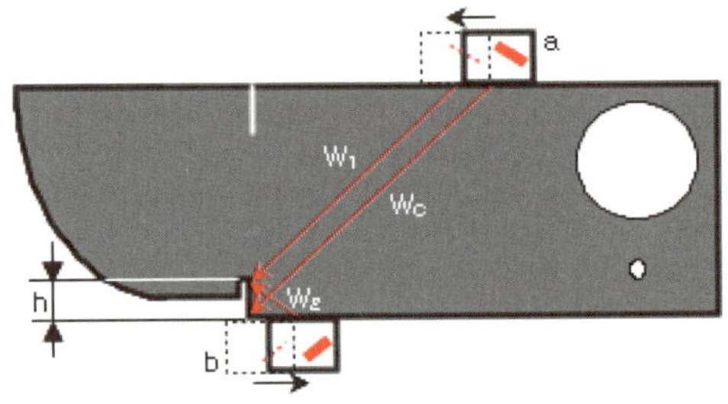

[그림 6.41] 직선 홈의 탐상

실험 · 실습순서는 다음과 같다.

ⓐ 입사점 및 STB 굴절각을 측정하고, 측정범위를 200㎜에 조정한다.

ⓑ 그림 6.41과 같이 탐촉자를 배치하고, a에서 직선 홈을 탐상한다. 탐촉자를 전후주사하고 홈의 코너에코의 최대높이를 검출하고 그때의 빔 진행거리 W_C를 읽고 표 6.11에 기록한다.

ⓒ 탐촉자를 전후주사하고 그림 6.42의 좌측과 같이 결함단부로부터 최대에코높이를 나타내는 탐촉자 위치를 구하고, 빔 진행거리 W_1을 읽고 표 6.11에 기록한다.

ⓓ 다음 식으로부터 결함높이 h_1을 구한다.

$$h_1 = (W_C - W_1) \times \cos\theta$$

ⓔ STB-A3을 이용하여 측정범위를 50㎜로 조정한다.

ⓕ 탐촉자를 그림 6.41 b에 배치하고 결함의 단부에코를 검출한다. 빔 진행거리 W_2를 읽고 다음 식으로부터 결함높이 h_2를 구한다.

$$h_2 = W_2 \times \cos\theta$$

결함높이의 측정요령은 다음과 같이 한다.

ⓐ 측정은 가능한 한 결함의 양면양측에서 직사법으로 한다. 결함의 길이방향의 위치는 사전의 탐상에서 구한 결함지시 길이의 중앙부 또는 결함 길이방향으로 적당히 분할한 개소에서 한다.

ⓑ 사용하는 탐촉자는 공칭굴절각이 45°의 탐촉자로 한다. 정밀도를 높이려 할 때는 집속 사각 탐촉자를 사용하고 빔 진행거리가 짧은 경우에는 2진동자 사각 탐촉자를 사용하면 좋다. 결함의 개구부측으로부터 측정하는 경우에는 굴절각 70°의 탐촉자를 사용하는 것이 좋은 경우도 있다.

ⓒ 내부결함의 결함높이는 그림 6.42 우측과 같이 탐촉자를 전후주사하고, 결함의 상단부 및 하단부에서 얻어지는 에코를 검출하고 각각의 빔 진행거리(W_1, W_2)를 구하고 다음 식으로부터 계산한다.

$$h = (W_2 - W_1) \times \cos\theta$$

ⓓ 단부에코는 에코높이가 낮기 때문에 탐상감도에 대해 10~20㏈ 높일 필요가 있다.

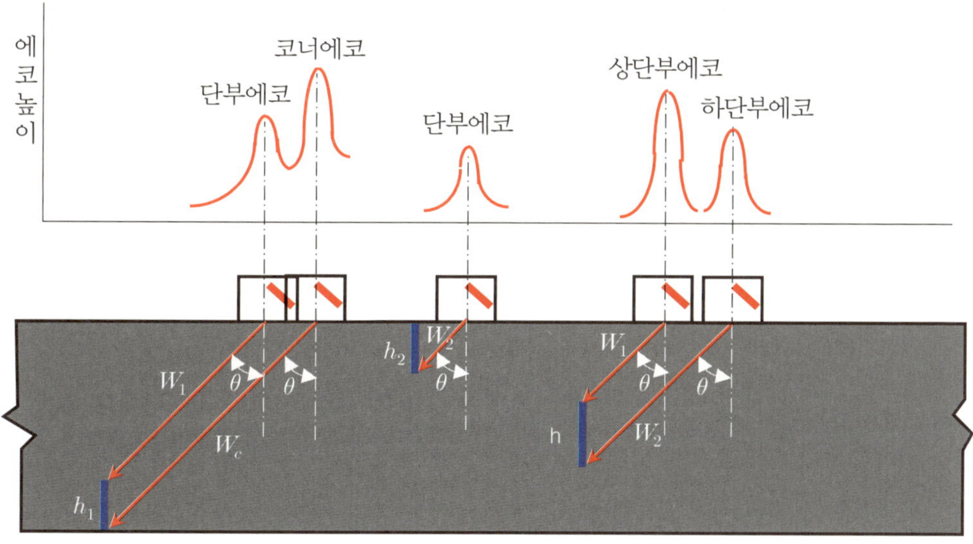

[그림 6.42] 결함높이의 측정방법

표 6.11 결함높이의 측정 결과

탐촉자			STB 굴절각				
탐상위치	W_C	W_1	h_1	W_2	h_2	h의 실제값	오차
ⓐ							
ⓑ							

② TOFD법

TOFD법은 결함 단부에서의 회절에코를 이용하는 방법으로 다음과 같이 하여 결함 높이를 측정하는 것이 가능하다.

결함을 사이에 두고 송신 및 수신용 종파 사각 탐촉자를 시험체 표면에 놓고 초음파를 송신하면 표면을 전파하는 파(A)와 저면반사파(B) 이외에 결함이 있는 경우 결함의 상단부 및 하단부에서 회절한 에코(C 및 D)가 수신된다.

이때 상단부 회절에코의 도달시간(t_C), 상단부 회절에코의 도달시간(t_D) 및 탐촉자 간 거리(L)로부터 다음 식에 의해 결함 높이(H)를 구할 수 있다. 단, C는 종파음속(m/s)이다.

$$H = \sqrt{\left(\frac{Ct_D}{2}\right)^2 - \left(\frac{L}{2}\right)^2} - \sqrt{\left(\frac{Ct_C}{2}\right)^2 - \left(\frac{L}{2}\right)^2}$$

TOFD법을 적용하는 경우 회절에코를 쉽게 나타내기 위해 탐촉자는 진동자 직경이 작고 지향각이 넓은 고 분해능 종파 사각 탐촉자가 사용된다.

보통 주파수 5MHz, 진동자 직경 10mm, 굴절각 45°, 60°, 70°의 종파 사각 탐촉자가 사용된다.

이 방법은 결함의 형상이나 기울기에 영향을 받지 않고 측정이 가능하다는 장점도 있으나 한편으로는 시험체의 표면 근방에 있는 결함의 측정이 곤란한 단점도 있다.

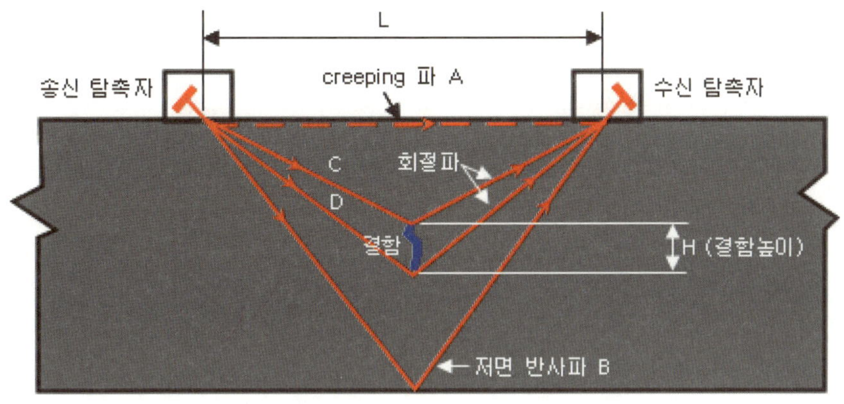

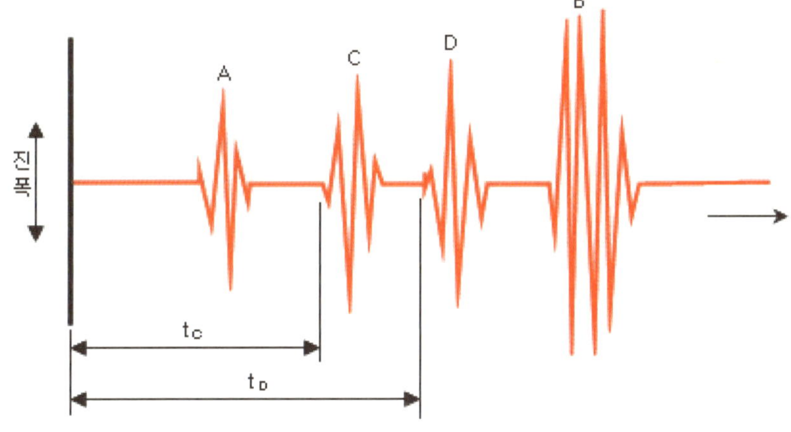

[그림 6.43] TOFD(회절파 시간 측정법) **법**

③ 표면파법

표면파는 시험체 표면의 1파장 정도의 깊이 이내로 에너지가 집중하여 표층부만을 전파해가는 파이다. 이 표면파법을 이용하여 결함 높이를 측정하는 방법이 있다. 이 방법에는 다음과 같이 1탐촉자법과 2탐촉자법이 있다.

표면파법을 적용하는 경우는 미리 시간축의 조정을 해 놓을 필요가 있다.

그림 6.44는 두께 t의 조정용 시험편의 상하단의 코너 A, B를 이용하여 시간축의 조정을 하는 예를 나타내고 있다.

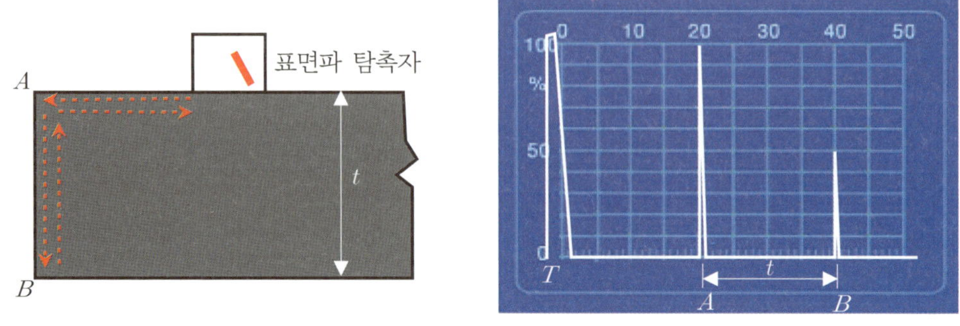

[그림 6.44] 표면파법의 시간 축 조정방법

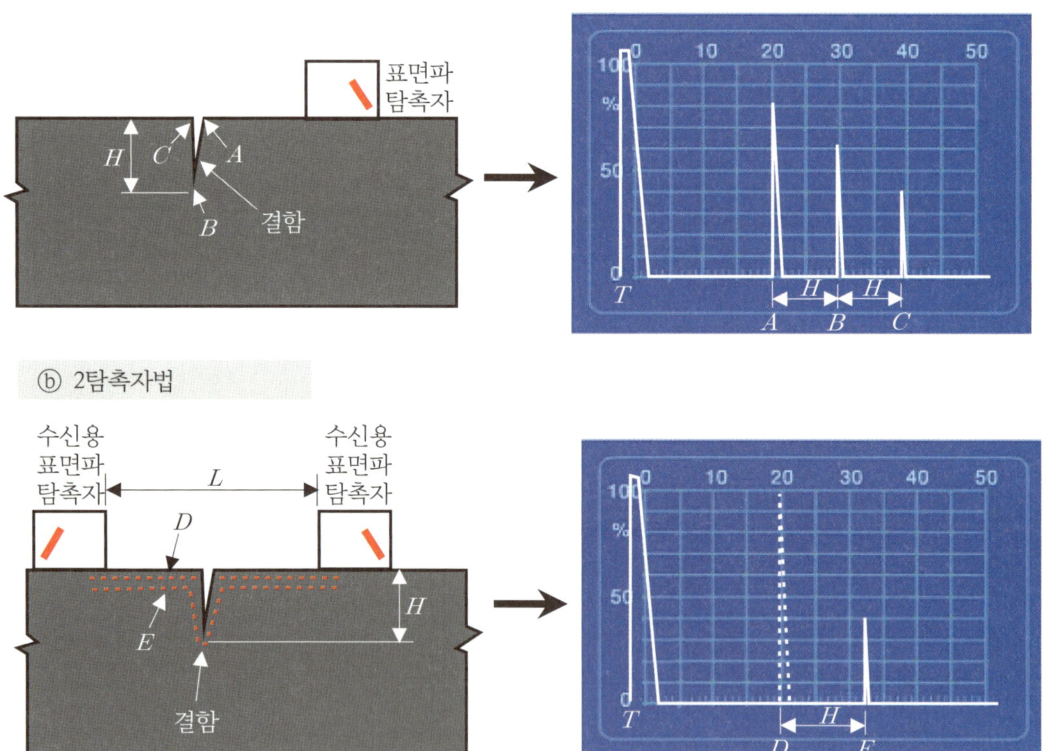

[그림 6.45] 표면파법의 예

6.6 사각탐상의 응용

1) 용접부의 사각탐상(Ⅰ)

KS B 0896에 근거한 표준 탐상시험 절차를 실습한다. 용접구조물의 신뢰성·안전성을 확보하기 위하여 용접부의 초음파탐상시험이 적용되고 있다. 검사대상물에 따라 각각 검사요령서나 작업지시서가 작성되고 이것에 따라 올바른 방법으로 탐상하여야 한다. 맞대기용접시험편(두께 19㎜, X형 개선)을 사용하여 KS B 0896에 근거한 강 용접부의 초음파사각탐상절차를 표 6.12에 나타내고 있다. 탐상순서는 다음과 같다.

① 탐상준비

ⓐ 모재의 두께측정

용접시험편의 모재두께(t)를 강철자로 측정하고 표 6.11에 기입한다.

ⓑ 탐촉자의 선정

판 두께(t)로부터 표 6.12 (a), (b), (c)를 참조하여 탐촉자를 선정하고, 표 6.12 ②에 기입한다. 여기에서는 4M8×9A70으로 한다.

ⓒ 탐상면 및 탐상방법의 선정

판 두께(t) 및 이음형상으로부터 표 (c)를 참조하여 탐상면의 선정, 직사법 또는 직사법과 1회반사법을 병용할 것인가를 선정하고 표 6.12 ③, ④에 기입한다. 여기에서는 편면 양측으로부터 직사법 및 1회반사법으로 탐상한다.

ⓓ 입사점 및 STB 굴절각 측정

STB-A1 또는 STB-A3을 사용하고 입사점(접근한계거리) 및 STB 굴절각(θ)을 측정한다. 여기에서는 먼저 측정한 데이터를 이용하여 표 6.12 ⑤, ⑥에 기입한다.

ⓔ 측정범위의 선정과 조정

$W_{1S}(=2t/\cos\theta)$보다 긴 측정범위를 선정하여 표 6.12 ⑦에 기입하고 측정범위를 조정한다. 여기에서는 측정범위 > W_{1S}의 조건에 맞게 측정범위 125㎜를 선정한다.

ⓕ 에코높이구분선의 작성

STB-A2의 Ø4×4를 이용하여 에코높이구분선을 작성한다. 여기서는 먼저 작성한 교정눈금판을 표시기 앞에 부착한다.

ⓖ 탐상감도의 조정

표 6.12 (d)와 같이 STB-A2의 Ø4×4를 0.5스킵 또는 1 스킵으로 탐상한 최대에 코높이를 H선에 맞추고 이것을 탐상감도로 하고 표 6.12 ⑧에 기입한다. STB-A3을 이용하는 경우는 STB-A3의 Ø4×4를 0.5 스킵으로 탐상하고 그 최대 에코높이를 H선에 맞추고 이것을 탐상감도로 하고 표 6.12 ⑧에 기입한다.

ⓗ 검출레벨의 선정

검출레벨은 L검출레벨로 하고 표 6.12 ⑨에 기입한다.

ⓘ 눈금판 횡축에 감시범위표시

그림 6.46과 같이 $W_{0.5S}$ 및 W_{1S}의 시간 축 위치에 감시범위를 표시한다.

ⓙ 탐상면의 손질

시험체 표면에 부착된 스패터, 기름 등을 제거한다.

ⓚ 탐상면의 표시

모재의 판 두께(t)와 STB 굴절각(θ)으로부터 다음 식을 계산하고, 그림 6.47과 같이 탐상면상에 용접부 중심기준선, $Y_{0.5S} = t \times \tan\theta$ 및 $Y_{1S} = 2t \times \tan\theta$의 표시 선을 넣는다.

② 접촉매질의 도포

접촉매질인 글리세린이나 글리세린 페이스트를 도포시킨다.

③ 탐상

ⓐ 결함의 검출

결함의 유무와 분포를 조사하기 위하여 감도를 높이고, 탐상을 한다.

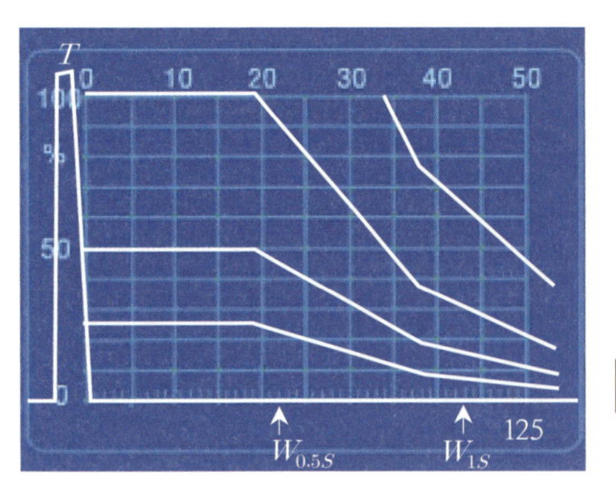

[그림 6.46] 스킵점의 표시

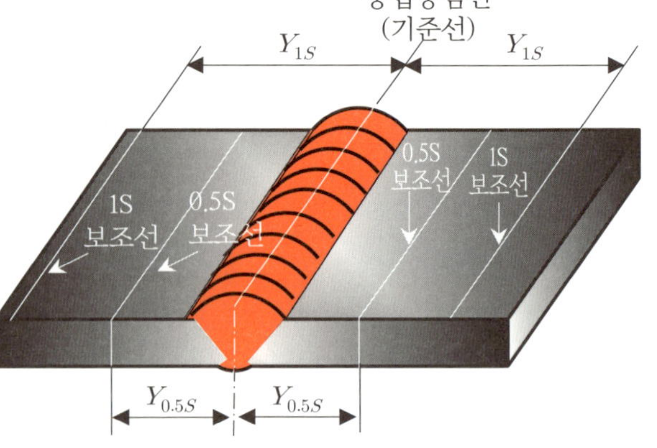

[그림 6.47] 탐상면의 표시

㉠ 직사법

그림 6.48 (c)와 같이 $Y_{0.5S}$의 비드 폭의 절반과 열영향부의 폭을 더하여 직사법의 주사범위로 하고 용접부의 전역에 초음파 빔이 미치게 탐촉자를 지그재그주사로 탐상한다. 그림의 탐상영역(dot 부분)에 에코가 검출될 때에는 최대에코높이가 얻어지는 위치에서 다음 3가지의 조건을 만족할 때 그 에코를 결함에코로 하고 용접선상에 표시한다.

- 최대에코높이가 검출레벨을 초과
- 빔 진행거리가 $W_{0.5S}$ 이내
- 탐촉자 위치가 직사법의 주사범위 내

㉡ 1회반사법

그림 6.48 (d)와 같이 Y_{1S}에 비드 폭의 절반과 열영향부의 폭을 더하여 직사법의 주사범위로 하고 용접부의 전역에 초음파 빔이 미치게 탐촉자를 지그재그주사로 탐상한다. 그림의 탐상영역(점 표시 부분)에 에코가 검출될 때에는 최대에코높이가 얻어지는 위치에서 다음 3가지의 조건을 만족할 때 그 에코를 결함에코로 하고 용접선상에 표시한다.

- 최대에코높이가 검출레벨을 초과
- 빔 진행거리가 $W_{0.5S}$에서 $W_{1.0S}$범위 내
- 탐촉자 위치가 1회반사법의 주사범위 내

ⓑ 결함의 평가

결함 검출 시에 표시한 부분을 탐상하고 결함의 최대에코가 얻어지는 위치에서 탐촉자를 멈추고 다음 데이터를 채취하고 표 6.13에 기입한다. 이때 규정(순서 ⓖ)의 탐상감도에 맞는지 확인한다.

㉠ 결함에코의 빔 진행거리 W_F를 읽고 표 6.13 ③에 기입한다.

㉡ 결함에코높이의 영역을 읽고 표 6.13 ⑨에 기입한다.

㉢ 시험체 끝 면에서 탐촉자 중심위치까지의 거리 X_P를 자로 측정하고 표 6.13 ①에 기입한다.

㉣ 탐촉자 용접부 거리 Y를 자로 측정하고 표 6.13 ②에 기입한다.

㉤ L선 cut법으로 결함지시 길이를 측정하고, 표 6.13 ⑥, ⑦, ⑧에 기입한다.

ⓒ 결함위치 d 및 k를 다음 식으로 계산하고 표 6.13 ④, ⑤에 기입한다.

$d = W_F \times \cos\theta$(직사법), $d = 2t - W_F \times \cos\theta$(2회반사법),

$k = Y - y(y = W_F \times \sin\theta)$

ⓓ 용접부 단면상에 결함위치를 도시하고 표 6.13을 완성한다.

(a) $Y_{0.5S}$ 선상주사

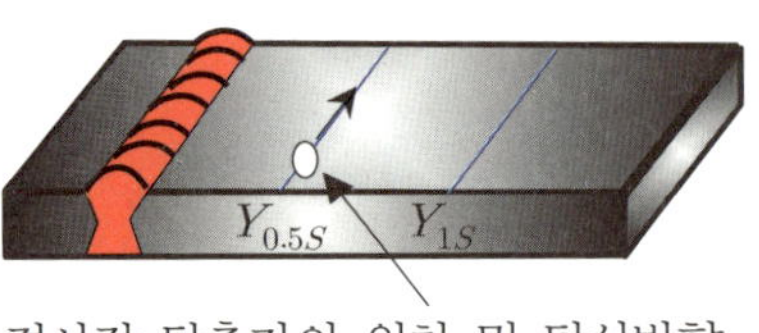

경사각 탐촉자의 위치 및 탐상방향

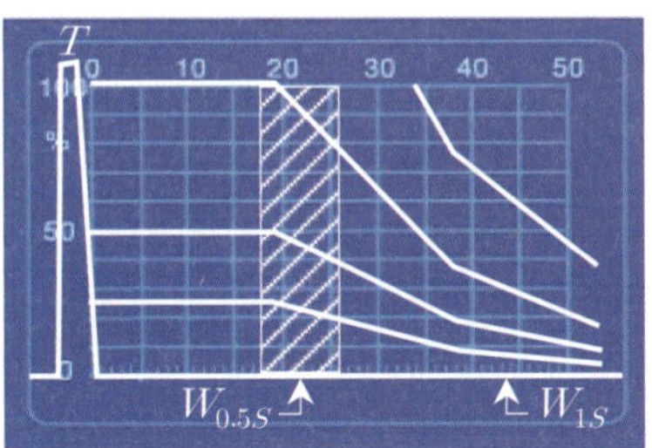

(b) Y_{1S} 선상주사

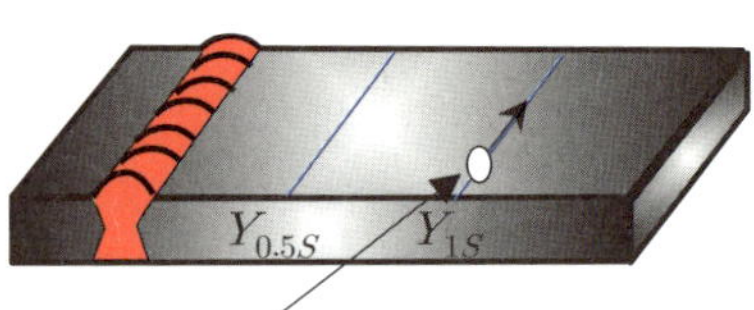

경사각 탐촉자의 위치 및 탐상방향

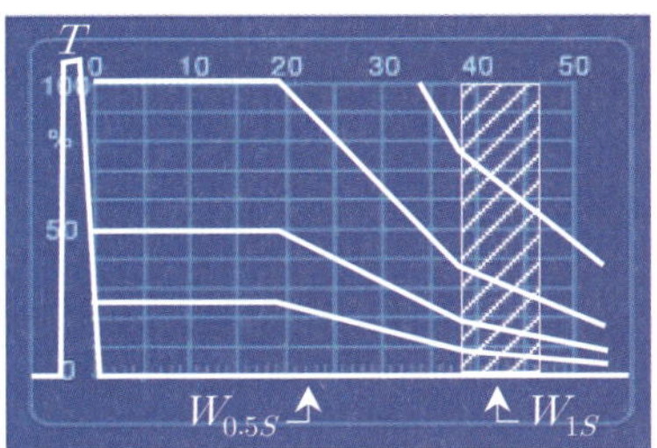

(c) 직사법의 지그재그주사

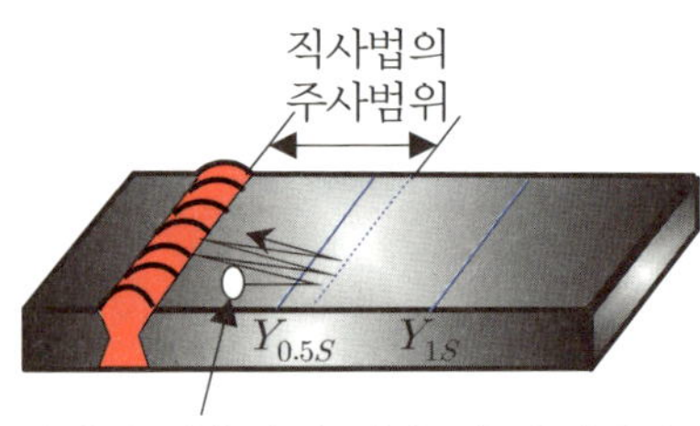

경사각 탐촉자의 위치 및 탐상방향

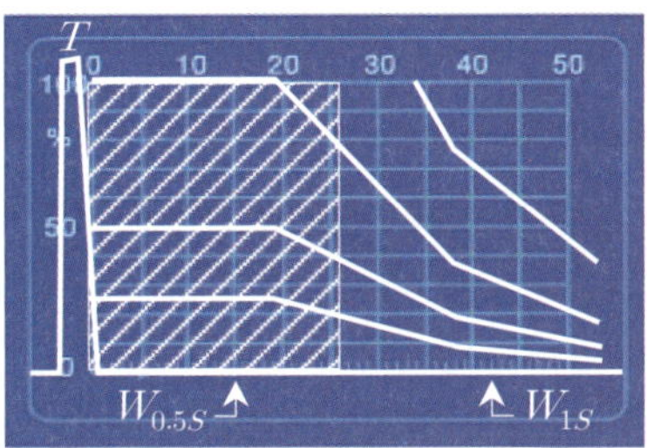

(d) 1회 반사법의 지그재그주사

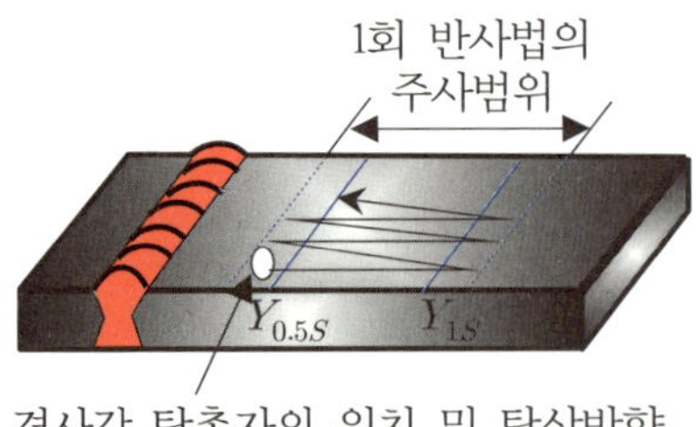

경사각 탐촉자의 위치 및 탐상방향

[그림 6.48] 탐촉자의 주사방법

2) 결과 및 고찰

요구되는 탐상기록의 서식은 검사대상물 등에 따라 다르나 보통 이하의 사항을 기록한다.

① 시공업자 또는 제조업자
② 공사 또는 제품명
③ 실험번호 또는 기호
④ 실험년월일
⑤ 기술자의 서명 및 자격
⑥ 재질 및 치수
⑦ 용접방법, 용접조건 및 개선형상
⑧ 탐상기명, 제조번호 및 검사일시
⑨ 탐촉자형식, 제조번호, 성능 및 검사일시
⑩ 표준시험 및 대비시험편
⑪ 탐상부분의 상태
⑫ 탐상범위
⑬ 접촉매질
⑭ 탐상감도 및 감도보정량
⑮ 검출레벨
⑯ 탐촉자위치(용접방향의 위치, 탐촉자 용접부거리) 및 빔 진행거리
⑰ 최대에코높이(영역)
⑱ 결함지시 길이 및 결함위치(용접방향의 위치, 용접부 결함거리, 깊이)
⑲ 결함의 분류
⑳ 기타 사항

실제 탐상에서는 시험체의 형상 및 치수, 모재의 재질, 용접방법, 용접길이, 이음형상, 개선형상 및 치수를 미리 조사하여 놓을 필요가 있다. 탐상할 용접부 비드의 폭 및 높이의 측정도 필요하다.

또, 용접부를 탐상하는 경우, 그림 6.49와 같이 여러 원인에 의해 방해에코가 발생하는 경우가 있다. 방해에코의 식별에는 접촉매질을 바른 손가락으로 비드 등 반사원인이 되는 위치를 눌러 에코높이가 변화하는 가를 이용하거나, 채취한 데이터로부터 접촉부 단면상에 전달경로나 반사원위치를 도시하여 판단하는 것도 한 방법이다.

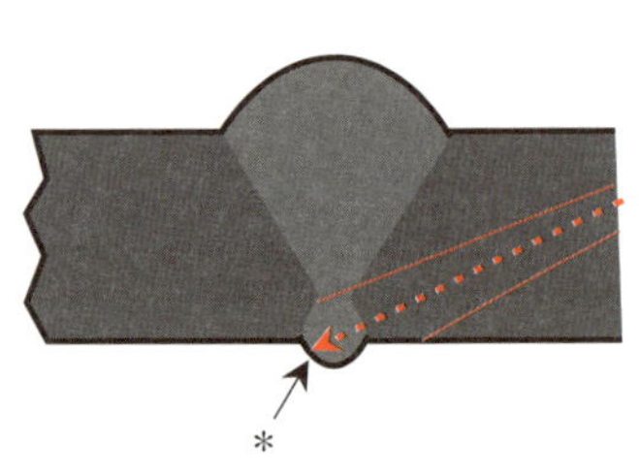

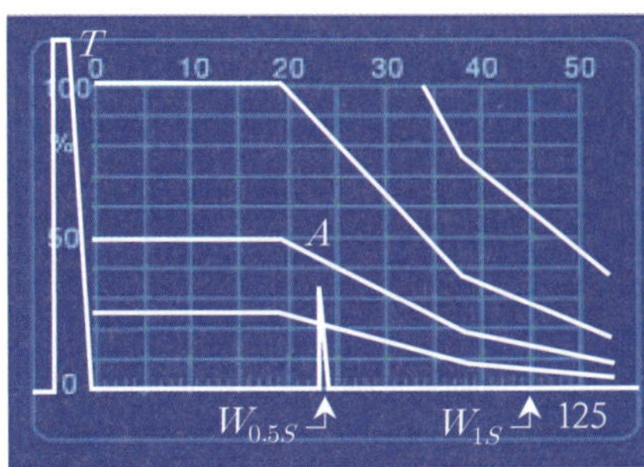

① 표시 부분을 접촉매질을 바른손으로 누르면 A 에코는 상하로 움직이는 것이 있다.
② 반사 측으로부터 탐상하여 * 표시의 위치로부터 에코의 유무를 본다.

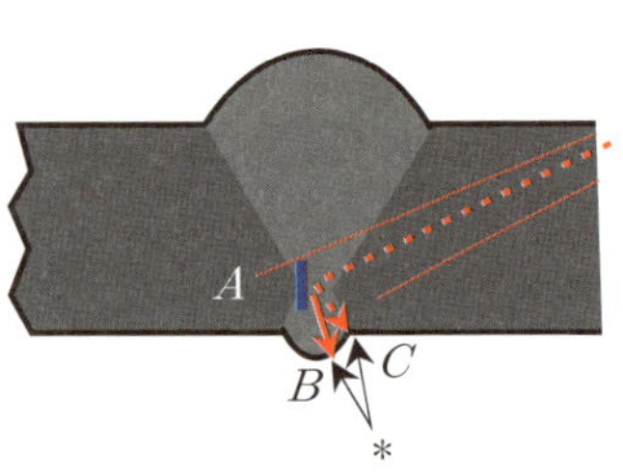

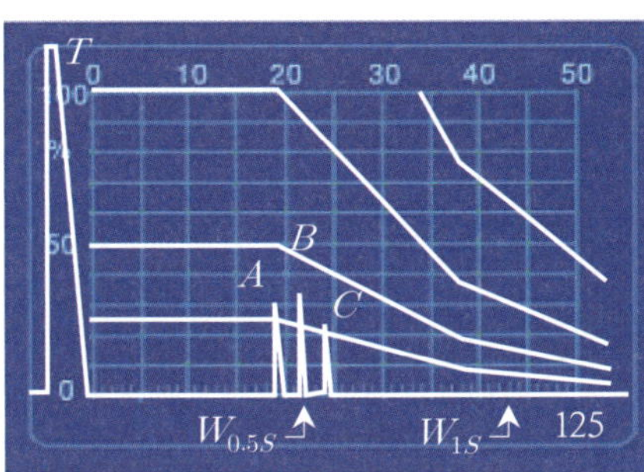

① A에코는 결함으로부터의 에코이나 나타나지 않는 것도 있다.
② B에코는 내부 용입 불량에서 횡파 → 종파로 모드 변환하여 이면파로부터 반사한 에코이며, C 에코는 내부 용입 불량에서 반사하고 이 면파로부터 되돌아온 에코
※조사부분의 접촉매질을 바른손가락으로 누르면 B, C에코가 상하로 움직이는 것이 있다.

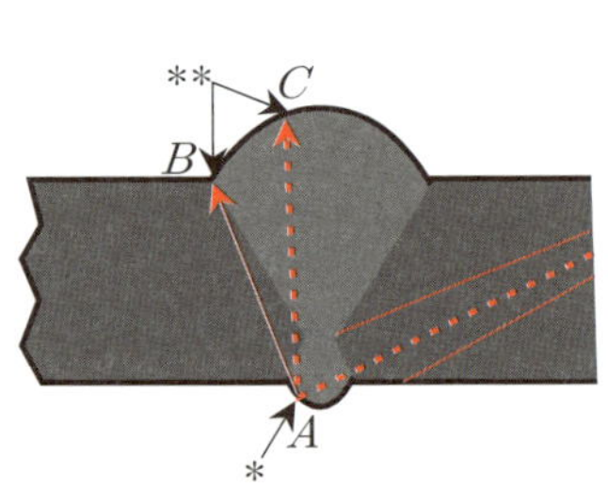

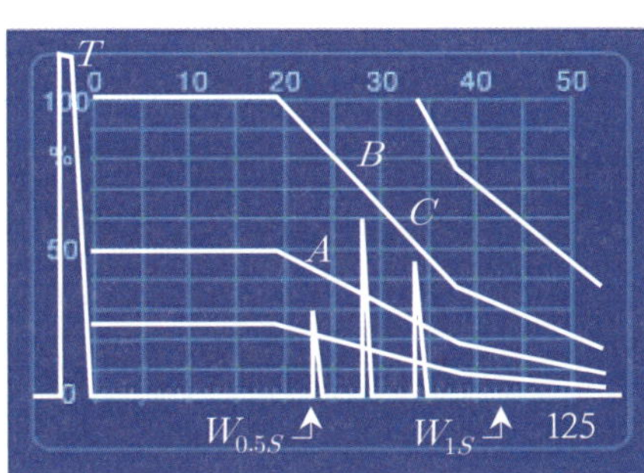

① *표시 부분에 접촉 매질을 바른손가락으로 누르면 A, B, C 에코는 상하로 움직이는 것이 있다.
② **표시 부분에 접촉 매질을 바른손가락으로 누르면 B, C 에코는 상하로 움직이는 것이 있다.

[그림 6.49] 방해에코

표 6.12 강 용접부의 초음파탐상시험의 시험절차

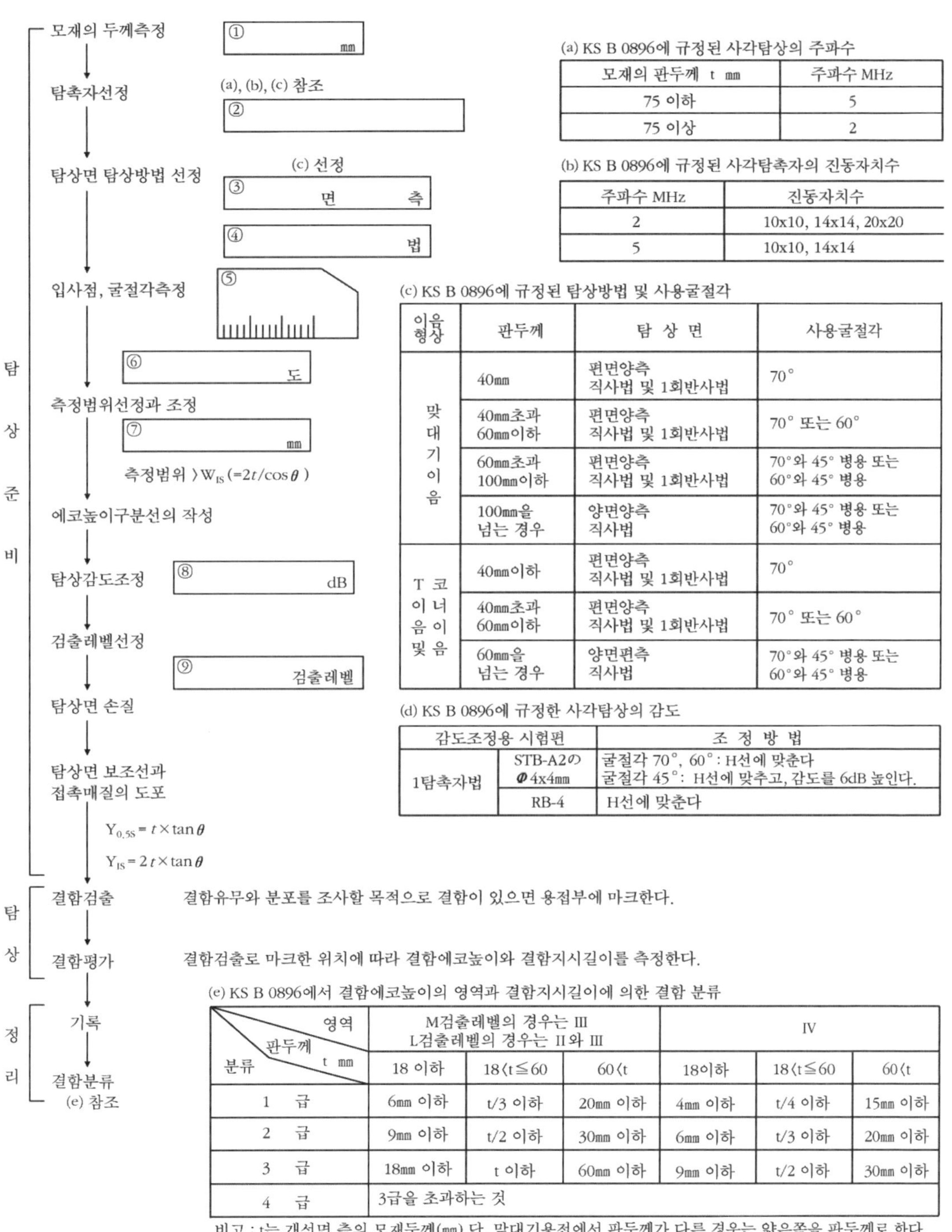

(a) KS B 0896에 규정된 사각탐상의 주파수

모재의 판두께 t ㎜	주파수 MHz
75 이하	5
75 이상	2

(b) KS B 0896에 규정된 사각탐촉자의 진동자치수

주파수 MHz	진동자치수
2	10x10, 14x14, 20x20
5	10x10, 14x14

(c) KS B 0896에 규정된 탐상방법 및 사용굴절각

이음형상	판두께	탐 상 면	사용굴절각
맞대기이음	40㎜	편면양측 직사법 및 1회반사법	70°
	40㎜초과 60㎜이하	편면양측 직사법 및 1회반사법	70° 또는 60°
	60㎜초과 100㎜이하	편면양측 직사법 및 1회반사법	70°와 45° 병용 또는 60°와 45° 병용
	100㎜을 넘는 경우	양면양측 직사법	70°와 45° 병용 또는 60°와 45° 병용
T이음 및 코너이음	40㎜이하	편면양측 직사법 및 1회반사법	70°
	40㎜초과 60㎜이하	편면양측 직사법 및 1회반사법	70° 또는 60°
	60㎜을 넘는 경우	양면편측 직사법	70°와 45° 병용 또는 60°와 45° 병용

(d) KS B 0896에 규정한 사각탐상의 감도

감도조정용 시험편		조 정 방 법
1탐촉자법	STB-A2の Φ4x4㎜	굴절각 70°, 60° : H선에 맞춘다 굴절각 45° : H선에 맞추고, 감도를 6dB 높인다.
	RB-4	H선에 맞춘다

(e) KS B 0896에서 결함에코높이의 영역과 결함지시길이에 의한 결함 분류

분류 \ 판두께 t ㎜ \ 영역	M검출레벨의 경우는 III L검출레벨의 경우는 II와 III			IV		
	18 이하	18〈t≦60	60〈t	18이하	18〈t≦60	60〈t
1 급	6㎜ 이하	t/3 이하	20㎜ 이하	4㎜ 이하	t/4 이하	15㎜ 이하
2 급	9㎜ 이하	t/2 이하	30㎜ 이하	6㎜ 이하	t/3 이하	20㎜ 이하
3 급	18㎜ 이하	t 이하	60㎜ 이하	9㎜ 이하	t/2 이하	30㎜ 이하
4 급	3급을 초과하는 것					

비고 : t는 개선면 측의 모재두께(㎜) 단, 맞대기용접에서 판두께가 다른 경우는 얇은쪽을 판두께로 한다.

표 6.13 맞대기 용접부(X개선)의 초음파탐상시험기록

시험체 No.		탐촉자	명칭 No.	
시험담당자			입사점	
탐상기명칭			STB 굴절각	θ = 도

결함 No.	시험체				탐상방향	탐촉자 위치		빔 진행거리 W_F	결함위치		결함지시 길이			에코높이	결함분류	비고
	길이	모재두께	비드 폭								범위					
			上	下		X_P	Y		k	d	X_S	X_E	ℓ	영역		
	mm	mm	mm	mm		mm	mm	mm	mm	mm	mm	mm	mm			
						①	②	③	④	⑤	⑥	⑦	⑧	⑨		

결함분포

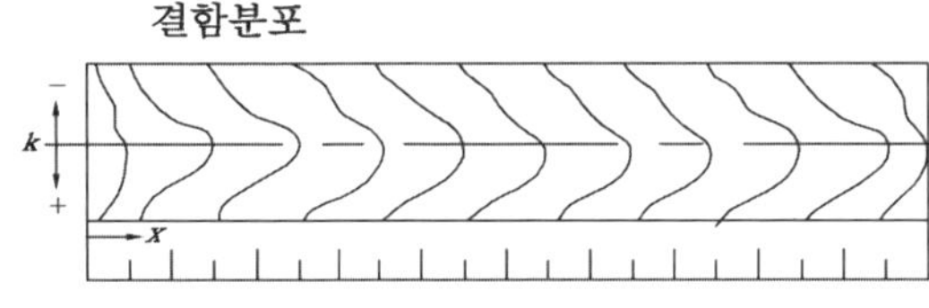

X : 용접선방향의 거리

X_P : 결함으로부터 최대에코높이가 얻어지는 탐촉자 위치

X_S : 결함지시길이의 시작끝

X_E : 결함지시길이의 종단

k : 용접선으로부터 결함까지의 거리

용접단면 위의 결함위치

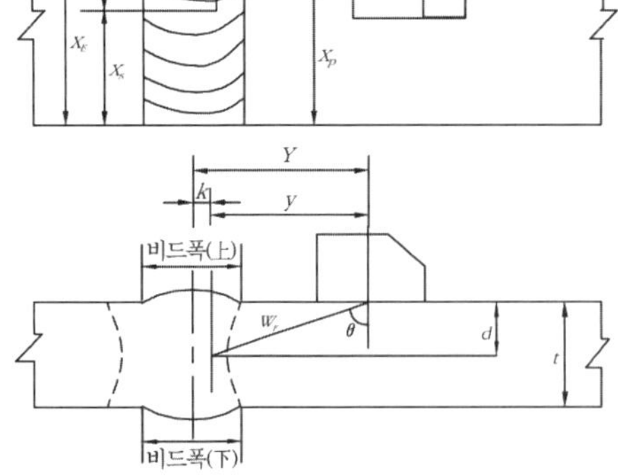

X_P : 결함으로부터 최대에코높이가 얻어진 탐촉자 위치

Y : 탐촉자용접부 거리

y : 탐촉자 결함거리

$y = W_F \times \sin\theta$

k : 용접선으로부터 결함까지의 거리

$k = Y - y = Y - W_F \times \sin\theta$

d : 결함깊이

직사법 $d = W_F \times \cos\theta$

1회반사법 $d = 2t - W_F \times \cos\theta$

3) 용접부의 사각탐상(Ⅱ)

초음파탐상시험의 목적은 용접부의 품질을 적정하게 평가하고, 구조물의 신뢰성, 안전성을 확보하는데 있다. 따라서, 적정한 탐상시험 절차에 따라 작업을 해야 한다. 탐상순서는 검사대상물, 적용규격 및 요구품질 등에 의해 다르다.

따라서, 검사요령서나 작업 절차서를 작성하고 검사가 구체화되는 것이 일반적이다. 여기에서는 용접부를 대상으로 KS B 0896에 따른 사각탐상시험절차를 습득한다.

맞대기 용접 시험체(SM490A, CO_2 반자동용접)를 표 6.14의 탐상절차에 탐상하며 탐상기록까지 한다.

실험 · 실습 순서는 다음과 같다.

① 탐상준비

ⓐ 표 6.14의 탐상절차에 따라 순차적으로 기입한다.

ⓑ 용접중심선(기준선)을 긋고, 그곳에서 $Y_{0.5S}$ 및 Y_{1S}를 구하고 시험체에 선을 긋는다(그림 6.50).

ⓒ 에코높이구분선을 작성한다.

ⓓ 눈금판의 횡축에 $W_{0.5S}$ 및 W_{1S}의 위치를 표시한다.

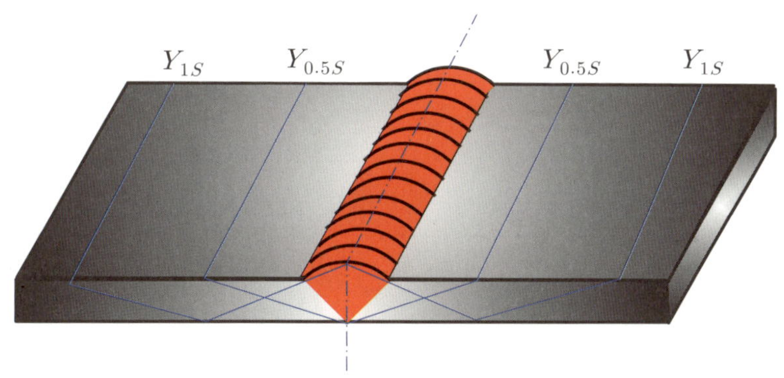

[그림 6.50] 탐상면의 표시

표 6.14 강용접부의 초음파사각탐상시험 절차

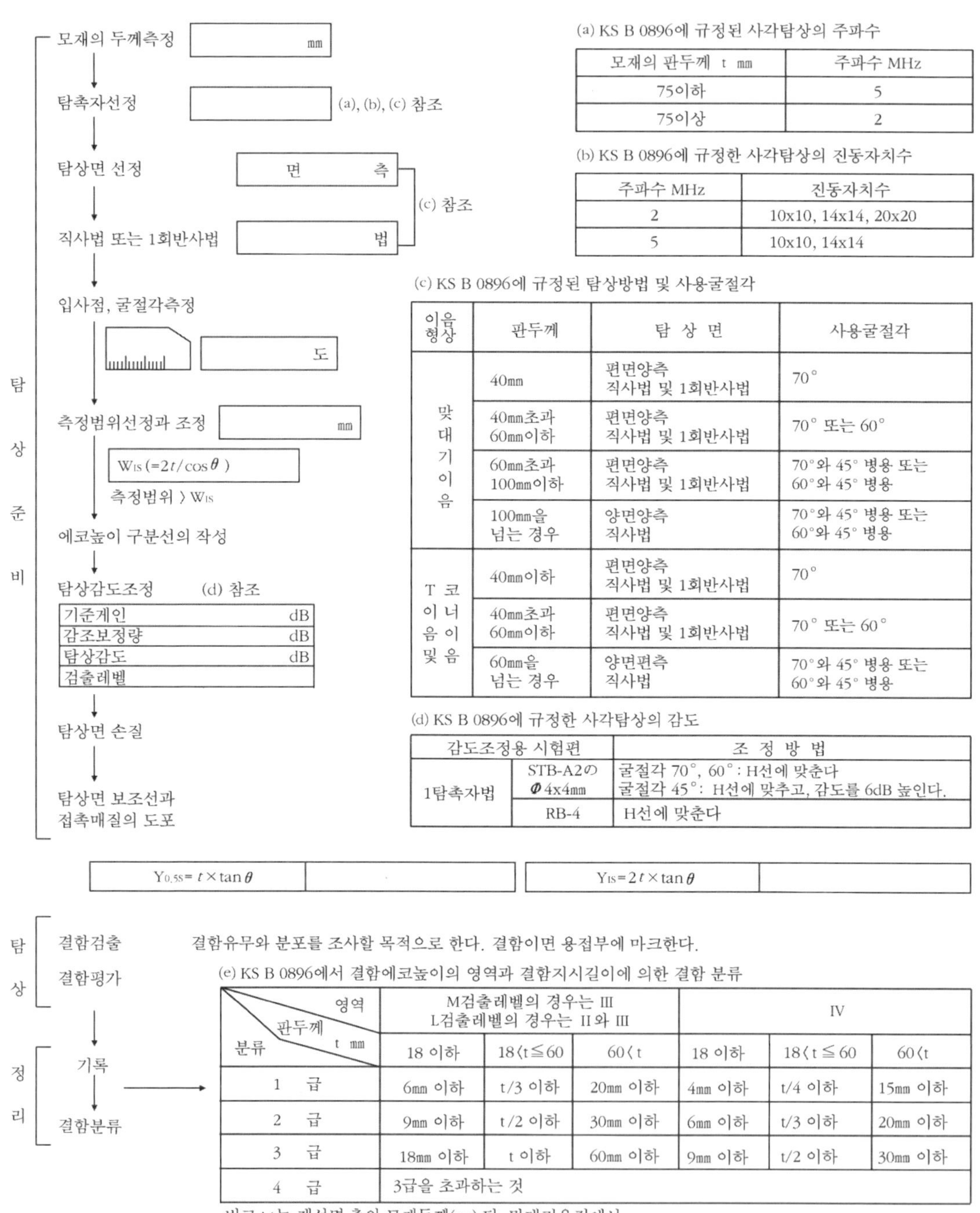

탐상준비

- 모재의 두께측정 [mm]
- ↓ 탐촉자선정 [ ] (a), (b), (c) 참조
- ↓ 탐상면 선정 [면 측] (c) 참조
- ↓ 직사법 또는 1회반사법 [법] (c) 참조
- ↓ 입사점, 굴절각측정 [도]
- ↓ 측정범위선정과 조정 [mm]
  - W_{1S} (=2t/cosθ)
  - 측정범위 〉 W_{1S}
- ↓ 에코높이 구분선의 작성
- ↓ 탐상감도조정 (d) 참조

기준게인	dB
감조보정량	dB
탐상감도	dB
검출레벨	

- ↓ 탐상면 손질
- ↓ 탐상면 보조선과 접촉매질의 도포

(a) KS B 0896에 규정된 사각탐상의 주파수

모재의 판두께 t mm	주파수 MHz
75이하	5
75이상	2

(b) KS B 0896에 규정한 사각탐상의 진동자치수

주파수 MHz	진동자치수
2	10x10, 14x14, 20x20
5	10x10, 14x14

(c) KS B 0896에 규정된 탐상방법 및 사용굴절각

이음형상	판두께	탐 상 면	사용굴절각
맞대기이음	40mm	편면양측 직사법 및 1회반사법	70°
	40mm초과 60mm이하	편면양측 직사법 및 1회반사법	70° 또는 60°
	60mm초과 100mm이하	편면양측 직사법 및 1회반사법	70°와 45° 병용 또는 60°와 45° 병용
	100mm을 넘는 경우	양면양측 직사법	70°와 45° 병용 또는 60°와 45° 병용
T 이음 및 코너이음	40mm이하	편면양측 직사법 및 1회반사법	70°
	40mm초과 60mm이하	편면양측 직사법 및 1회반사법	70° 또는 60°
	60mm을 넘는 경우	양면편측 직사법	70°와 45° 병용 또는 60°와 45° 병용

(d) KS B 0896에 규정한 사각탐상의 감도

감도조정용 시험편		조 정 방 법
1탐촉자법	STB-A2의 Φ4x4mm	굴절각 70°, 60°: H선에 맞춘다 굴절각 45°: H선에 맞추고, 감도를 6dB 높인다.
	RB-4	H선에 맞춘다

$Y_{0.5S} = t \times \tan\theta$		$Y_{1S} = 2t \times \tan\theta$	

탐상

- 결함검출 — 결함유무와 분포를 조사할 목적으로 한다. 결함이면 용접부에 마크한다.
- 결함평가

정리

- ↓ 기록
- ↓ 결함분류 →

(e) KS B 0896에서 결함에코높이의 영역과 결함지시길이에 의한 결함 분류

영역 / 판두께 t mm / 분류	M검출레벨의 경우는 III L검출레벨의 경우는 II와 III			IV		
	18 이하	18〈t≦60	60〈t	18 이하	18〈t≦60	60〈t
1 급	6mm 이하	t/3 이하	20mm 이하	4mm 이하	t/4 이하	15mm 이하
2 급	9mm 이하	t/2 이하	30mm 이하	6mm 이하	t/3 이하	20mm 이하
3 급	18mm 이하	t 이하	60mm 이하	9mm 이하	t/2 이하	30mm 이하
4 급	3급을 초과하는 것					

비고 : t는 개선면 측의 모재두께(mm) 단, 맞대기용접에서

② **탐상작업**

ⓐ 결함에코를 검출한 비드위에 표시한다.

㉠ 용접부의 폭을 고려한 직사법의 범위로 탐촉자를 지그재그 주사하여 빔 진행거리가 $W_{0.5S}$ 이하의 에코를 찾고 전후주사로 최대에코높이를 검출한다.

㉡ 3개의 조건을 만족하면 결함에코로 보고 표시한다.

- 에코높이가 검출레벨을 초과
- 빔 진행거리가 $W_{0.5S}$ 이내
- 탐촉자 위치가 $Y_{0.5S}$ 이내

㉢ 용접부의 폭을 고려한 1회반사법의 범위로 탐촉자를 지그재그주사하고 빔 진행거리가 $W_{0.5S}$ 이상, W_{1S} 이하의 에코를 찾고 전후주사로 최대 에코높이를 검출한다.

㉣ 3개의 조건을 만족하면 결함에코로 표시한다.

- 에코높이가 검출레벨을 초과
- 빔 진행거리가 $W_{0.5S}$ 이상 W_{1S} 근방 이내
- 탐촉자 위치가 $Y_{0.5S}$ 이상 Y_{1S} 이내

ⓑ 표시한 개소에 대해 결함평가를 한다.

㉠ 표시한 결함을 직사법, 1회반사법의 순서로 탐상한다.

㉡ 각각의 최대에코높이를 잡고 필요한 값을 표 6.15에 기록하고 결함의 지시길이를 측정하고 기록한다.

4) 결과 및 고찰

보고서는 탐상결과를 소정의 양식으로 작성하여 보존하는 서류이다. 요구되는 기록의 형식은 검사대상물이나 탐상의 목적에 따라서 다르다. 앞에서 기록한 맞대기용접부의 데이터(표 6.15)로부터 표 6.16을 완성시킨다. 표 6.15의 맞대기 용접부의 탐상데이터로부터 보고서 표 6.16을 완성시킨다.

① 시험체 No, 탐상기명, 탐촉자 및 시험체의 데이터를 기록한다.
② 규정탐상시의 결함번호, 탐상방법, 탐촉자 위치, 빔 진행거리, 결함지시 길이 및 에코높이의 영역을 기록한다.
③ 결함위치를 계산하고, 결함의 단면위치 및 결함의 분포를 도시한다.
④ 결함의 분류는 결함에코높이의 영역과 결함지시 길이로 한다.

표 6.15 탐상데이터의 기록

탐촉자		입사점 :			STB 굴절각 :		
결함번호	탐상방향 (탐상면)	탐촉자 위치		빔 진행거리	결함 끝		영역
		X_P	Y	W_F	X_S	X_E	

표 6.16 탐상기록보고용지

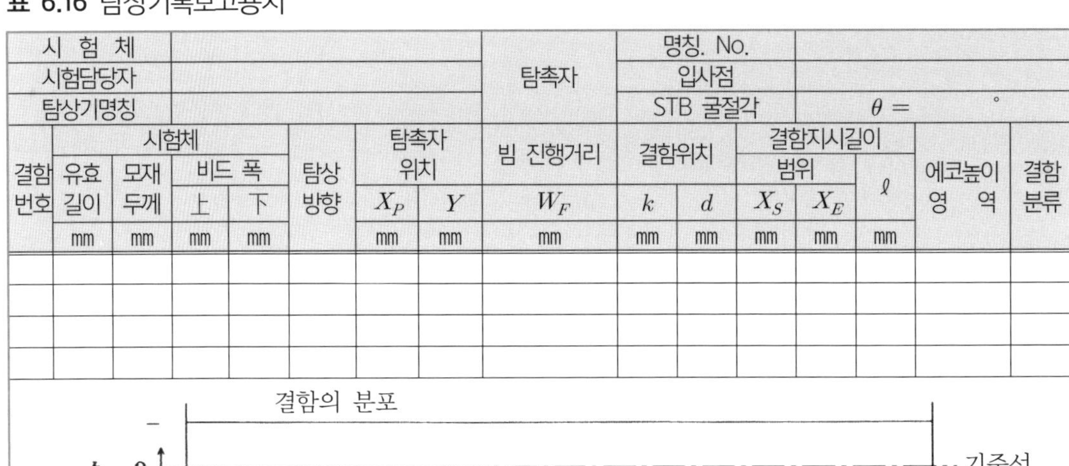

시 험 체		탐촉자	명칭. No.	
시험담당자			입사점	
탐상기명칭			STB 굴절각	$\theta =$ °

결함번호	시험체				탐상방향	탐촉자 위치		빔 진행거리	결함위치		결함지시길이			에코높이 영역	결함분류
	유효길이	모재두께	비드 폭								범위		ℓ		
			上	下		X_P	Y	W_F	k	d	X_S	X_E			
	mm	mm	mm	mm		mm	mm	mm	mm	mm	mm	mm	mm		

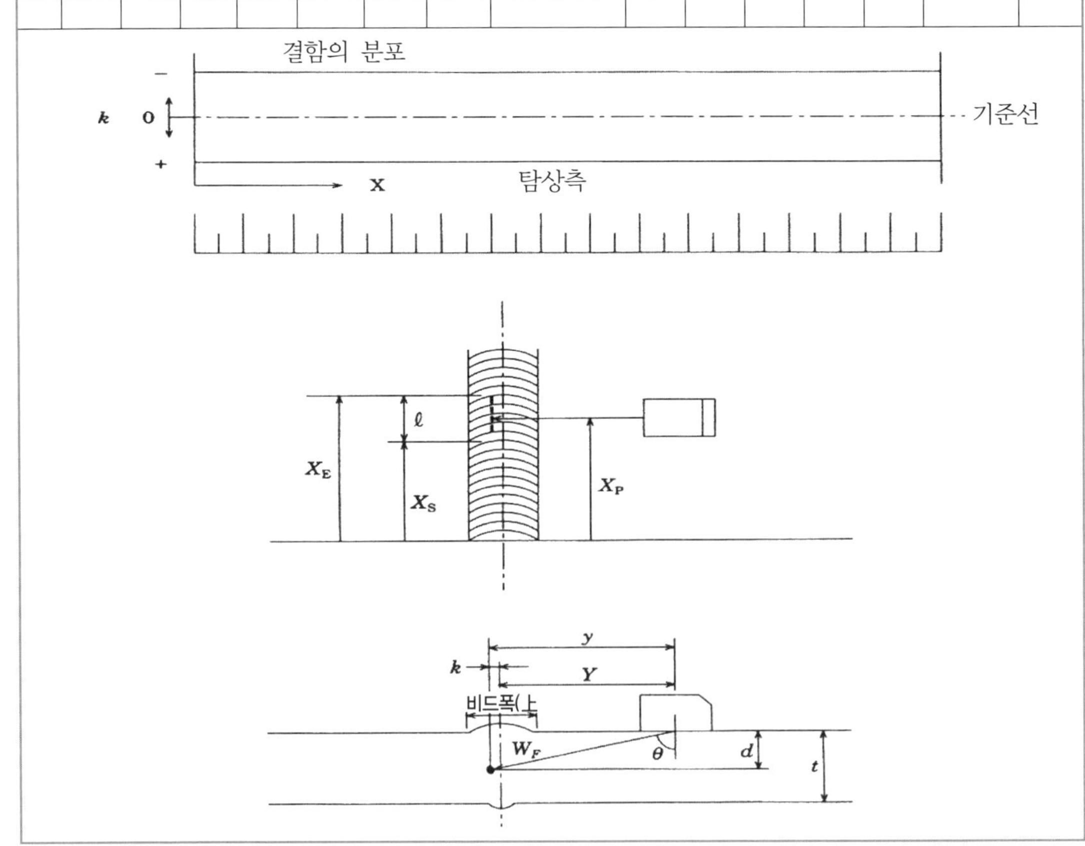

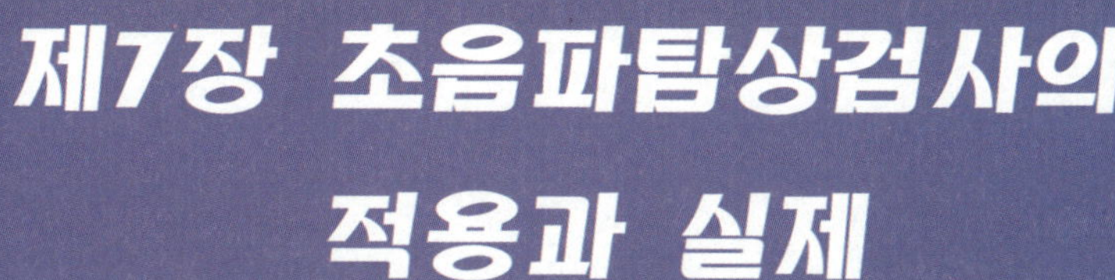

제7장 초음파탐상검사의 적용과 실제

7.1 맞대기 용접부 경사각 탐상하기

7.2 T형 필릿 용접부 경사각 탐상기

7.3 곡률 시험체의 경사각 탐상하기

제7장 초음파탐상검사의 적용과 실제

7.1 맞대기 용접부 경사각탐상하기

- 용접부 경사각 탐상의 원리와 결함을 검출하고, 결함의 위치와 크기 등을 평가한다.
- 강재 용접부의 경사각 탐상은 횡파를 이용한 2~5MHz대의 주파수를 사용한다. 횡파를 사용함으로써 결함검출 능력이 향상되고 1회 반사법까지로 탐상범위를 넓힘으로써 용접부 내의 전영역의 탐상이 가능하다.
- 이면에코는 용접부에서 이면비드의 형상에 따라 나타나며 결함과 혼동하기 쉬우므로 각별히 주의해야 한다.

1) 사용기재

① 접촉매질: 글리세린 수용액 등
② 탐촉자: 직접접촉용 경사각 탐촉자.
③ 신호원: 표준시험편 STB-A1, STB-A2, 용접부 시험체.
④ 기타: 강철자, 각도기, 마킹펜 등

2) 측정방법

① 탐상준비를 한다.

ⓐ 초음파 탐상기의 전원을 켠 다음 5분간 예열을 한 후 시험감도 조정을 한다.

ⓑ 탐촉자와 초음파탐상기를 연결한다.

ⓒ 탐촉자를 접촉시킬 면은 초음파 전달을 방해하는 물질인 스패터, 녹, 도료 등을 제거한다.

② **입사점과 굴절각 측정 및 측정범위를 조정한다.**

ⓐ STB-A1의 R100면을 이용하여 입사점을 측정한다.

ⓑ STB-A1을 이용하여 굴절각을 측정한다.

ⓒ 측정범위를 조정한다.

㉠ 측정범위를 선정한다.

측정범위는 시험체 두께(t) 및 실제 굴절각(θ)으로부터 1skip 빔 진행거리(W_{1S}) 이상이 되는 범위를 선정해야 한다. 예를 들어 시험체의 두께가 25㎜라면 $W_{1S} = 2t/\cos 70° = 2 \times 25/\cos 70° = 146$㎜이므로 측정범위를 146㎜보다 큰 200㎜로 선정하면 STB-A2의 $W_{0.5S} = 44$㎜, $W_{1S} = 88$㎜, $W_{1.5S} = 132$㎜, $W_{2S} = 176$㎜가 되어 에코높이 구분선에 146㎜가 포함되려면 최소 STB-A2의 $W_{2S} = 176$㎜을 화면 시간 축에 표시해야 한다.

㉡ 입사점 측정위치에 탐촉자를 두고 측정범위를 조정한다.

③ **에코높이의 구분선을 STB-A2를 이용하여 2skip까지 작성한다.**

ⓐ 탐상기 화면 눈금판 위에 투명 아스테이지를 붙이고 눈금판과 교정 눈금판의 눈금의 일치를 위해 교정눈금판에 마킹을 한다. 표준 시험면의 홈에 물이나 이 물질이 묻어있는 경우 에코높이에 변화가 생기므로 제거한다.

ⓑ STB-A2의 Ø4×4로부터의 0.5skip 최대 에코를 게인 조정기로 탐상감도를 80~100%가 되도록 조정하고 에코의 최고점에 표시한 후 이때 게인 조정기의 눈금 값을 기준 감도로 하고 기록하여 둔다.

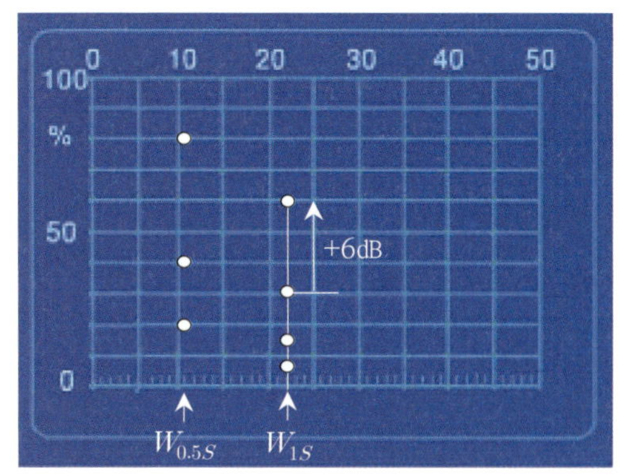

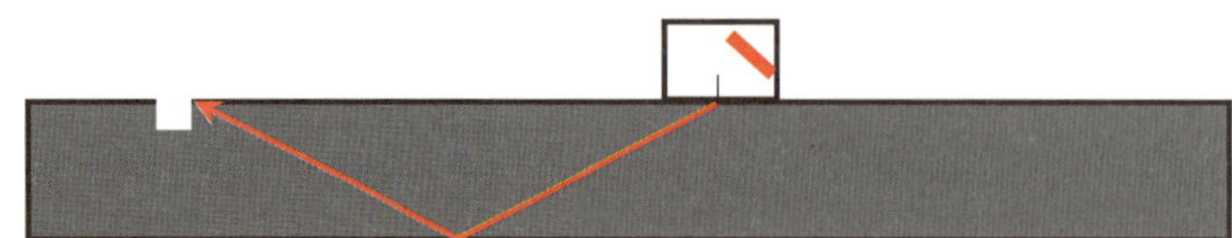

[그림 7.1] STB-A2 1skip 에코

ⓒ 기준 감도에서 -6dB 및 -12dB 만큼의 게인 값을 내려 최고점에 표시를 한다.

ⓓ 다시 게인 조정 스위치를 조정하여 기준감도가 되도록 한다.

ⓔ STB-A2를 뒤집어 Ø4×4로부터의 1skip 최대 에코 교정 눈금판 위에 표시한 후 다시ⓒ의 조작을 한다. 만약 최대 에코의 높이가 40% 미만인 경우 기준감도에서 +6dB만큼 게인 값을 증가시켜 그림 7.1과 같이 에코높이 최고점에 표시

를 한다.

ⓕ 감도를 다시 기준감도로 조정한 후 STB-A2를 다시 뒤집어 Ø4×4로부터의 1.5skip 최대 에코 교정 눈금판 위에 표시한다.

ⓖ 다시 감도를 기준감도로 맞춘 후 ⓒ의 조작을 한다.

ⓗ 판을 다시 뒤집어 Ø4×4의 2skip 에코에서도 그림 7.2와 같은 방법으로 점을 표시한다. 이 때 에코의 높이가 full-scale 5%이하인 경우 에코영역 구분이 어려우므로 굳이 점을 표시할 필요는 없다.

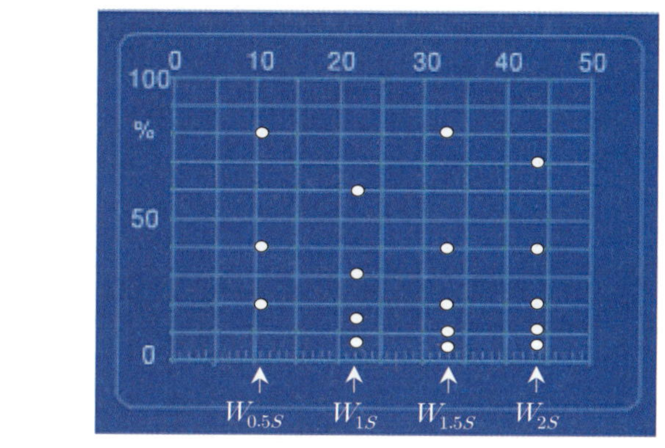

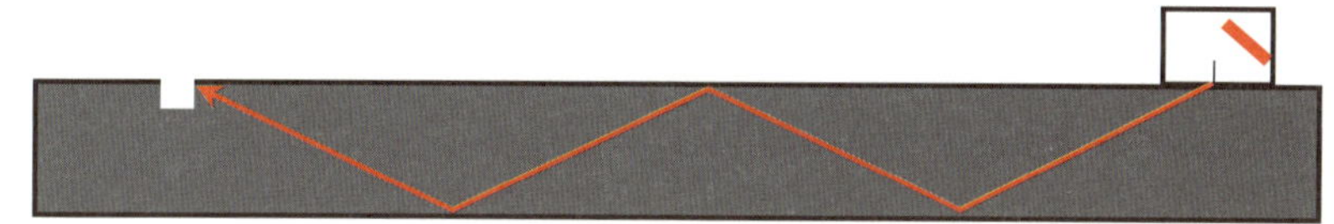

[그림 7.2] 2skip 에코의 검출

ⓘ 동일한 감도의 에코를 직선으로 연결한다. 0.5skip 앞부분은 0.5skip의 에코높이로 한다.

ⓙ 기준 감도보다 높은 감도의 에코높이 구분선 그리기는 그림 7.3과 같다.

㉠ 연장선을 그은 에코높이 구분선보다 6dB 낮은 감도의 곡선과 에코높이 50% 축과 만나는 곳에 표시한다.

㉡ 그 점에서 수직으로 6dB를 올려서 100% 지점에 표시한다.

㉢ 곡선과 점을 연결한다.

㉣ 나머지 곡선에 대해서도 동일한 방법으로 실시한다.

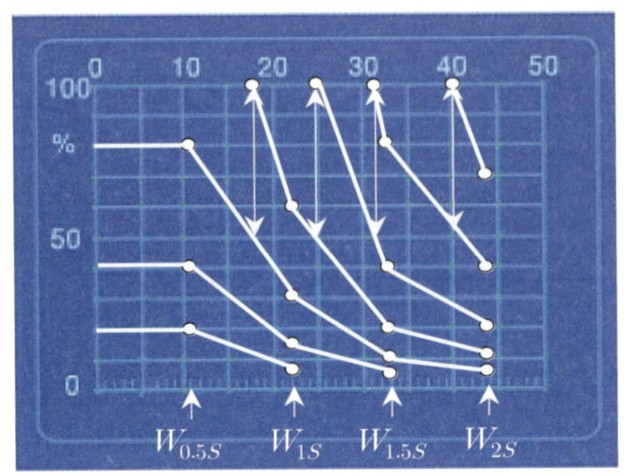

[그림 7.3] 각 점을 연결하여 연장선 긋기 완료

ⓚ H 선의 선택과 영역을 구분한다.

㉠ 에코높이 구분선에서 평가대상이 되는 최대 빔 거리의 높이가 40% 이상이 되는 선을 H 선이라 하고 그 보다 6dB 낮은 선을 M 선, 또 6dB 더 낮은 선을 L 선으로 표시한다.

㉡ 에코높이 영역구분은 표 7.1과 같다.

표 7.1 에코 높이 구분선의 영역범위

에코 높이의 범위	에코 높이의 영역
L 선 이하	Ⅰ
L 선 초과 M 선 이하	Ⅱ
M 선 초과 H 선 이하	Ⅲ
H 선 초과	Ⅳ

㉢ 그림 7.4와 같이 동일한 곡선이라도 평가 범위에 따라 에코높이 영역이 달라질 수 있다.

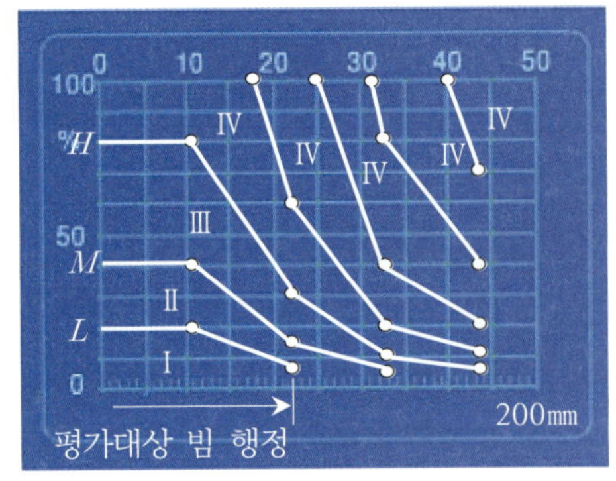

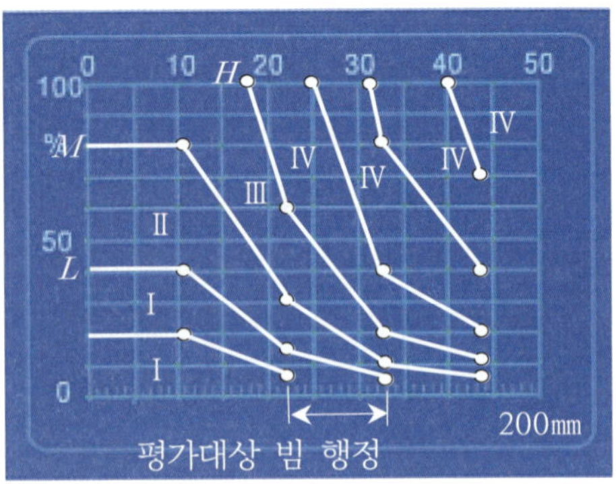

[그림 7.4] 영역 구분하기

ⓕ 시험체 두께, 실제 굴절각 및 측정범위로부터 화면상 시간축에 0.5skip 빔거리와 1skip 빔거리를 나타내면 에코높이 구분선이 완성된다.

④ 탐상감도를 선정한다.

ⓐ 굴절각 60° 또는 70°를 사용하는 경우의 탐상감도는 에코높이 구분선의 *H*선을 감도로 한다.

ⓑ 굴절각 45°를 사용하는 경우 에코높이 구분선의 *H*선에 맞도록 게인을 조정한 후 감도를 6dB 높여 이것을 탐상감도로 한다. 단, RB4 시험편을 이용할 경우 *H*선을 기준으로 한다.

ⓒ 검출레벨의 지점은 *L* 검출 레벨로 한다.

⑤ 판두께와 굴절각에 따라서 탐상면의 위치와 방향은 표 7.2에 의거 그림 7.5와 같이한다.

표 7.2 탐상면의 위치와 방향

판두께	굴절각	탐상면
40㎜ 이하	70°	한면 양쪽에서 직사법 및 1회 반사법
40㎜ 초과 60㎜ 이하	70° 또는 60°	
60㎜ 초과 100㎜ 이하	70°와 45° 또는 60°와 45°	
100㎜ 초과	70°와 45° 또는 60°와 45°	양면 양쪽에서 직사법

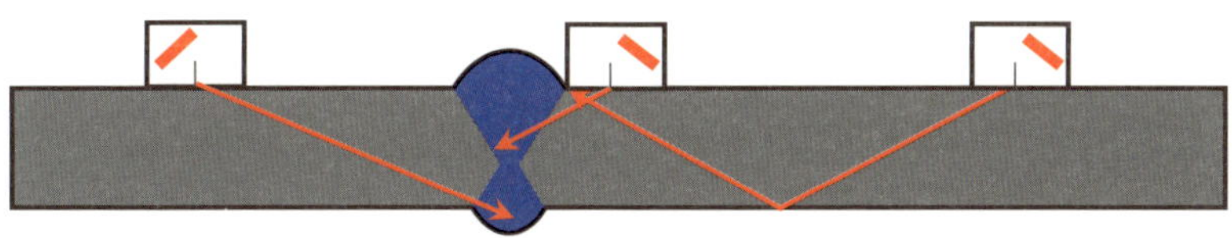

ⓐ 판 두께 100㎜이하의 맞대기 이음 용접부 탐상

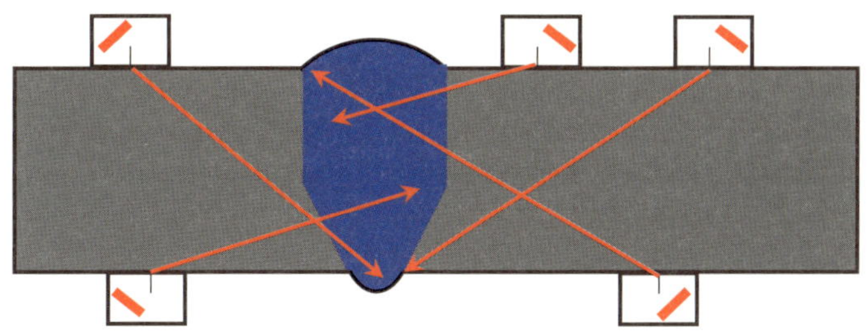

ⓑ 판 두께 100㎜초과하는 경우의 맞대기 이음 용접부 탐상

[그림 7.5] 탐상위치와 탐상범위 및 방향

⑥ 거친 탐상을 한다.

ⓐ 거친 탐상 시 감도는 결함 빠뜨림을 방지 하기위해 탐상 감도보다 6㏈ 높은 감도로 게인을 조정한다.

ⓑ 탐상면상에 분할선을 긋는다. 용접선을 중심으로 하고 양옆으로 0.5스킵거리의 간격으로 분할선을 긋고 그림 7.6과 같이 지그재그 주사하여 결함을 탐상한다.

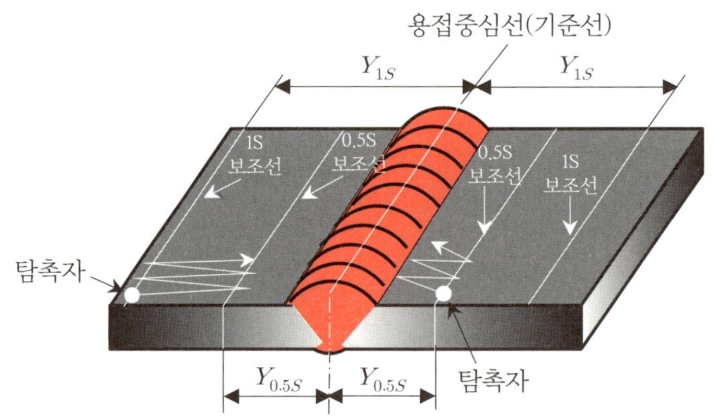

[그림 7.6] 탐상면상 분할선 긋기와 탐상방법

ⓒ 이상부를 검출한다. 교정 눈금판의 L선을 초과하는 에코를 검출한다.

ⓓ 결함을 확인 후 표시를 한다. L선을 초과하는 에코가 나타나면 최대에코가 되는 위치에 탐촉자를 놓고 탐촉자의 빔행정 거리로 반사된 곳의 위치와 방향 등으로부터 결함 여부를 확인 후 결함으로 판정되면 그 곳 용접부에 표시를 한다.

⑦ 정밀 탐상을 한다.

ⓐ 정밀 탐상에서는 거친 탐상에서 검출된 결함만을 대상으로 한다.

ⓑ 탐상감도는 규정한 H선 감도로 한다.

ⓒ 에코높이의 측정은 결함의 최대 에코높이를 검출하여 그 최대 에코높이가 교정 눈금판의 어느 영역에 있는가를 확인한다.

ⓓ 평가 대상 결함은 L검출 레벨이므로 최대에코의 높이가 L선을 초과하는 결함만을 평가의 대상으로 한다.

ⓔ 결함지시 길이를 측정한다.

㉠ 최대 에코높이를 표시하는 위치에서 좌우주사를 한다. 이 때 약간의 전후주사는 하지만 목돌림 주사는 하지 않는다.

㉡ 그림 7.7과 같이 에코높이가 L선을 초과하는 범위의 탐촉자 이동거리를 ㎜ 단위로 측정하여 결함지시 길이로 한다.

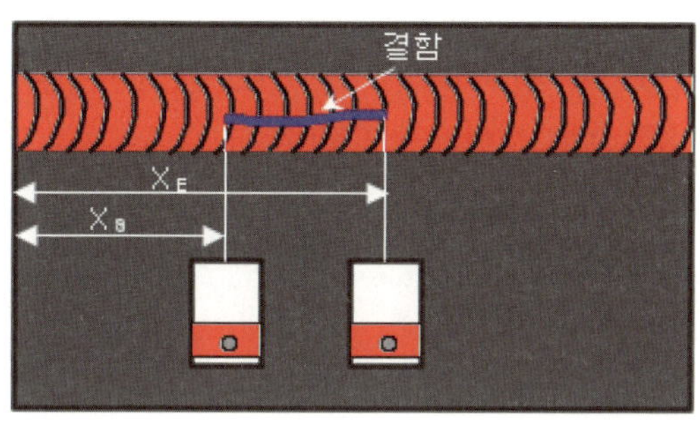

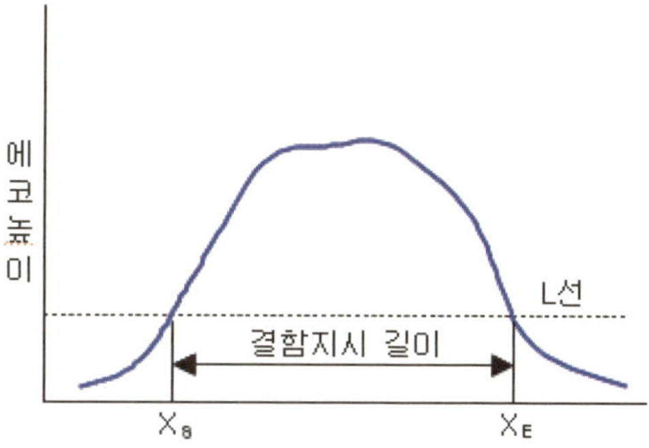

[그림 7.7] 결함지시 길이 측정

ⓕ 결함의 위치를 측정한다.

㉠ 결함의 길이방향의 위치는 결함지시 길이의 기점으로 표시한다.

㉡ 깊이 방향의 위치는 최대 에코높이를 표시하는 위치로 한다.

⑧ 결함을 분류한다.(표 7.3 참조)

표 7.3 결함 에코높이의 영역과 결함지시 길이에 따른 결함의 분류

단위: ㎜

분류 \ 판두께 ㎜ \ 영역	M 검출레벨의 경우는 Ⅲ L 검출레벨의 경우는 Ⅱ와 Ⅲ			Ⅳ		
	18 이하	18~60	60 이상	18 이하	18~60	60 이상
1류	6 이하	t/3 이하	20 이하	4 이하	t/4 이하	15 이하
2류	9 이하	t/2 이하	30 이하	6 이하	t/3 이하	20 이하
3류	18 이하	t 이하	60 이하	9 이하	t/2 이하	30 이하
4류	3류를 넘는 것					

⑨ 기록한다.

⑩ 반복 실습한다.

⑪ 정리 정돈한다.

7.2 T형 필릿 용접부 경사각탐상하기

- T형 필릿 용접부를 경사각 탐상하여 용접부에 나타나는 결함을 평가한다.
- T형 필릿 용접부 중 완전 용입부에 대하여 탐상을 실시하며 이면 에코의 가능성은 적지만 덧붙임 없는 면의 탐상은 원칙적으로 수직탐상을 실시해야 한다.
- 결함의 깊이 위치는 개선 가공한 판의 표면을 기준으로 하기도 하고 판 두께의 중심을 기준으로 하기도 한다.

1) 사용기재

① 접촉매질: 글리세린 수용액 등
② 탐촉자: 직접접촉용 경사각 탐촉자.
③ 신호원: 표준시험편 STB-A1, STB-A2, T형 용접부 시험체
④ 기타: 강철자, 각도기, 마킹펜 등

2) 측정방법

① 탐상 준비를 한다.

ⓐ 초음파 탐상기의 전원을 켠 후 약 5분간 예열을 한 후 시험감도 조정을 한다.

ⓑ 탐촉자와 초음파 탐상기를 연결한다.

ⓒ 탐상면에 스패터, 녹, 도료 등을 제거한다.

② 입사점, 굴절각 측정 및 측정범위를 조정한다.

ⓐ STB-A1의 R100면을 이용하여 입사점을 측정한다.

ⓑ STB-A1을 이용하여 굴절각을 표 7.4와 같이 측정한다.

표 7.4 판 두께에 따른 굴절각 선정 기준

판 두께	굴절각	탐상면
40mm 이하	70°	한면 한쪽에서 직사법 및 1회 반사법
40mm 초과 60mmmm 이하	70° 또는 60°	
60mm 초과	70°와 45° 또는 60°와 45°	양면 한쪽에서 직사법

ⓒ 측정범위의 조정

㉠ 판 두께에 따라 1skip 빔 거리 이상이 되도록 STB-A2의 판 두께를 고려하여

선정한다.

측정범위는 시험체 두께(t) 및 실제 굴절각(θ)으로부터 1skip 빔 진행거리(W_{1S}) 이상이 되는 범위를 선정해야 한다. 예를 들어 시험체의 두께(용접개선을 준 판의 두께)가 9㎜라면 W_{1S} = 2t/cos70°=2×10/cos70°=58.5㎜ 이므로 측정범위를 58.5㎜보다 큰 100㎜로 선정하면 STB-A2의 $W_{0.5S}$ =44㎜, W_{1S} = 88㎜가 되어 에코높이 구분선에 58.5㎜가 포함되려면 최소 STB-A2의 W_{1S} = 88㎜을 화면 시간 축에 표시해야 한다.

ⓛ STB-A1의 입사점 측정 측 위치에서 조정한다.

③ 에코높이 구분선의 작성 및 탐상 감도를 설정한다.

ⓐ STB-A2 를 이용하여 에코 높이 구분선을 작성 한다.

ⓑ 평가 대상이 되는 최대 빔 거리에 따라 H선을 선정한다.

ⓒ 탐상 감도는 H선 감도로 한다.

④ 거친 탐상

ⓐ 거친 탐상시의 감도는 결함의 빠뜨림을 방지하기 위하여 탐상 감도보다 6㏈ 높은 감도로 탐상한다.

ⓑ 탐상면상에 분할 선을 긋는다. 용접선을 중심으로 0.5 skip 거리의 간격으로 긋고 그림 7.8과 같이 지그재그 주사하여 결함을 탐상한다.

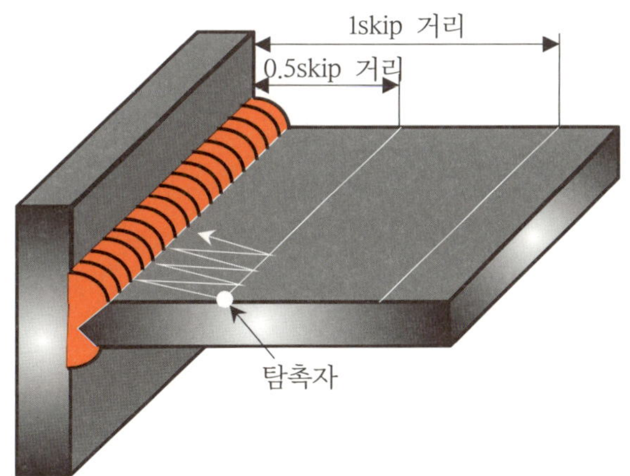

[그림 7.8] 탐상면 분할선 긋기

ⓒ 이상부의 검출은 교정 눈금판의 L 선을 초과하는 에코를 검출한다.

ⓓ 결함의 확인과 표시는 L 선을 초과하는 에코가 나타나면 최대 에코위치에는 결함여부 확인 후 결함의 실제위치 바로 표면에 표시한다.

⑤ **정밀 탐상을 한다.**

ⓐ 정밀 탐상에서는 거친 탐상에서 검출된 결함만을 대상으로 한다.

ⓑ 탐상 감도는 H 선 감도로 한다.

ⓒ 에코높이의 측정은 결함의 최대에코 높이를 검출하여 에코 높이 구분선상의 영역으로 측정한다.(그림 7.9 참조)

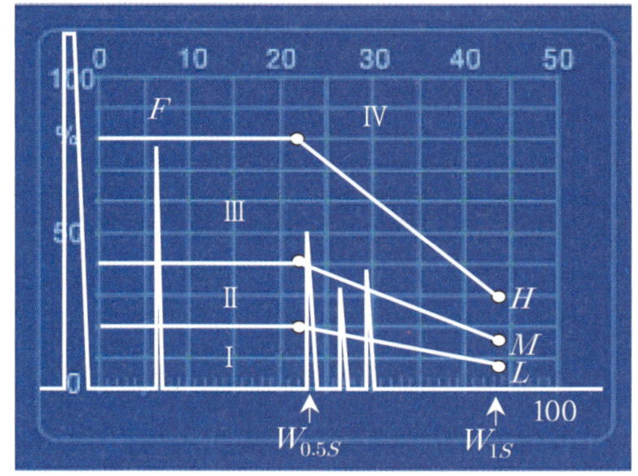

[그림 7.9] 에코높이의 측정

ⓓ 평가 대상 결함은 L 검출 레벨이므로 L선을 초과하는 결함만을 평가의 대상으로 한다.

ⓔ 결함 지시 길이의 측정은 에코 높이가 L선을 초과하는 범위의 탐촉자 이동거리를 ㎜ 단위로 측정하여 결함 지시 길이로 한다.

ⓕ 결함 위치의 측정

㉠ T형 용접부에서의 기준은 개선 가공된 판 두께의 중심을 기준으로 한다.

㉡ 결함의 깊이는 방향의 위치는 아래 공식에 의거 계산한다.(그림 7.10 참조)

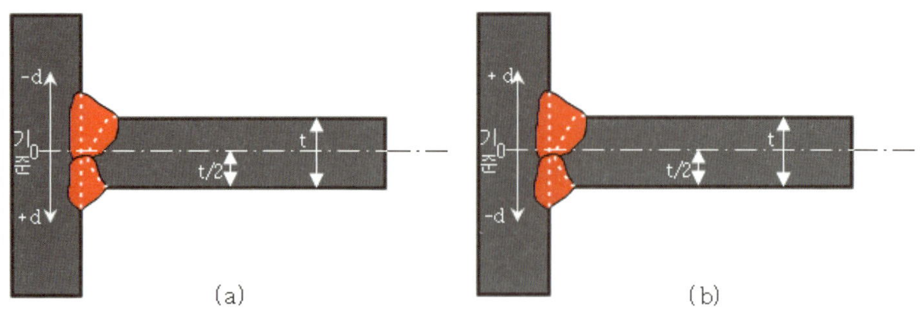

[그림 7.10] 결함깊이의 기준점

- 조건을 t: 개선 가공된 판 두께, W_f: 결함까지의 빔 거리, θ: 실측 굴절각, d: 결함의 깊이라고 할 때
- 그림 7.10의 (a)의 경우 결함이 직사법으로 검출되었을 때의 깊이를 구하는 공식은 $d = W_f \times \cos\theta - \frac{t}{2}$이 되고, 결함이 1회 반사법으로 검출되었을 때의 깊이를 구하는 공식은 $d = \frac{3}{2}t - W_f \times \cos\theta$이 된다.
- 만약 그림 7.10의 (b)와 같이 기준 설정 시 d가 바뀌었을 경우 결함이 직사법으로 검출되었을 때의 깊이는 $d = \frac{t}{2} - W_f \times \cos\theta$와 같이 되고, 결함이 1회 반사법으로 검출되었을 때의 깊이는 $d = W_f \times \cos\theta - \frac{3}{2}t$와 같이 된다.
- 또한 탐상면이 기준면이라면 평판 맞대기용접부와 똑같은 방법으로 결함을 평가하면 된다.(그림 7.11 참조)

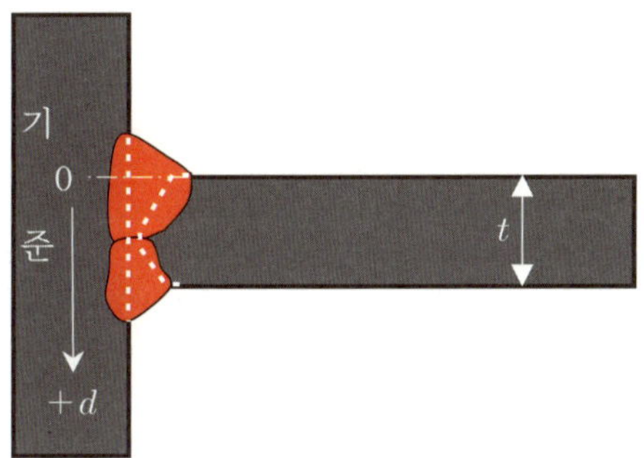

[그림 7.11] 탐상면이 기준면인 경우

㉢ 그림 7.12와 같이 탐촉자 입사점에서 용접부까지의 거리를 PWD라 할 때 용접부에서 결함까지의 거리는 $L = PWD - W_f \times \sin\theta$이다.

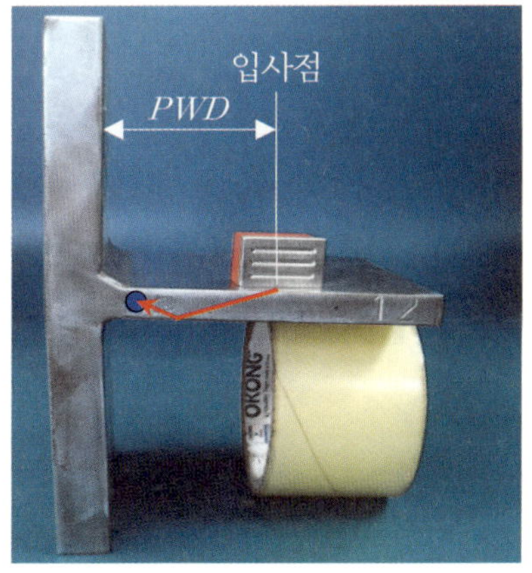

[그림 7.12] 결함의 위치

⑥ 등급분류를 한다.

맞대기 용접부 경사각 탐상과 동일하다.

⑦ 탐상 결과를 기록한다.

결함번호	기준면으로부터 결함까지의 거리	결함의 지시 길이	비고
1			
2			

⑧ 반복 실습한다.

⑨ 정리 정돈한다.

7.3 곡률 시험체의 경사각탐상하기

곡률 시험체를 경사각 탐상하여 시험체에 나타나는 결함을 검출하고 평가한다.

곡률 시험체의 길이이음 용접부인 경우 shoe 가공을 하지 않았을 때는 탐촉자의 접속이 불안전하여 음파의 손실이 클 뿐만 아니라 입사점과 굴절각이 달라질 수 있다. 따라서 항상 입사점이 시험체에 밀착하도록 탐촉자를 주사하여야 한다.(그림 7.13 참조)

곡률 시험체인 경우 결함의 실제 위치가 평판의 사각탐상의 기하학과는 일치하지 않으므로 계산에 의한 방법이나 작도법 등을 이용하여 오차를 줄여야 한다.

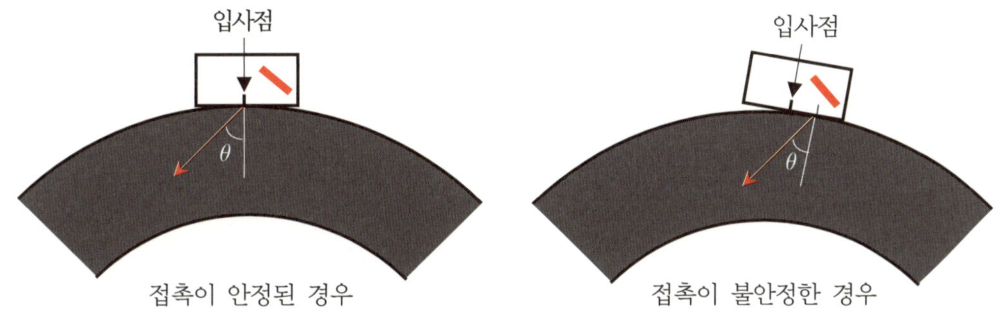

[그림 7.13] 곡면에서 탐촉자의 접촉

1) 사용기재

① 접촉매질: 글리세린 수용액 등
② 탐촉자: 직접접촉용 경사각 탐촉자
③ 신호원: 표준시험편 STB-A1, STB-A2, RB-A7, 곡률 시험체
④ 기타: 강철자, 각도기, 마킹펜 등

2) 측정방법

① 탐상준비를 한다.

ⓐ 탐상기 전원을 켜고 약 5 분간 예열을 한 후 시험 감도를 조정한다.
ⓑ 탐촉자와 초음파 탐상기를 연결한다.
ⓒ 탐상면에 초음파의 진행을 방해하는 스패터, 스케일, 도료, 도금 등을 제거한다.

② 입사점, 굴절각 측정 및 측정 범위를 조정한다.

ⓐ STB-A1 의 R100 면을 이용하여 입사점을 측정하고 입사점을 탐촉자 양 옆면에 표시해 두거나 기록해 둔다.

ⓑ 굴절각 측정은 STB-A1의 굴절각 측정 위치에서 측정한다.

ⓒ 측정 범위를 조정한다.

㉠ 측정범위의 선정은 시험체의 두께 및 굴절각으로부터 1skip 빔 거리 이상 되도록 100㎜, 125㎜, 200㎜, 250㎜, 400㎜, 500㎜ 중에서 선택한다.

㉡ STB-A1 의 입사점 측정 위치를 선정된 측정범위를 조정한다.

③ 탐상 감도를 조정한다.

ⓐ STB-A2의 $\phi 4 \times 4$로부터 0.5 skip 최대에코를 80[%] 되도록 조정하고 이때의 게인 값을 탐상 감도로 한다.(그림 7.14 참조)

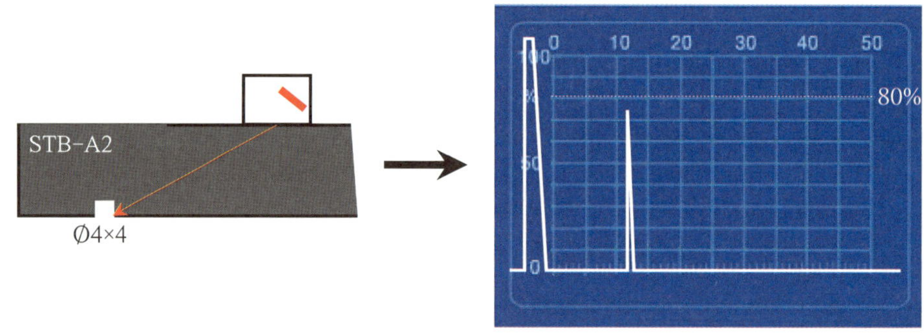

[그림 7.14] 탐상감도 조정의 예

④ 거친 탐상을 한다.

ⓐ 거친 탐상을 할 때의 감도는 결함의 빠트림을 방지하기 위하여 탐상 감도보다 6dB 높은 감도로 게인을 조정하여 탐상한다.

ⓑ 탐상면상 분할선 긋기는 탐상면을 0.5skip 거리 간격으로 분할선을 그어 탐상 시 빠트리는 면이 없도록 한다.

ⓒ 탐촉자의 입사점이 곡률에 접촉되게 하여 탐촉자를 지그재그 및 약간의 목돌림을 병행하면서 탐상한다.(그림 7.15 참조)

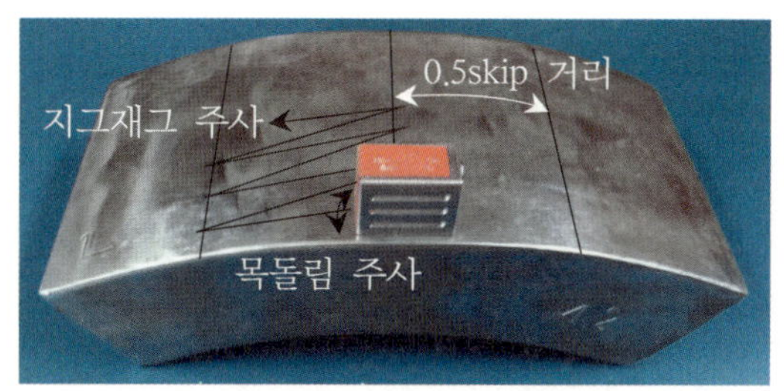

[그림 7.15] 곡률 시험체의 주사방법

ⓓ 거친 탐상 시 검출되는 결함은 결함 바로 위 표면에 적당히 마킹 한다.

⑤ 정밀 탐상을 한다.

ⓐ 정밀 탐상에서는 거친 탐상에서 검출된 결함만을 대상으로 하다.
ⓑ 탐상감도는 STB-A2 Ø4×4 0.5skip 최대 에코를 80%로 조정한 감도로 한다.
ⓒ 평가대상 결함은 결함으로 판단되는 모든 에코를 평가의 대상으로 한다.
ⓓ 결함 지시 길이의 측정은 6dB drop 법으로 한다. 단 결함의 길이 방향으로 탐촉자를 좌우 주사 시 입사점이 정확하게 곡률에 접촉되도록 유의하다.
ⓔ 결함위치를 측정(작도법에 의해)한다.
㉠ 시험체 탐상 도형 그리기
- 시험체 뒷면에 그림 7.16의 ㉮와 같이 종이를 대고 시험체 형상(곡률, 두께 등)을 그대로 종이 위에 옮긴다.
- 스케치용 종이 위 외면에 대해 법선 및 접선을 아래 절차에 따라 긋는다.(그림 7.16의 ㉯, ㉰, ㉱)
- 이미 그려진 법선 위에 또 하나의 법선을 일정한 간격을 두고 하나 더 그린다.(그림 7.16 ㉲ 참조)

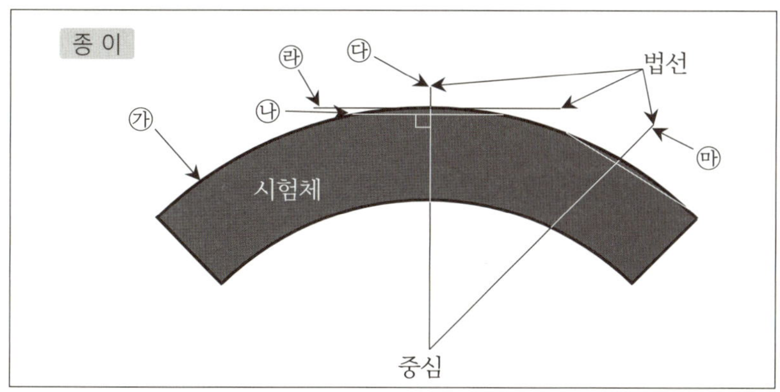

[그림 7.16] 종이에 탐상도형을 그리고 시험체의 중심을 찾는 방법

- 각도기의 중심을 접점과 일치시키고 그 법선과 이루는 각이 실측 굴절각이 되도록 직선을 긋는다. 이 직선이 시험체내로 입사하는 중심 음파 도형이 된다.

예를 들어 실측 굴절각이 45°일 때

- 결함의 깊이 방향의 위치(d)(그림 7.17 참조)

첫째, 결함을 검출하여 탐상기 화면상의 결함까지의 빔 거리(W_f)를 읽고 그 값을 탐상 도형상의 접점에서 0점으로 하여 중심 음파의 방향으로 W_f 만큼 떨어진 위치에 점을 표시한다.

둘째, 곡률의 중심과 점을 연결하는 직선을 긋는다.

셋째, 곡률의 외면(탐상면)과 표시된 점과의 거리를 자로 측정하면 그 값이 결함의 깊이(d)가 된다.

끝으로 탐촉자 입사점에서 결함까지의 거리는 도형상 접점 에서 그림 7.17의 A까지의 곡선 거리를 자로 측정하면 그 값이 탐촉자 입사점에서 결함까지의 거리가 된다.

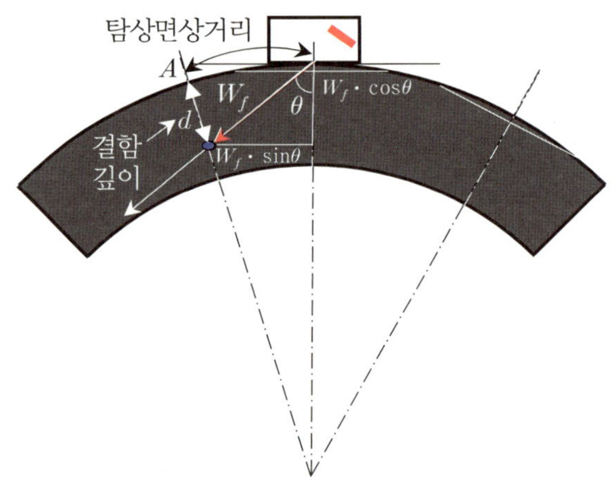

[그림 7.17] 결함의 위치 찾기

⑥ 탐상 결과를 기록한다.

⑦ 반복 실습한다.

⑧ 정리정돈한다.

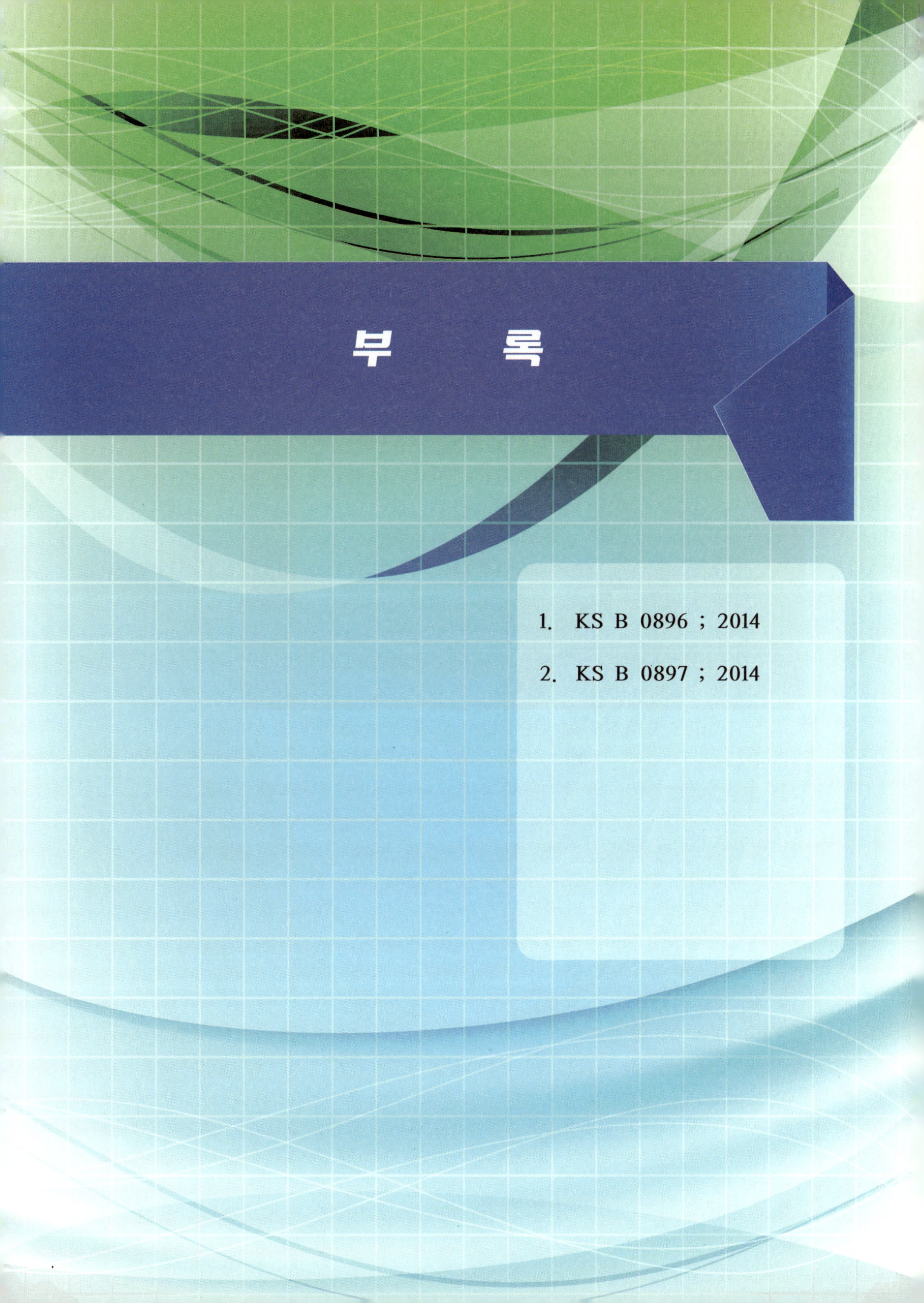
부 록
1. KS B 0896 ; 2014
2. KS B 0897 ; 2014

강 용접부의 초음파 탐상 시험방법
Method for ultrasonic examination for welds of ferritic steel

1. 적용범위

이 표준은 두께 6 mm 이상인 페라이트계 강의 완전 용입 용접부를 펄스 반사법을 사용한 기본 표시의 초음파 탐상기(이하, 탐상기라 한다.)에서 초음파 탐상 시험(이하, 탐상이라 한다.)을 수동으로 실시하는 경우의 흠의 검출방법, 위치 및 치수의 측정방법에 대하여 규정한다. 다만, 강관의 제조 공정 중의 이음 용접부에는 적용하지 않는다.

비고 부속서 A~F의 적용은 다음에 따른다.

a) **부속서** A는 탐상면이 평면인 용접부, 탐상면의 곡률 반지름이 1,000 mm 이상인 원둘레 이음 용접부 및 탐상면의 곡률 반지름이 1,500 mm 이상인 길이 이음 용접부의 시험에 적용한다.
b) 부속서 B는 탐상면의 곡률 반지름이 50 mm 이상 1,000 mm 미만인 원둘레 이음 용접부의 시험에 적용한다.
c) **부속서** C는 탐상면의 곡률 반지름이 50 mm 이상 1,500 mm 미만으로, 살 두께 대 바깥지름비가 13 % 이하인 길이 이음 용접부의 시험에 적용한다.
d) **부속서** D는 탐상면의 곡률 반지름이 150 mm 이상 1,500 mm 미만으로, 살 두께 대 바깥지름비가 13 % 이하인 강관 분기 이음 용접부의 시험에 적용한다.
e) **부속서** E는 탐상면의 곡률 반지름이 250 mm 이상 1,500 mm 미만으로, 살 두께 대 바깥지름비가 13 % 이하인 노즐 이음 용접부의 시험에 적용한다.
f) **부속서** F는 흠 에코 높이의 영역과 흠의 지시 길이에 따라 시험 결과를 분류하는 경우에 적용한다.

2. 인용표준

다음의 인용표준은 이 표준의 적용을 위해 필수적이다. 발행연도가 표기된 인용표준은 인용된 판만을 적용한다. 발행연도가 표기되지 않은 인용표준은 최신판(모든 추록을 포함)을 적용한다.

KS B 0161 표면 거칠기 정의 및 표시
KS B 0534 초음파 탐상 장치의 성능 측정방법
KS B 0535 초음파 탐촉자의 성능 측정방법
KS B 0537 초음파 탐상기의 전기적 성능 측정방법
KS B 0550 비파괴 시험 용어
KS B 0817 금속 재료의 펄스 반사법에 따른 초음파 탐상 시험방법 통칙
KS B 0831 초음파 탐상 시험용 표준 시험편

3. 용어와 정의

이 표준의 목적을 위하여 용어와 정의는 KS B 0550 및 다음을 적용한다.

3.1 페이스트 풀

상태의 접촉 매질

3.2 글리세린 페이스트

글리세린에 소량의 계면 활성제 및 증점제(增粘劑)를 첨가한 접촉 매질

3.3 접촉자 흠 거리
경사각 탐촉자의 입사점에서 흠까지의 탐상면 위에서의 거리

3.4 DAC 회로
DAC를 하기 위한 회로

3.5 DAC의 기점
DAC를 적용하는 최소 빔 노정

3.6 DAC의 기점 마크
DAC의 기점을 시간축 위에 표시하는 마크

3.7 DAC 범위
DAC의 기점에서 주어져 있는 최대보상량 한계의 빔 노정까지의 범위

3.8 DAC의 경사값
거리 진폭 특성 곡선의 에코 높이(dB 표시)와 빔 노정과의 관계를 직선에 가까운 것으로 가정하여 그 경사를 나타낸 것. 횡파냐 종파냐에 따라 dB/mm(횡파) 또는 dB/mm(종파)로 나타낸다.

3.9 DAC의 조정점
DAC를 조정할 때의 스킵점

3.10 횡파 음속비
판 두께 방향으로 전반(傳搬)시킨 경우에 횡파의 진동 방향을 주압연 방향(L 방향)으로 한 경우의 음속(C_{SL})과 주압연 방향에 직각인 방향(C 방향)으로 한 경우의 음속(C_{SL})과의 비$\left(\frac{C_{SL}}{C_{SC}}\right)$

3.11 흠의 지시 길이
탐촉자의 이동 거리에 의해 추정한 흠의 겉보기 길이

4. 시험 기술자
용접부 탐상에 종사하는 기술자는 탐상의 원리, 페라이트계 강의 용접부에 관한 지식 및 그 탐상에 대한 충분한 지식과 경험을 가진 자로 한다.

5. 초음파 탐상 장치의 기능 및 성능

5.1 탐상기

5.1.1 탐상기에 필요한 기능
탐상기에 필요한 기능은 다음에 따른다.

a) 탐상기는 1탐촉자법, 2탐촉자법 중 어느 것에도 사용할 수 있는 것으로 한다.
b) 탐상기는 적어도 2 MHz 및 5 MHz의 주파수로 동작하는 것으로 한다.
c) 게인 조정기는 1스텝 2 dB 이하에서, 합계 조정량은 50 dB 이상을 가진 것으로 한다.
d) 표시기는 그 위에 표시된 탐상 도형이 옥외의 탐상 작업에서도 지장이 없도록 선명하고, 에코의 상승과 머리부는 특히 선명하고 보기 쉬운 것으로 한다.
e) 보조 눈금판은 에코 높이 구분선 등을 쓸 수 있고 쉽게 착탈할 수 있으며, 시차에 의한 측정 오차가 작은 것으로 한다.
f) 게이트 범위는 10 mm～250 mm(횡파)의 범위에서, 경보 레벨은 표시기의 세로축 눈금 위 20%～80 %의 범위에서 임의로 설정할 수 있고, 소리 또는 빛에 의해 경보를 발하는 기능을 부속하고

있는 것으로 한다.

g) 연속적으로 조정할 수 있는 손잡이에서, 세로축과 시간축에 관계가 있고 사용 중에 움직일 가능성이 있는 것은 로크 기능이 부속되어 있는 것으로 한다.

h) DAC 회로를 내장하는 탐상기에는 DAC 회로의 스위치, DAC의 기점 및 경사를 조정하는 기능을 가진 것으로 한다.

1) DAC 회로의 스위치는 DAC 회로를 필요에 따라 쉽게 온 · 오프할 수 있는 기능을 가진 것으로 한다. 또한 이 스위치를 독립적으로 조작할 수 있는 것이 바람직하다.

2) 기점 및 경사를 조정하는 기능은 기점 및 경사값을 연속적으로 조정할 수 있고, 로크 기구가 부속되어 있는 것으로 한다.

i) DAC 회로를 내장하는 탐상기에는 기점 마크, DAC 사용 중의 표시 및 경사값의 표시 기능을 갖고 있는 것으로 한다.

1) 기점 마크가 탐상 도형 중에 표시되는 것으로 한다. 다만, 기점 마크가 에코 높이에 영향을 주는 방식인 것은 DAC 조정 후 그 마크를 소거할 수 있는 것이 바람직하다. 이 경우, 기점 마크를 소거하였을 때에 램프 또는 어떤 방법으로 DAC 회로를 사용하고 있다는 것을 알 수 있는 표시 기구로 되어 있는 것으로 한다.

2) 경사 손잡이에는 거리 진폭 특성 곡선의 경사에 대응하는 눈금을 붙이고, dB/mm(횡파) 또는 dB/cm(횡파) 중 어느 하나로 표시한다. 또한 다른 수치로 표시하는 경우는 그 값을 dB/mm(횡파) 또는 dB/cm(횡파)로 환산할 수 있는 표를 첨부한다.

5.1.2 탐상기에 필요한 성능

탐상기에 필요한 성능은 다음에 따른다.

a) 증폭 직선성은 KS B 0534의 5.2(증폭 직선성)에서 측정하여 ±3 %의 범위 내로 한다.

b) 시간축의 직선성은 KS B 0534의 5.3(시간축 직선성)에서 측정하여 ±1%의 범위 내로 한다.

c) 감도 여유값은 KS B 0534의 5.4(수직 탐상의 감도 여유값)에서 측정하여 40 dB 이상으로 한다.

d) 특별히 지정이 없는 경우, 탐촉자 케이블의 길이는 2 m로 한다.

e) 전원 전압의 변동에 대한 안정도는 사용 전압 범위 내에서 감도 변화는 ±1 dB의 범위 내로, 세로축, 시간축 및 DAC 기점의 이동량은 풀 스케일의 ±2 %의 범위 내로 한다.

f) 주위 온도에 대한 안정도는 기준 주위 온도(15℃~20℃)에서 20℃ 상승시킨 경우와 20℃ 하강시킨 경우의 탐상도형의 변화를 관측하여 에코 높이의 변동 및 시간축의 이동량을 10℃당으로 평가한다. 이때 에코 높이의 변동은 ±2 dB의 범위 내로, 시간축 및 DAC 기점의 이동량은 풀 스케일의 ±2 %의 범위 내로 한다.

g) DAC 회로를 내장하는 탐상기는 다음 성능을 가진 것으로 한다.

1) DAC 회로는 30 dB 이상 보상할 수 있는 성능을 갖고 있는 것으로 한다.

2) DAC의 기점은 강(鋼) 중의 횡파 환산의 빔 노정에서 적어도 0 mm~15 mm까지의 범위에서 임의의 위치로 조정할 수 있는 것으로 한다.

3) 경사값의 조정은 적어도 0.048 dB/mm~0.48 dB/mm(횡파)의 범위에서 가능한 것으로 한다.

4) 탐상기의 게인은 DAC 범위 및 그 전후에서 그 연속성을 가진 것으로 한다.

또한 DAC의 기점에서 왼쪽의 증폭 특성은 DAC 회로를 사용하고 있지 않을 때의 상태와 동등하게 한다.

5.1.3 탐상기의 성능 점검

탐상기는 5.1.2에 나타내는 a)~c)의 사항에 대하여 KS B 0534의 6.(정기 점검)에 따라, 장치의 구입 시 및 12개월 이내마다 점검하여 소정의 성능이 유지되고 있다는 것을 확인한다.

5.2 탐촉자

5.2.1 탐촉자에 필요한 기능

탐촉자에 필요한 기능은 다음에 따른다.

a) 탐촉자는 사용하는 탐상기에 적합한 것으로 한다.

b) 시험 주파수는 공칭 주파수의 90 %~110 %의 범위 내로 한다.

c) 입사점 측정을 쉽게 하기 위하여 경사각 탐촉자의 양쪽에는 1 mm 간격으로 가이드 눈금이 붙어 있는 것으로 한다.

d) 경사각 탐촉자의 진동자의 공칭 치수는 원칙적으로 표 1과 같이 한다. 다만, 탠덤 탐상에 사용하는 탐촉자의 진동자 공칭 치수는 특별히 규정하지 않는다.

[표 1] 경사각 탐촉자의 공칭 주파수와 진동자의 공칭 치수

공칭주파수(MHz)	진동자의 공칭 치수
2	10×10, 14×14, 20×20
5	10×10, 14×14

e) 수직 탐촉자의 진동자는 원형으로 하고, 그 공칭 지름은 표 2와 같이 한다.

[표 2] 수직 탐촉자의 공칭 주파수와 진동자의 공칭 치수

공칭주파수(MHz)	진동자의 공칭 지름
2	20, 28
5	10, 20

5.2.2 경사각 탐촉자에 필요한 성능

경사각 탐촉자에 필요한 성능은 다음에 따른다.

a) 접근 한계 길이는 표 3에 나타내는 값 이내로 한다. 다만, 탠덤 탐상에 사용하는 탐촉자의 최소 입사점 간 거리는 공칭 주파수 5 MHz, 공칭 굴절각 45°의 탐촉자에서 20 mm 이하로, 70°의 경우에 27 mm 이하로, 2 MHz, 45°의 경우는 25 mm 이하로 한다.

[표 3] 접근 한계 길이

진동자의 공칭 치수(mm)	공칭 굴절각(°)	접근 한계 길이(mm)
20×20	35	25
	45	25
	60	30
	65	30
	70	30
14×14	35	15
	45	15
	60	20
	65	20
	70	20

10×10	35 45 60 65 70	15 15 18 18 18

b) 공칭 굴절각의 값은 35°, 45°, 60°, 65°, 70° 중 하나로 한다. 공칭 굴절각과 STB 굴절각과의 차이는 상온(10℃~30℃)에서 ±2°의 범위 내로 한다. 다만, 공칭 굴절각 35°의 경우는 0°~+4°의 범위 내로 한다. 탠덤 탐상에서는 판 두께가 20 mm 이상 40 mm 미만인 경우에는 공칭 굴절각을 70°, 판 두께가 40 mm 이상인 경우에는 공칭 굴절각을 45°로 하고, 송신 및 수신용 탐촉자 각각의 STB 굴절각의 차이는 2° 이하로 한다.

c) A1 감도 또는 A2 감도는 사용하는 탐상기와 조합하여 KS B 0534의 5.8(경사각 탐상의 A1 감도 및 A2 감도)에 따라 측정하고 표 4에 나타내는 값 이상으로 한다.

[표 4] 경사각 탐촉자의 A1 감도 · A2 감도

공칭 굴절각(°)	A1 감도(dB)	A2 감도(dB)
35	40	40
45	40	40
60	40	20
65	40	20
70	40	20

d) 원거리 분해능은 사용하는 탐상기와 조합하였을 때, KS B 0534의 5.9(경사각 탐상의 분해능)에 따라 측정하여 공칭 주파수 2 MHz의 경우는 9 mm 이하, 5 MHz의 경우는 5 mm 이하로 한다.

e) 불감대는 사용하는 탐상기와 조합하였을 때, KS B 0535의 14.4(불감대)에 따라 측정하여 표 5에 나타내는 값 이하로 한다. 탠덤 탐상에 사용하는 탐촉자의 불감대는 특별히 규정하지 않는다.

[표 5] 경사각 탐촉자의 불감대

공칭 주파수(MHz)	진동자의 공칭 치수(mm)	불감대(mm)
2	10×10 14×14 20×20	25 25 15
5	10×10 14×14	15 15

f) 빔 중심축의 치우침은 KS B 0535의 14.1(빔 중심축의 치우침과 치우침 각)의 측정방법으로 측정하여 1° 단위로 읽고 이 각도가 2°를 넘지 않는 것으로 한다.

5.2.3 수직 탐촉자에 필요한 성능

수직 탐촉자에 필요한 성능은 다음에 따른다.

a) 사용하는 탐상기와 조합하여 STB V15-5.6의 에코 높이를 눈금판의 50%로 설정하고, 다시 감도를 30 dB 올렸을 때 노이즈 등의 에코 높이는 표시기 눈금의 10 % 이하로 한다.

b) 원거리 분해능은 사용하는 탐상기와 조합하였을 때 KS B 0534의 5.4(수직 탐상의 원거리 분해능)에 따라 측정하여 표 6에 나타내는 값 이하로 한다.

[표 6] 수직 탐촉자의 원거리 분해능

공칭 주파수(MHz)	분해능(mm)
2	9 이하
5	6 이하

c) 불감대는 사용하는 탐상 감도에서 송신 펄스 또는 표면 에코의 상승점에서 그 뒤 가장자리의 높이가 마지막으로 20 %가 되는 점까지의 길이로 하고, 강 중 거리에서 읽는다. 불감대의 값은 공칭주파수 5 MHz에서는 8 mm 이하, 2 MHz에서는 15 mm 이하로 한다. 사용하는 빔 노정이 50 mm 이상인 경우에는 불감대를 특별히 규정하지 않는다.

5.2.4 경사각 탐촉자의 성능 점검

사용하는 탐촉자는 5.2.2에 나타내는 사항에 대하여 구입 시 및 표 7에 규정한 기간 내에 점검하여 소정의 성능이 유지되고 있다는 것을 확인한다.

[표 7] 경사각 탐촉자의 성능 점검 시기

점검 항목	점검 시기
빔 중심축의 치우침	작업 개시 시 및 작업 시간 8시간 이내마다
A1 감도 A2 감도 접근 한계 길이 원거리 분해능 불감대	구입 시 및 보수를 한 직후

5.2.5 수직 탐촉자의 성능 점검

사용하는 수직 탐촉자는 5.2.3에 나타내는 사항에 대하여 구입 시와 적어도 1개월에 1회는 점검하고, 소정의 성능이 유지되고 있다는 것을 확인한다.

5.3 표준 시험편 및 대비 시험편

5.3.1 표준 시험편

이 표준에서 사용하는 표준 시험편(STB)은 KS B 0831에 규정하는 A1형 표준 시험편 및 A2형계 표준 시험편, 또는 A3형계 표준 시험편으로 한다.

5.3.2 대비 시험편

대비 시험편(RB)은 필요에 따라 감도 조정을 위하여 사용한다.

a) RB-4

1) RB-4는 그림 1 및 표 8에 나타내는 모양과 치수로, 시험체 또는 시험체와 초음파 특성이 비슷한 강재로 제작한다.
2) RB-4의 표면 상태는 시험체의 탐상면과 동등하게 한다.
3) 표준 구멍은 탐상면과 평행하게 가공한다.

그리고 그림 1에 규정하는 이외의 위치에 표준 구멍을 추가하여도 좋다.

b) 기타 대비 시험편

1) RB-A8은 부속서 B에 따른다.
2) RB-A6은 부속서 B에 따른다.
3) RB-A7은 부속서 C에 따른다.

단위: mm

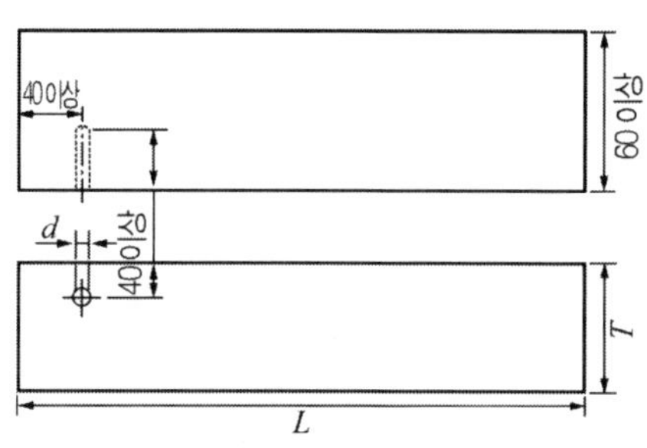

[그림 1] RB-4

여기에서 L : 대비 시험편의 길이. 대비 시험편의 길이는 사용하는 빔 노정에 따라 정한다.
T : 대비 시험편의 두께(표 8 참조)
d : 표준 구멍의 지름(표 8 참조)
l : 표준 구멍의 위치(표 8 참조)

[표 8] RB-4의 치수

단위: mm

시험편의 명칭	시험체의 두께 t	대비 시험편의 두께 T	표준 구멍의 위치 l	표준 구멍의 지름 d
No. 1	25 이하	19 또는 t[a]	$T/2$	2.4
No. 2	25 초과 50 이하	38 또는 t	$T/4$	3.2
No. 3	50 초과 100 이하	75 또는 t	$T/4$	4.8
No. 4	100 초과 150 이하	125 또는 t	$T/4$	6.4
No. 5	150 초과 200 이하	175 또는 t	$T/4$	7.9
No. 6	200 초과 250 이하	225 또는 t	$T/4$	9.5
No. 7	250 초과	t	$T/4$	b

a 시험체의 두께(t)와 대비 시험편의 두께(T)가 같은 경우에는 대비 시험편의 탐상면의 거칠기는 시험체 그대로 한다.

b 시험체의 두께가 250 mm를 넘는 경우는 두께가 50 mm 또는 그 끝수를 늘릴 때마다 대비 시험편의 표준 구멍의 지름을 1.6 mm 늘린다.

5.4 접촉 매질

접촉 매질은 탐상면의 거칠기와 탐상에 사용하는 공칭 주파수에 따라 표 9에 따른다.

[표 9] 탐상면의 거칠기와 접촉 매질

공칭 주파수 (MHz)	탐상면의 거칠기(R_{max})		
	30 μm 이하	30 μm 초과 80 μm 미만	80 μm 이상[a]
5	A	B	B
2	A	A	B

비고 1 접촉 매질은 임의로 한다.
2 농도 75 % 이상의 글리세린 수용액, 글리세린 페이스트 또는 음향 결합은 이것과 동등 이상이라는 것이 확인된 것으로 한다.

a 탐상면은 80 μm 미만으로 다듬질하거나 또는 감도를 보정한다.

5.5 탠덤 탐상의 지그

탠덤 탐상을 위한 지그는 송신 및 수신용 2개의 탐촉자를 적절하게 배치할 수 있고, 횡방형 탠덤 주사 또는 종방형 주사를 할 수 있는 것으로 한다.

6. 탐상 시험의 준비

6.1 탐상방법의 선정

용접부 탐상은 특별한 지정이 없는 한 초음파 빔을 용접선 방향에 대하여 수직으로 향한 1탐촉자 경사각법 및 직접 접촉법으로 실시한다. 수직법, 탠덤 탐상법, 경사 평행 주사, 용접선 위 주사 또는 분기 주사는 1탐촉자 경사각법 적용이 곤란한 곳이나 1탐촉자 경사각법으로 탐상하는 것보다 흠의 검출에 적합한 곳인 경우에 특별히 지정된 개소에 적용한다.

탠덤 탐상법은 탐상면에 수직인 그루브면 또는 루트면을 가지고 판 두께 20 mm 이상인 완전 용입 용접부에서 그루브면의 융합 불량 및 루트면의 용입 불량을 탐상하는 경우에 적용한다.

6.2 표준 시험편 또는 대비 시험편의 선정

탐상 감도의 조정에는 탐상 목적에 따라 A2형계 표준 시험편 또는 RB-4 중 어느 쪽을 미리 지정한다. 다만, 탐상면이 되는 시험체의 판 두께가 75 mm 이상인 경우, 또는 음향 이방성을 가진 시험체인 경우는 RB-4를 선정한다.

또한, 필요에 따라 각 부속서에 나타내는 대비 시험편을 선정한다.

6.3 수직 탐상에서의 시험편의 선정

표 10과 같이 사용하는 최대 빔 노정에 따라 RB-4의 No.3에서 No.7 중 어느 하나를 선정한다.

[표 10] 탐상 감도의 조정 및 에코 높이 구분선 작성을 위한 시험편의 선정 기준

사용하는 최대 빔 노정(mm)	적용하는 시험편
50 이하	RB-4의 No.3[a]
50 초과 100 이하	RB-4의 No.3 a 또는 4
100 초과 150 이하	RB-4의 No.4 또는 5
150 초과 200 이하	RB-4의 No.5 또는 6
200 초과 250 이하	RB-4의 No.6 또는 7
250 초과	RB-4의 No.7

a RB-4의 No.3은 두께 75 mm인 것을 사용할 것

6.4 주파수의 선정

경사각 탐상에 사용하는 주파수는 원칙적으로 표 11에 따른다.

또한 수직 탐상의 경우는 원칙적으로 표 12에 따른다. 다만, 초음파의 감쇠가 뚜렷한 시험체를 탐상하는 경우에는 표에 규정하는 것보다 낮은 주파수를 사용할 수 있다.

음향 이방성을 가지며 모재의 판 두께가 75 mm 이하인 시험체를 탐상하는 경우에는 2 MHz는 사용하지 않는다.

[표 11] 경사각 탐상에 사용하는 공칭 주파수

모재의 판 두께 t (mm)	공칭 주파수(MHz)
75 이하	5 또는 2
75를 넘는 것	2

[표 12] 수직 탐상에 사용하는 공칭 주파수

사용하는 최대 빔 노정(mm)	공칭 주파수(MHz)
40 이하	5
40 을 넘는 것	5 또는 2

6.5 검출 레벨의 선정

검출 레벨은 탐상 목적에 따라 M 검출레벨 또는 L 검출레벨 중 하나로 한다.

6.6 탐상 시기

용접부에 용접 후 열처리 등의 지정이 있는 경우에 탐상 시기는 원칙적으로 최종 열처리 후로 한다.

6.7 용접부 표면의 손질

덧살의 모양이 탐상 결과에 영향을 주는 경우에는 그 부분을 적절하게 다듬질한다.

6.8 탐상면의 손질

탐상면은 스패터, 나타난 스케일 및 초음파의 전달을 막는 뚜렷한 녹, 도료 등이 존재하지 않는 것으로 한다. 존재하는 경우에는 이를 제거한다.

6.9 모재의 탐상

경사각 탐상 시에 초음파가 통과하는 부분의 모재는 필요에 따라 미리 수직 탐상을 해서 탐상에 방해가 되는 흠을 검출하여 기록한다. 이 경우, 탐상 감도는 건전부의 제 2회 바닥면 에코 높이가 80%가 되도록 한다. 사용하는 탐촉자는 판 두께가 60 mm 이하인 경우는 공칭 주파수 5 MHz, Ø20 mm로 하고, 판 두께가 60 mm를 넘는 경우는 2 MHz, Ø28 mm로 한다.

6.10 음향 이방성의 검정

6.10.1 음향 이방성의 측정 장치

음향 이방성 측정 장치는 다음에 따른다.

a) 탐상 굴절각 및 굴절 각도차를 구하는 장치의 성능은 5.2 및 5.3에 준한다.

b) 탐상 굴절각 및 굴절 각도차를 구할 때 사용하는 송신 및 수신용의 2개의 경사각 탐촉자는 탐상에 사용하는 경사각 탐촉자와 같은 형식인 것으로 하고, 각각의 STB 굴절각의 차이는 2° 이내로 한다.

c) 횡파 음속비 측정에 사용하는 장치는 시험체 안에 횡파를 수직으로 전반시키는 횡파 수직 탐촉자를 사용할 수 있고, 유효 숫자가 3자리 이상이며, 음속, 횡파 음속비, 판 두께 또는 빔 노정을 측정할 수 있는 장치로 한다. 횡파 수직 탐촉자 대신에 횡파 전자 초음파 탐촉자를 사용할 수 있다.

d) 횡파 수직 탐촉자는 횡파의 진동 방향이 표시된 것으로 한다.

e) 횡파 수직 탐촉자를 사용하는 경우의 접촉 매질은 횡파용인 것으로 한다.

6.10.2 사용하는 시험편

음향 이방성 측정에 사용하는 시험편은 다음 중 하나로 한다.

a) 시험체

b) 시험체와 동일한 강판에서 채취한 평판 모양 시험편

6.10.3 음향 이방성의 추정

공칭 굴절각 70° 또는 65°의 탐촉자를 사용하여 탐상할 것이 규정되어 있는 경우에, 용접부의 모재에서의 음향 이방성의 유무가 분명하지 않으면 탐상면이 되는 모재의 음향 이방성을 추정한다.

a) 탐상에 사용하는 탐촉자 및 그것과 같은 공칭 굴절각의 탐촉자를 사용하여 6.10.4에 규정하는 굴

절 각도차를 측정하여 측정값이 3°를 넘는 경우는 음향 이방성이 있다고 추정한다.

b) 횡파 수직 탐촉자를 사용하여 탐상면 위에서 탐촉자를 회전시키면서 바닥면의 다중 에코를 관찰하여 $B_1 \sim B_5$ 사이에서 L 방향(주압연 방향) 진동의 횡파와 C 방향(판면 평행으로 L 방향과 수직인 방향) 진동의 횡파에 의한 바닥면 에코가 분리되는 경우는 음향 이방성이 있다고 추정한다. 음향 이방성이 있다고 추정되는 경우는 공칭 굴절각 60°의 탐촉자를 사용하여 6.10.4, 6.10.5, 6.10.6에 따라 음향 이방성 검정을 실시한다. 음향 이방성 추정을 생략하고 즉시 음향 이방성을 검정하여도 좋다.

6.10.4 굴절 각도차의 측정

탐상에 사용하는 경사각 탐촉자와 같은 형식의 공칭 굴절각 60°의 탐촉자를 사용하여 L 방향 또는 C 방향으로 그림 2와 같은 V 주사의 배치에서 표시기 위의 투과 펄스가 가장 높아지도록 탐촉자의 위치를 조정한다. 탐상 굴절각 θ_L 또는 θ_C는 투과 펄스가 가장 높아지는 위치에서의 입사점 간 거리 Y 및 실측판두께 t에서 다음 식에 따라 0.5°의 단위로 구한다.

$$\theta_L(\theta_C) = \tan^{-1}\frac{Y}{2t}$$

θ_L과 θ_C의 측정값의 차를 굴절 각도차로 한다.

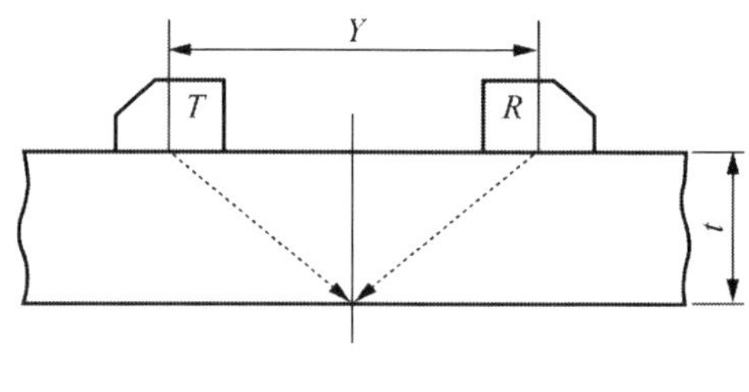

[그림 2] V 투과법

6.10.5 횡파 음속비의 측정

a) 시험편의 L, C 방향 확인 시험편의 주압연 방향이 불명확한 경우에는 다음과 같이 하여 L, C 방향을 확인한다. 횡파 수직 탐촉자를 시험편 표면에 눌러 대면서 회전시키고, 바닥면 에코의 위치에서 판독된 횡파의 음속의 측정값이 최대가 되고 바닥면 에코 높이가 최대가 될 때의 탐촉자의 진동 방향과 일치하는 방향을 L 방향으로 한다. L 방향에 직각인 방향이 C 방향이 된다.

b) 측정방법 횡파 음속비의 측정은 시험편 표면의 동일 개소에서 L 방향 및 C 방향으로 횡파 수직 탐촉자의 진동 방향을 맞추고, 다음 중 어느 한 방법에 따라 실시한다.

1) 음속계에 의한 경우 진동 방향을 L 방향 및 C 방향으로 하여 얻어진 횡파 음속값 C_{SL}(m/s) 및 C_{SC}(m/s)의 비 $\dfrac{C_{SL}}{C_{SC}}$를 소수점 이하 2자리까지 구하여 횡파 음속비로 한다.

2) 초음파 두께계에 의한 경우 진동 방향을 L 방향 및 C 방향으로 하여 얻어진 두께 t_L(mm) 및 t_C(mm)의 비 $\dfrac{t_C}{t_L}$를 소수점 이하 2자리까지 구하여 횡파 음속비로 한다.

3) 초음파 탐상기에 의한 경우 진동 방향을 L 방향 및 C 방향으로 하여 측정하였을 때 시간축 위의 시험체의 두께 차가 1% 이하에서 판독되는 경우에만 적용한다. 진동 방향을 L 방향 및 C 방향으로 하였을 때의 시험편의 제 1회 바닥면 에코의 빔 노정을 읽어서 그 값을 각각 W_{SL}, W_{SC}로 한다. 이 비 $\dfrac{W_{SC}}{W_{SL}}$를 소수점 이하 2자리까지 구하여 횡파 음속비로 한다.

6.10.6 음향 이방성의 검정

음향 이방성 검정은 6.10.4 또는 6.10.5 중 어느 한 방법으로 측정한 값을 기초로 실시하여, 다음의 a) 또는 b)에 해당하는 것은 음향 이방성이 있다고 판정한다.

a) 공칭 굴절각 60.의 경사각 탐촉자에 의한 굴절 각도차 측정에서 굴절 각도차가 2.를 넘는 경우

b) 횡파 음속비의 측정에서 횡파 음속비가 1.02를 넘는 경우

6.11 검정 결과의 처치

검정의 결과, 음향 이방성이 있다고 판정된 경우, 탐상에는 공칭 굴절각 65. 또는 60.의 탐촉자를 사용한다.

7. 초음파 탐상 장치의 조정 및 점검

7.1 경사각 탐상

7.1.1 입사점의 측정

입사점의 측정은 A1형 표준 시험편 또는 A3형계 표준 시험편을 사용하여 실시한다. 입사점은 1 mm 단위로 읽는다.

7.1.2 측정 범위의 조정

측정 범위는 사용하는 빔 노정 이상에서 필요 최소한으로 한다. 조정은 A1형 표준 시험편 또는 A3형계 표준 시험편을 사용하여 ±1 %의 정밀도로 실시한다. 다만, 시험체가 음향 이방성을 가진 경우에는 0.5스킵에 상당하는 빔 노정을 더한 값 이상에서 필요 최소한으로 한다.

7.1.3 STB 굴절각 및 탐상 굴절각의 측정

a) STB 굴절각 측정 STB 굴절각의 측정은 A1형 표준 시험편 또는 A3형계 표준 시험편을 사용하여 실시한다. STB 굴절각은 0.5° 단위로 읽는다.

b) 탐상 굴절각 측정 시험체가 음향 이방성을 가지며 공칭 굴절각 65° 또는 60°를 사용하는 경우의 탐상 굴절각 측정은 6.10.2의 시험편을 사용하여 그림 2에 나타내는 *V* 투과법에 따라 실시한다.

7.1.4 에코 높이 구분선의 작성

a) 에코 높이 구분선은 원칙적으로 실제로 사용하는 탐촉자를 사용하여 작성한다. 작성된 에코 높이 구분선은 눈금판에 기입한다.

b) A2 형계 표준 시험편을 사용하여 에코 높이 구분선을 작성하는 경우는 Ø4 mm×4 mm의 표준 구멍을 사용한다. RB-4를 사용하여 에코 높이 구분선을 작성하는 경우는 RB-4의 표준 구멍을 사용한다.

c) 에코 높이 구분선 작성에 있어서는 그림 3에 나타내는 위치에 탐촉자를 놓고, 각각의 가장 높은 에코(이하, 최대 에코라 한다.)의 피크 위치를 눈금판에 플롯한다. 그 각 점을 이어서 하나의 에코 높이 구분선으로 한다(그림 4 참조).

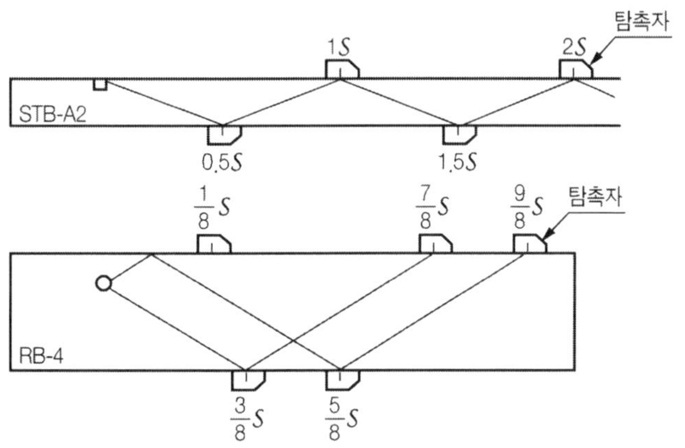

[그림 3] 에코 높이 구분선 작성을 위한 탐촉자 위치

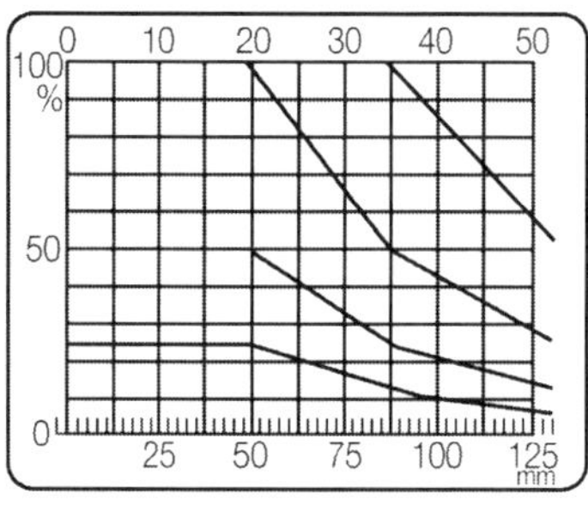

a) 5Z10×10A70, 측정 범위 125mm, STB-A2에 따른다.

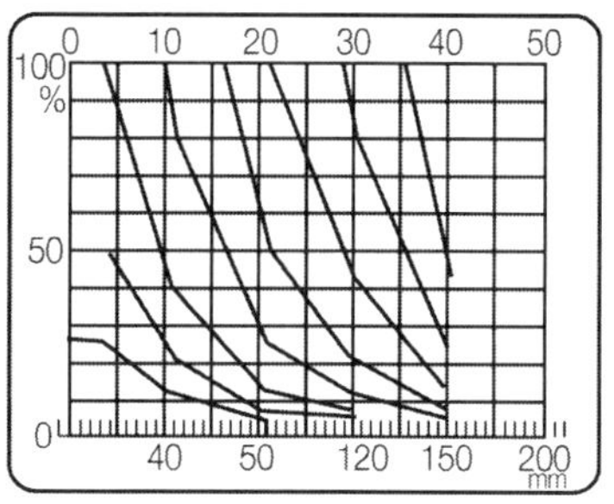

b) 5Z10×10A45, 측정 범위 200mm, RB-4(T=50mm)에 따른다.

[그림 4] 에코 높이 구분선의 작성 보기

d) A2형계 표준 시험편을 사용하는 경우, 0.5 스킵 거리 이내의 범위는 0.5 스킵의 에코 높이로 한다. 다만, 진동자 치수가 20 mm×20 mm 의 45°인 탐촉자는 1스킵 거리 이내의 범위는 1스킵의 에코 높이로 한다. RB-4를 사용하는 경우는 1/8스킵 거리 이내의 범위는 1/8스킵의 에코 높이로 한다. 다만, RB-4의 No.1을 사용하는 경우는 1/4스킵 거리 이내의 범위는 1/4스킵의 에코의 높이로 한다.

e) 이 에코 높이 구분선과 6 dB씩 다른 에코 높이 구분선을 3개 이상 작성한다.

7.1.5 영역 구분의 결정

a) H선, M선 및 L선의 결정 7.1.4에서 작성한 에코 높이 구분선 중 , 적어도 하위에서 3번째 이상의 선을 골라서 H선으로 하고 , 이것을 탐상 감도를 조정하기 위한 기준선으로 한다. H선은 원칙적으 로 흠 에코 평가에 사용하는 빔 노정의 범위에서 그 높이가 40 % 이하가 되지 않는 선으로 한다. H선보다 6 dB 낮은 에코 높이 구분선을 M선으로 하고, 12 dB 낮은 에코 높이 구분선을 L 선으로 한다(그림 5 참조).

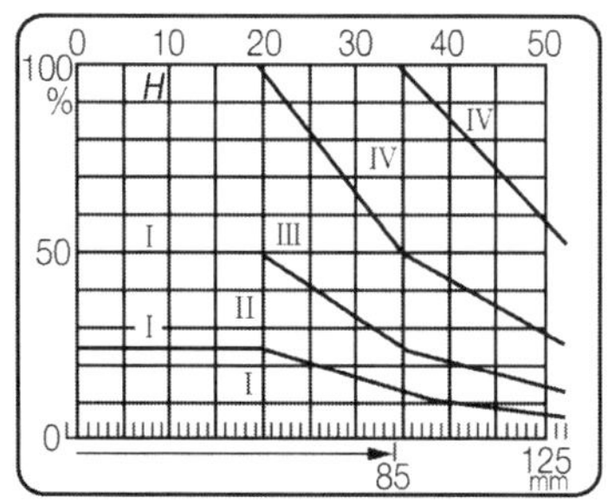

a) 측정범위가 125 mm 이며 평가하는 빔 노정이 85 mm까지인 경우에 밑에서 3 번째 구분선을 H선으로 한 보기
사용 탐촉자 : 5Z10×10A70

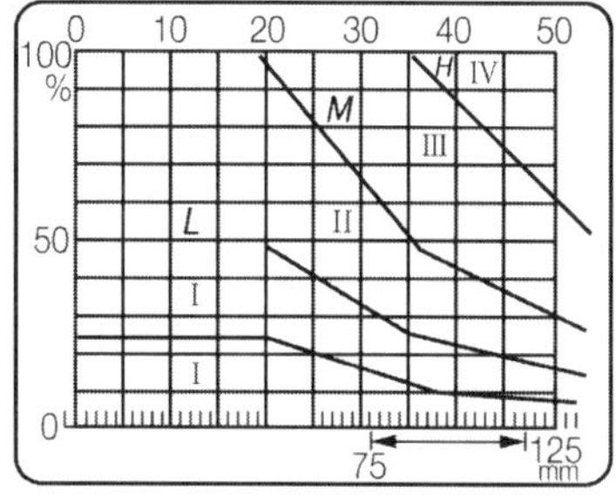

b) 측정 범위가 125 mm 이며 평가하는 빔 노정범위가 75 mm~115 mm 정도인 경우에 1 번 위의 구분선을 H선으로 한 보기
사용 탐촉자: 5 Z10×10A70

[그림 5] H선의 선택과 영역 구분의 보기

b) 에코 높이의 영역 구분 H선, M선 및 L선으로 나뉜 각각의 영역을 표 13과 같이 구분한다.

[표 13] 에코 높이의 영역 구분

에코 높이의 범위	에코 높이의 영역
L선 이하	Ⅰ
L선 초과 M선 이하	Ⅱ
M선 초과 H선 이하	Ⅲ
H선 초과	Ⅳ

7.1.6 탐상 감도의 조정

탐상 감도의 조정은 다음에 따른다.

a) A2형계 표준 시험편에 따른 경우 공칭 굴절각 60° 또는 70°를 사용하는 경우는 Ø4 mm×4 mm의 표준 구멍의 에코 높이가 H선에 일치하도록 게인을 조정하여, 필요에 따라 감도 보정량을 더하여 탐상 감도로 한다. 공칭 굴절각 45°를 사용하는 경우는 Ø4 mm×4 mm의 표준 구멍의 에코 높이가 H선에 일치하도록 게인을 조정한 후, 감도를 6 dB 높이고, 필요에 따라 감도 보정량을 더하여 탐상 감도로 한다. 감도 보정량을 구하는 방법은 부속서에 따른다.

b) RB-4에 따를 경우 표준 구멍의 에코 높이가 H선에 일치하도록 게인을 조정하고 탐상 감도로 한다.

c) 경사 평행 주사, 분기 주사 및 용접선 위 주사의 탐상 감도는 인수 인도 당사자 간의 협정에 따른다.

7.1.7 탐상 장치의 조정 및 점검 시기

입사점, STB 굴절각, 탐상 굴절각, 측정범위 및 탐상감도는 작업 개시시에 조정한다. 또한 작업 시간 4시간 이내마다 이를 점검하여 조정 시의 조건이 유지되고 있는지 확인한다.

7.2 수직 탐상

7.2.1 측정 범위의 조정

측정 범위는 사용하는 빔 노정 이상에서, 필요 최소한으로 한다. 조정은 A1형표준 시험편 등을 사용하여 ±1 %의 정밀도로 실시한다.

7.2.2 에코 높이 구분선의 작성

a) 에코 높이 구분선은 원칙적으로 실제로 사용하는 탐촉자를 사용하여 작성한다. 작성된 에코 높이 구분선은 눈금판에 기입한다. 사용하는 빔 노정이 50 mm 이하나 진동자의 공칭 지름이 10 mm 이며, 사용하는 빔 노정이 20 mm 이하인 경우에는 에코 높이 구분선은 작성하지 않는다.

b) 에코 높이 구분선의 작성에 있어서는 그림 6과 같이 $\frac{T}{4}$, $\frac{3T}{4}$, $\frac{5T}{4}$의 위치에 탐촉자를 놓고, 각각의 최대 에코의 피크 위치를 눈금판에 플롯한다.

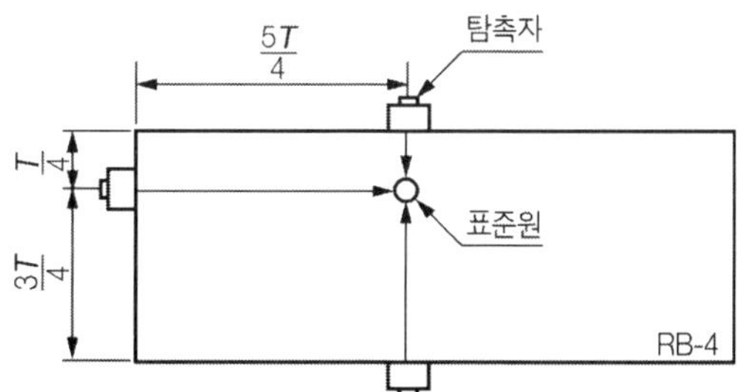

[그림 6] 에코 높이 구분선 작성을 위한 탐촉자 위치

c) 이 에코 높이 구분선과 높이가 6 dB 다른 에코 높이 구분선을 3개 이상 작성한다.

d) 그림 7 a)와 같이 각각 일정 탐상 감도로 눈금판에 플롯된 3점을 직선으로 이어서 하나의 에코 높이 구분선으로 한다.

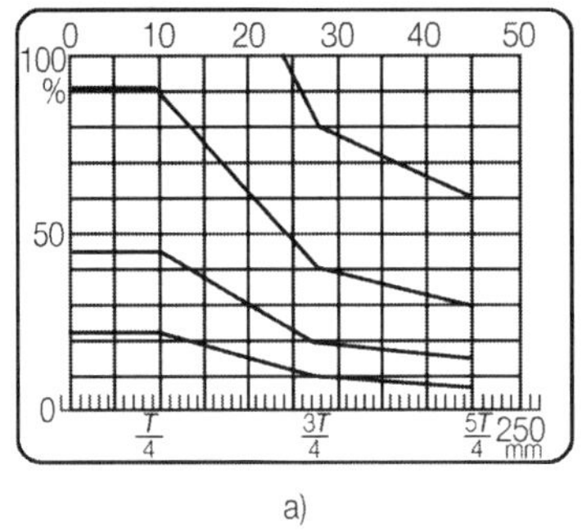

a)

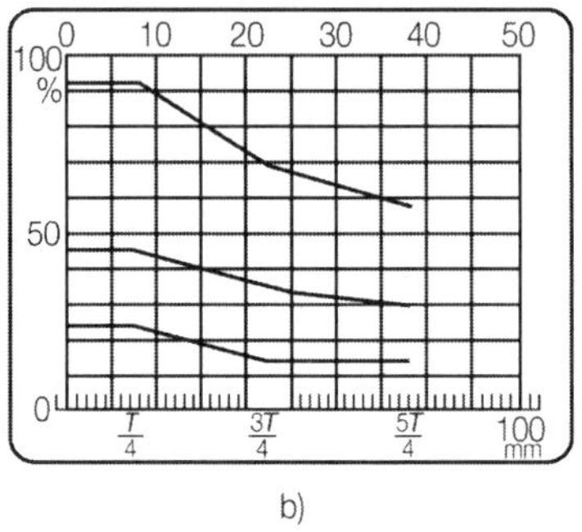

b)

[그림 7] 에코 높이 구분선의 작성 보기 사용 탐촉자: 5Z20N

7.2.3 영역 구분의 결정

영역 구분은 7.1.5에 따라 그림 8과 같이 결정한다.

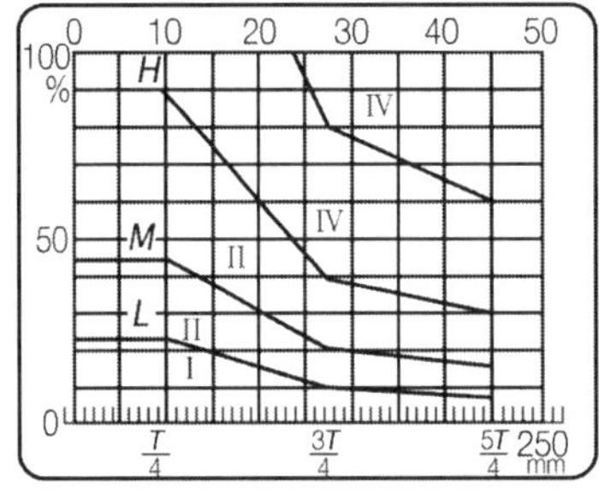

a) 빔 노정 75 mm 부근을 주된 탐상 범위로 하는 경우

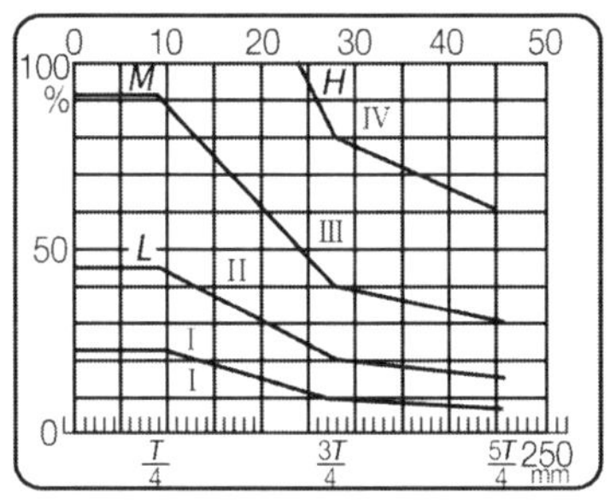

b) 빔 노정 150 mm 부근을 주된 탐상 범위로 하는경우

[그림 8] 영역 구분의 보기

7.2.4 탐상 감도의 조정

RB-4의 표준 구멍의 에코 높이가 H선에 일치하도록 게인을 조정한다.

7.2.5 탐상 장치의 조정 및 점검 시기

측정범위 및 탐상 감도는 작업 개시시에 조정한다. 또한 작업 시간 4시간 이내마다 이를 점검하고, 조정 시의 조건이 유지되고 있는지 확인한다.

7.3 탠덤 탐상

7.3.1 측정 범위의 조정

A1형 표준 시험편 또는 A3형 표준 시험편을 사용하여 1탐촉자법에 따라 측정 범위를 시험체의 거의 1스킵에 상당하는 빔 노정이 되도록 조정한 후 시험체를 V 주사하여, 최대 에코가 얻어진 빔 노정을 마커 등으로 표시한다.

7.3.2 에코 높이 구분선의 작성

탐상기의 눈금판 위에 미리 그림 9의 에코 높이 구분선을 만들어둔다. 눈금판의 40 % 높이의 선을 *M*선, 그것보다 6 dB 낮은 선을 *L*선, 6 dB 높은 선을 *H*선으로 한다.

7.3.3 영역 구분의 결정

영역 구분은 7.1.5에 따라 그림 9와 같이 결정한다.

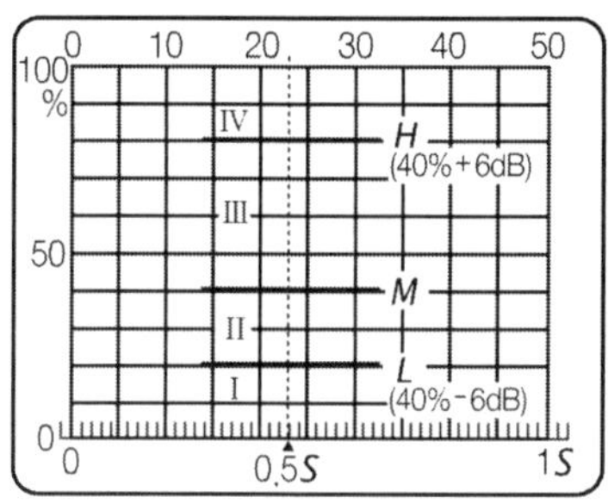

[그림 9] 에코 높이 구분선과 영역 구분의 보기

7.3.4 탐상 감도의 조정

a) 판 두께가 20 mm 이상 40 mm 미만인 경우 시험체의 건전부에서 *V* 주사를 하여 그 최대에코 높이가 *M*선에 일치하도록 게인을 조정한 후, 감도를 16 dB를 높여서 탐상 감도로 한다.
b) 판 두께가 40 mm 이상 75 mm 미만인 경우 시험체의 건전부에서 *V* 주사를 하여 그 최대에코 높이가 *M*선에 일치하도록 게인을 조정한 후, 감도를 10 dB 높여서 탐상 감도로 한다.
c) 판 두께가 75 mm 이상인 경우 시험체의 건전부에서 *V* 주사를 하여 그 최대 에코 높이가 M선에 일치하도록 게인을 조정한 후, 감도를 14 dB 높여서 기준의 감도로 한다. 탐상 감도는 탐상하는 판 두께 방향의 범위가 표면에서 $\frac{t}{4}$ 까지의 경우는 기준 감도보다 4 dB 낮고, $\frac{t}{4}$를 넘어서 $\frac{t}{2}$ 까지일 때는 기준 감도보다 2dB 낮고, $\frac{t}{2}$를 넘어 뒷면까지일 때는 기준 감도로 조정한다.

7.3.5 탐상 장치의 조정 및 점검 시기

입사점, STB 굴절각, 탐상 굴절각 , 측정범위 및 탐상 감도는 작업 개시 시에 조정한다. 또한 작업 시간 4시간 이내마다 이를 점검하여 조정 시의 조건이 유지되고 있는지 확인한다.

7.4 DAC 회로의 조정

7.4.1 측정 범위의 예비 조정

DAC 회로를 사용하지 않을 때의 상태에서 사용하는 탐촉자를 사용하여 A1형 표준 시험편 또는 A3형계 표준 시험편에 의해 정해진 측정 범위 시간축을 조정한다.

7.4.2 DAC의 조정점의 선택

DAC의 조정은 DAC의 기점 및 DAC의 조정점에 따라 실시한다.

a) DAC의 기점은 DAC 회로를 사용하지 않는 상태에서 작성한 거리 진폭 특성 곡선 위에서 최대 에코 높이가 얻어지는 점의 빔 노정 또는 그것보다 오른쪽 위치로 고른다.
b) DAC의 조정점은 DAC의 기점보다 오른쪽 스킵점 중에서 고른다. 이 위치는 사용하는 표준 시험편 또는 대비 시험편의 표준 구멍을 탐상하여 측정 범위를 고려하여 적절한 스킵점에서 고른다.

7.4.3 DAC의 기점 조정

a) A2형계표준 시험편또는 RB-4(또는 같은 목적의 시험편)의 표준 구멍을 7.4.2 b)에서 고른 1스킵 점에서 겨냥하여 그 에코 높이가 거리 진폭 특성 곡선에 일치하도록 게인을 조정한다. 그 위치에 탐촉자를 멈추고 DAC 회로를 작동시킨다. 이것에서 DAC 의 기점보다 앞의 에코 높이가 변화할 때는 DAC 회로를 사용하지 않을 때의 상태의 에코 높이가 되도록 다시 게인을 조정한다.

b) DAC 기점의 마크를 7.4.2 a)에서 고른 빔 노정에 맞춘다.

7.4.4 경사값의 조정

DAC의 기점을 조정한 상태에서 DAC 의 조정점의 에코 높이가 거리 진폭 특성 곡선의 DAC 의 기점에 상당하는 빔 노정의 에코 높이와 같아지도록 DAC 경사 손잡이에 의해 조정한다. 다음으로 다소의 전후 주사를 실시하여 최대 에코가 얻어지도록 재조정하고, 그때의 경사값을 읽어서 기록한다.

7.4.5 입사점의 측정 , 측정 범위의 조정 및 STB 굴절각의 측정

7.4.4의 상태에서 7.4.1에서 사용한 A1형 표준 시험편 또는 A3형계 표준 시험편 중 어느 하나에 따라 입사점을 측정하여 측정 범위를 조정한 후 STB 굴절각을 측정한다.

7.4.6 DAC 회로 사용 시의 에코 높이 구분선의 작성

a) 에코 높이 구분선은 원칙적으로 실제로 사용하는 탐촉자를 사용하여 작성한다. 작성된 에코 높이 구분선은 눈금판에 기입한다.

b) A2형계 표준 시험편을 사용하여 에코 높이 구분선을 작성하는 경우는 Ø4 mm×4 mm의 표준 구멍을 사용한다. RB-4를 사용하여 에코 높이 구분선을 작성하는 경우는 RB-4의 표준 구멍을 사용한다.

c) 7.4.2 a)에서의 최대 에코를 나타내는 스킵점에 탐촉자를 놓고, 그 에코 높이가 100 %를 넘지 않도록 게인을 조정하고, 그 에코 높이를 눈금판 위에 플롯한다.

d) c)의 상태에서 각 스킵점의 에코 높이를 플롯한다.

e) DAC의 기점의 에코 높이는 DAC의 조정점의 에코 높이와 같도록 하여 플롯한다.

f) 그 각 점을 이어서 하나의 에코 높이 구분선으로 한다.

g) STB-A2를 사용하는 경우, 0.5 스킵 거리 이내의 범위는 0.5스킵의 에코 높이로 한다. 다만, 진동자 치수가 20 mm×20 mm의 45.의 탐촉자인 경우에는 1스킵 거리 이내의 범위는 1스킵의 에코 높이로 한다. RB-4를 사용하는 경우, 플롯할 수 있는 최소 스킵 거리 이내의 범위는 그 최소 스킵 거리의 에코 높이로 한다.

h) 이 에코 높이 구분선과 6 dB씩 다른 에코 높이 구분선을 3개 이상 작성한다.

8. 탐상 시험

8.1 경사각 탐상

a) 평가의 대상으로 하는 흠 평가의 대상으로 하는 흠은 각 부속서에 규정하는 탐상 감도로 조정하여, *M* 검출 레벨인 경우에는 최대 에코 높이가 *M*선을 넘는 흠으로 하고, *L* 검출 레벨인 경우에는 최대 에코 높이가 *L*선을 넘는 흠으로 한다.

b) 탐상 감도 탐상 감도는 흠을 빠뜨리는 것을 막기 위하여 각 부속서에 규정한 탐상 감도보다 높게 할 수 있다 . 다만, 에코 높이의 측정 및 흠의 지시 길이를 측정할 때는 규정의 탐상 감도로 한다.

c) 에코 높이의 영역 최대 에코 높이를 나타내는 위치 및 방향으로 탐촉자를 놓고, 그 최대 에코의 피크가 어느 영역에 있는지를 읽는다.

d) 흠의 지시 길이 흠의 지시 길이는 최대 에코 높이를 나타내는 탐촉자 용접부 거리에서 좌우 주사하여 에코 높이가 *L*선을 넘는 탐촉자의 이동 거리로 한다. 이 경우, 약간의 전후 주사를 하지만 목회전 주사는 하지 않는다. 다만, 탐촉자를 접촉시키는 부분의 판 두께가 75 mm 이상으로 주파수 2

MHz, 진동자 치수 20 mm×20 mm인 탐촉자를 사용하는 경우에는 최대 에코 높이의 $\frac{1}{2}$(−6dB)을 넘는 탐촉자 이동 거리로 한다. 이 길이는 1 mm의 단위로 측정한다.

e) 흠 위치의 표시 표 10과 같이 흠의 횡단면 위치[깊이(d), 용접선에 직각 방향의 위치 (k)]는 최대 에코가 얻어지는 탐촉자의 위치(X_P)에서, 또한 평면 위치는 흠의 지시 길이 (l)의 시단(X_S) 및 종단(X_E)으로 표시한다.

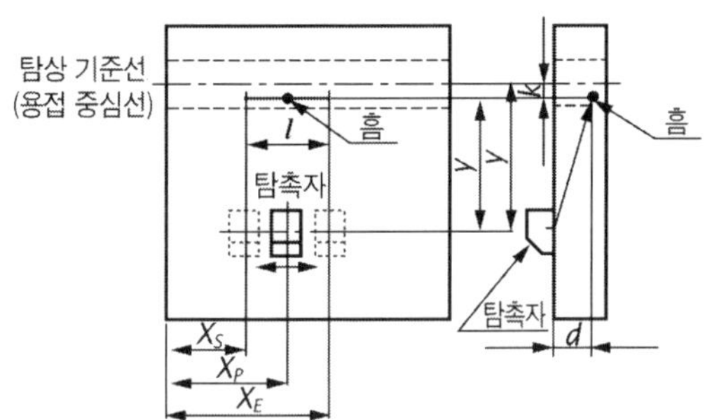

[그림 10] 흠 위치의 표시

8.2 수직 탐상

a) 평가의 대상으로 하는 흠 평가의 대상으로 하는 흠은 7.2.5에 규정하는 탐상 감도로 조정하여 M 검출 레벨인 경우는 최대 에코 높이가 M선을 넘는 흠으로 하고, L 검출 레벨의 경우에는 최대 에코 높이가 L선을 넘는 흠으로 한다.

b) 탐상 감도 탐상 감도는 흠을 빠뜨리는 것을 막기 위하여 규정된 탐상 감도보다 높게 할 수 있다. 다만, 에코 높이의 측정 및 흠의 지시 길이를 측정할 때는 규정된 탐상 감도로 한다.

c) 에코 높이의 영역 최높 에코 높이를 나타내는 위치 및 방향으로 탐촉자를 놓고, 그 최대 에코의 피크가 어느 영역에 있는지를 읽는다.

d) 흠의 지시 길이 흠의 지시 길이는 최대 에코 높이를 나타내는 위치를 중심으로 하여, 그 주위를 주사하여 에코 높이가 L선을 넘는 탐촉자의 이동 거리(긴 지름)로 한다. 이 길이는 1 mm의 단위로 측정한다. 다만, 탐촉자를 접촉시키는 부분의 판 두께가 75 mm 이상이며, 주파수 2 MHz인 탐촉자를 사용하는 경우의 흠의 지시 길이는 최대 에코 높이의 $\frac{1}{2}$(−6dB)을 넘는 탐촉자 이동 거리로 한다.

e) 흠의 위치 표시 흠의 횡단면 위치(깊이)는 최대 에코 높이가 얻어지는 탐촉자의 위치에서, 또한 평면 위치는 흠의 지시 길이의 시단 및 종단에서 표시한다.

8.3 탠덤 탐상

a) 탠덤 탐상의 적용범위

탠덤 탐상의 적용 판 두께 범위는 20 mm 이상으로 한다.

b) 탐상방법

1) 참조선 표시 탠덤 탐상을 실시하는 용접선 위에는 용접에 앞서, 그루브면에서 일정한 거리에 참조선을 마크한다.

2) 탠덤 기준선 결정 시험체의 탐상면이 되는 쪽의 판 두께(t) 및 송수 2탐촉자의 각각의 STB 굴절각 θ_T, θ_R에서 다음 식에 따라 l을 구하고, 그림 11과 같이 참조선에서 $l'-l$의 위치에 탠덤 기준선을 표시한다.

$$l = t \cdot \tan\left(\frac{\theta_T + \theta_R}{2}\right)$$

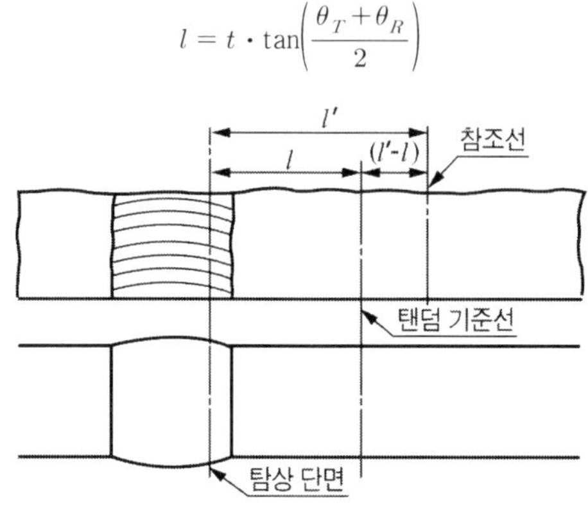

[그림 11] 탠덤 기준선 결정

3) 탐상 지그 설치 탐상 지그는 탠덤 기준선에 대하여 정확히 설치한다.
4) 탐상을 하는 면과 방향 탐상을 하는 면과 방향은 맞대기 이음인 경우는 한면 양쪽으로 하고, T 이음 및 각이음인 경우에는 한면 한쪽으로 한다.
5) 주사방법 탐촉자의 주사는 탠덤 기준선에 대하여 탐상 지그를 정확히 설치하고, 1탐상 단면마다 실시하는 횡방형 주사 또는 종방형 주사로 한다.
6) 탐상불능 영역 및용접금속내의 탐상방법 탐상 불능 영역이 되는 탐상 단면의 시험체 뒷면 부근 및 용접 금속 내는 8.1의 경사각 탐상 시험을 실시한다.

c) 평가의 대상으로 하는 흠 평가의 대상으로 하는 흠은 7.3.4에 규정하는 탐상 감도로 조정하고, M 검출 레벨인 경우에는 최대 에코 높이가 M선을 넘는 흠으로 하고, L 검출 레벨인 경우에는 최대 에코 높이가 L선을 넘는 흠으로 한다.
d) 탐상 감도 탐상 감도는 흠을 빠뜨리는 것을 막기 위하여 규정된 탐상 감도보다 높게 할 수 있다. 다만, 에코 높이의 측정 및 흠의 지시 길이를 측정할 때는 규정된 탐상 감도로 한다.
e) 에코 높이의 영역 최대 에코 높이를 나타내는 위치 및 방향으로 탐촉자를 놓고, 그 최대 에코의 피크가 어느 영역에 있는지를 읽는다.
f) 흠의 지시 길이 흠의 지시 길이는 최대 에코 높이를 나타내는 위치를 중심으로 하여 좌우 주사(약간의 전후 주사를 한다.)를 하며, M 검출 레벨인 경우에는 에코 높이가 M선을, L 검출 레벨인 경우에는 에코 높이가 L선을 넘는 범위의 탐촉자 이동 거리로 한다. 이 길이는 1 mm 단위로 측정한다.
g) 흠 위치의 표시 흠의 횡단면 위치(깊이, 용접선에 직각 방향의 위치)는 최대 에코 높이가 얻어지는 탐촉자의 위치에서, 또한 평면 위치는 흠의 지시 길이의 시단 및 종단에서 표시한다.

9. 기록

탐상을 한 후의 기록은 다음을 포함한다.

a) 시험 연월일
b) 시공업자 또는 제조자명
c) 공사 또는 제품명
d) 시험 번호 또는 기호
e) 시험 기술자의 서명 및 자격
f) 재질 및 치수
g) 용접방법 및 그루브 모양

h) 사용한 탐상기 명, 성능 및 점검 일시
i) 사용한 탐촉자, 성능 및 점검 일시
j) 사용한 표준 시험편 또는 대비 시험편
k) 탐상 부분의 상태 및 손질방법
l) 탐상 범위
m) 접촉 매질
n) 감도 보정량
o) 검출 레벨
p) 탐상 데이터[용접선 방향의 탐촉자 위치, 탐촉자 용접부 거리, 빔 노정, 최대 에코 높이(영역), 흠 의 지시 길이]
q) 흠의 횡단면 위치(깊이, 용접선에 직각 방향의 위치) 및 평면 위치(흠의 지시 길이의 시단 또는 종단)
r) 합격 여부와 그 기준
s) DAC 회로를 사용하였을 때는 다음을 기록한다.
   1) 탐상기 명 및 DAC 사용 시의 성능
   2) 탐촉자의 제조 번호 및 DAC 사용 시의 성능
   3) DAC의 기점 조정 거리
   4) DAC의 경사값
   5) DAC 사용 시의 에코 높이 구분선
t) 검정의 결과, 음향 이방성을 가진다고 검정된 경우, 다음을 기록한다.
   1) 공칭 굴절각
   2) STB 굴절각
   3) L, C, (Q) 방향 및 흠을 검출한 방향의 탐상 굴절각
   4) 굴절 각도차($\Delta\theta$)
   5) 횡파 음속비 및 그 측정방법
u) 탠덤 탐상법을 적용한 경우는 다음을 기록한다.
   1) 탐상 불능 영역
   2) 탐상 지그의 시방
   3) 탠덤 기준선의 위치
   4) 흠의 판 두께 방향의 위치(깊이)
v) 기타 사항(지정 사항, 협의 사항, 입회, 샘플링 방법 등)

A.1 적용범위

이 부속서는 평판 맞대기 이음 용접부, T 이음 용접부, 각 이음 용접부, 탐상면의 곡률 반지름이 1,000 mm 이상인 원둘레 이음 용접부 및 1,500 mm 이상의 길이 이음 용접부의 초음파 탐상 시험방법에 대하여 규정한다.

A.2 사용하는 표준 시험편 및 대비 시험편

사용하는 표준 시험편 및 대비 시험편은 원칙적으로 5.3에 나타내는 STB 또는 RB-4로 한다. 다만, 음향 이방성을 가진 시험체를 탐상하는 경우의 탐상 감도의 조정에는 RB-4를 사용한다.

A.3 사용하는 탐촉자

사용하는 탐촉자는 원칙적으로 표 A.1에 따른다.

[표 A.1] 사용하는 탐촉자의 공칭 굴절각

판 두께(mm)	사용하는 탐촉자의 공칭 굴절각(도)	음향 이방성을 가진 시험체의 경우에 사용하는 공칭 굴절각(도)
40 이하	70	65 또는 60 [a]
40 초과 60 이하	70 또는 60	
60 초과	70과 45의 병용 또는 60과 45의 병용	65와 45의 병용 또는 60과 45의 병용 [a]

[a] 공칭 굴절각 60°는 공칭 굴절각 65°의 적용이 곤란한 경우에 적용한다.

A.4 탐상 장치의 조정

A.4.1 측정 범위의 조정

측정 범위의 조정은 7.1.2, 7.2.1, 7.3.1 또는 7.4.5에 따른다.

A.4.2 입사점, STB 굴절각 및 탐상 굴절각의 측정

입사점의 측정은 7.1.1 또는 7.4.5에 따른다. STB 굴절각 및 탐상 굴절각의 측정은 7.1.3 또는 7.4.5에 따른다.

A.4.3 에코 높이 구분선의 작성

에코 높이 구분선의 작성은 7.1.4, 7.2.2, 7.3.2 또는 7.4.6에 따른다.

A.4.4 감도 보정량을 구하는 방법

A2형계 표준 시험편을 사용하여 감도 조정하는 경우의 감도 보정량은 다음에 나타내는 방법으로 구한다.

a) 사용하는 측정범위로 조정한 후 , 탐상에 사용하는 탐촉자 및 그와 같은 형식의 탐촉자를 탐상기에 2탐촉자를 적용하는 경우의 접속을 한다.
b) 실제 시험체 위에서 그림 A.1 a)에 나타내는 배치에서 투과 펄스가 가장 높아지도록 탐촉자 간 거리를 조절한다. 이 투과 펄스의 높이를 50 %로 하여 게인 눈금 V_1(dB)을 읽는다.
c) A2 형계 표준 시험편 위에서 그림 A.1 b)에 나타내는 배치에서 b)와 같은 순서에 따라 투과 펄스

의 높이를 50 %로 하는 게인 눈금 V_2(dB)를 읽는다.

d) 양자의 빔 노정이 일치하지 않는 경우는 그림 A.1 c) 와 같이 시험체에서의 빔 노정의 전후가 되는 빔 노정에서의 V_2의 값을 읽고, 내삽에 의해 참 V_2를 추정한다.

e) $|V_2 - V_1|$의 값을 감도 보정량으로 한다.

f) 구한 감도 보정량이 2 dB 이하인 경우에는 감도 보정은 하지 않는다.

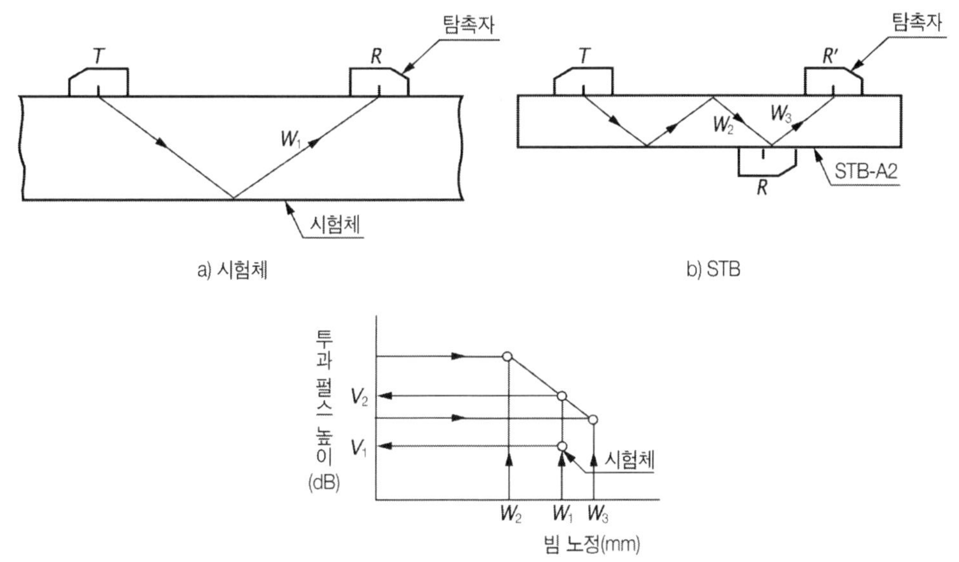

[그림 A.1] 감도 보정량을 구하는 방법

A.4.5 탐상 감도의 조정

탐상 감도의 조정은 7.1.6, 7.2.4 또는 7.3.4에 따른다.

A.5 탐상면, 탐상의 방향 및 방법

A.5.1 탐상면과 탐상방법의 선택

1탐촉자 경사각 탐상법을 적용하는 경우는, 탐상면과 탐상의 방향 및 방법은 원칙적으로 표 A.2에 따른다. 면과 옆은 그림 A.2와 같이 한다. 다만, 클래드 강판의 경우는 탐상면은 페라이트계 강쪽으로 한다.

[표 A.2] 탐상면, 탐상의 방향 및 방법

이음 모양	판 두께(mm)	탐상면과 방향	탐상방법
맞대기 이음	100 이하	한면 양쪽	직사법 및 1회 반사법
	100을 넘는 것	양면 양쪽	직사법
T 이음 각 이음	60 이하	한면 한쪽	직사법 및 1회 반사법
	60을 넘는 것	양면 한쪽	직사법

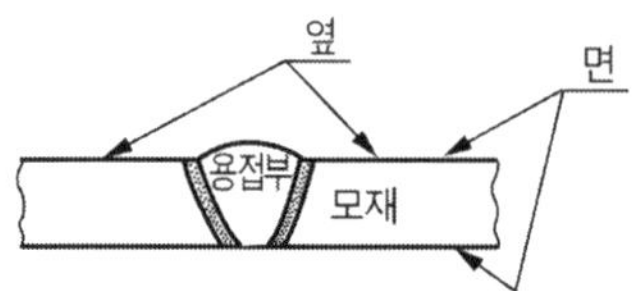

[그림 A.2] 면과 옆

A.5.2 탐상방법

탐상방법은 흠의 기울기에 따른 흠의 빠뜨림을 막기 위하여 그림 A.3~A.5와 같이 2 방향 이상의 초음파 빔의 방향으로 실시하는 방법으로 한다.

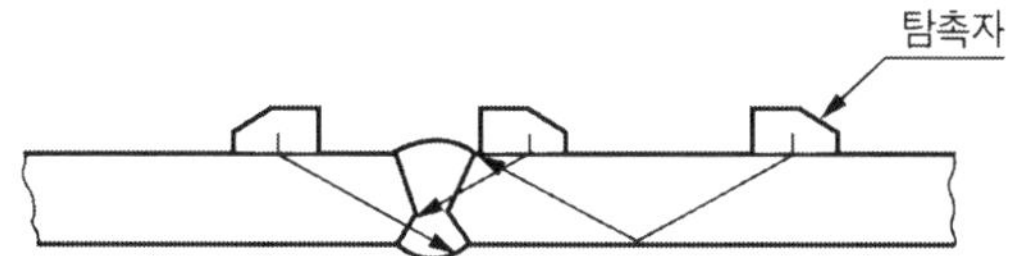

[그림 A.3] 판 두께 100 mm 이하의 맞대기 이음 용접부의 탐상

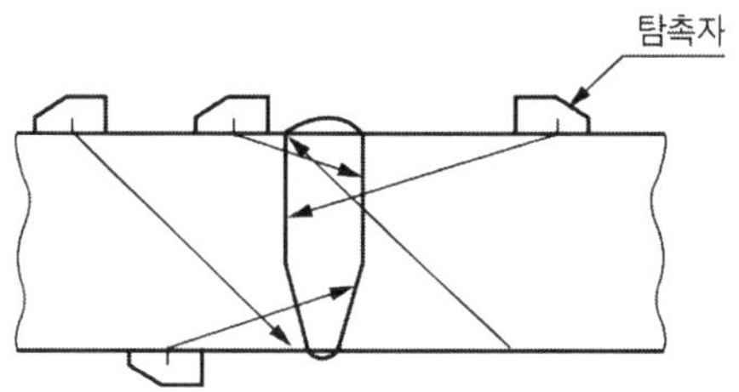

[그림 A.4] 판 두께 100 mm를 넘는 경우의 맞대기 이음 용접부의 탐상

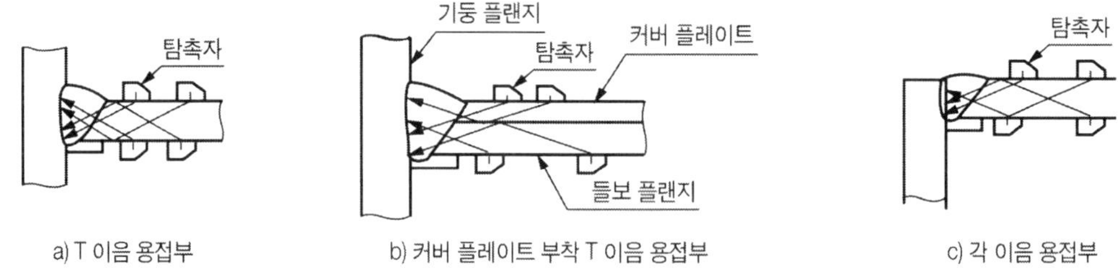

[그림 A.5] T 이음 및 각 이음 용접부의 경사각 탐상

A.6 흠 위치의 추정방법

흠을 검출한 경우, 탐촉자 용접부 거리, 빔 노정 및 STB 굴절각에서 흠 위치를 추정한다. 다만, 음향 이방성을 가진 시험체의 경우는 흠을 검출한 방향에서 구한 탐상 굴절각을 사용한다.

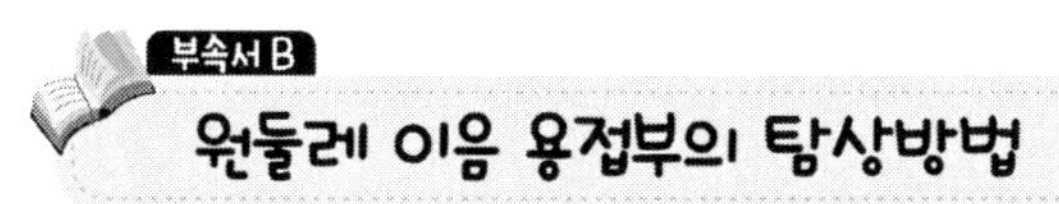

B.1 적용범위

이 부속서는 탐상면의 곡률 반지름이 50 mm 이상 1,000 mm 미만인 원둘레 이음 용접부의 초음파 탐상 시험방법에 대하여 규정한다.

B.2 사용하는 표준 시험편 및 대비 시험편

B.2.1 시험편의 적용범위

표준 시험편 및 대비 시험편은 탐상 장치의 조정 작업 항목 및 시험체의 곡률 반지름에 따라 그림 B.1에 따라 사용한다.

그리고 RB-A8 대신에 RB-A6을 사용할 수 있다.

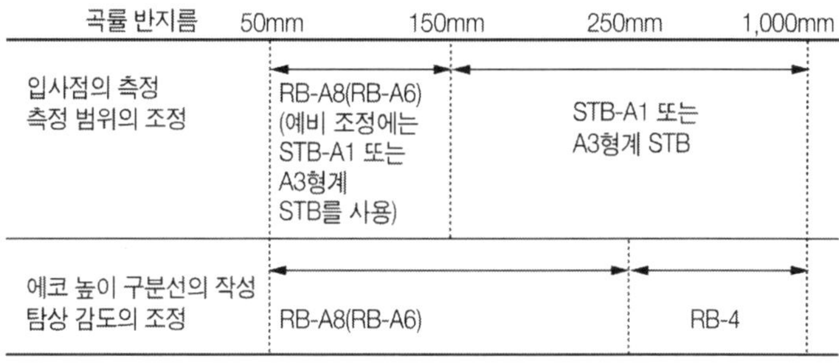

[그림 B.1] 시험편의 적용범위

B.2.2 대비 시험편 RB-A8(RB-A6)

대비 시험편 RB-A8 및 RB-A6은 다음과 같이 한다.

a) RB-A8은 그림 B.2, RB-A6은 그림 B.3에 나타내는 모양과 치수로, 시험체 또는 시험체와 초음파 특성이 비슷한 강재로 제작한다.

b) 음향 이방성을 가진 시험체를 탐상하는 경우의 대비 시험편은 시험체와 동일 강재로 제작한다.

c) RB-A8 및 RB-A6의 표면 상태는 시험체의 탐상면과 동등한 것으로 한다.

d) 대비 시험편의 곡률 반지름은 시험체의 곡률 반지름의 0.9배 이상 1.5배 이하로 하고, 그 살 두께는 시험체의 살 두께의 $\frac{2}{3}$배 이상 1.5배 이하로 한다. 다만, 대비 시험편의 살 두께가 19 mm 이하가 되는 경우는 19 mm로 한다.

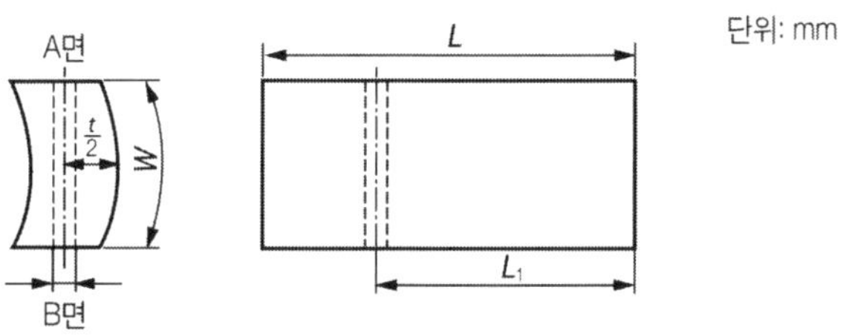

[그림 B.2] RB-A8

여기에서 L : 대비 시험편의 길이

L_1 : $\frac{5}{4}$ 스킵 이상의 길이, 40 mm 이상으로 한다.

W : 대비 시험편의 나비

t : 대비 시험편의 두께

단위 : mm

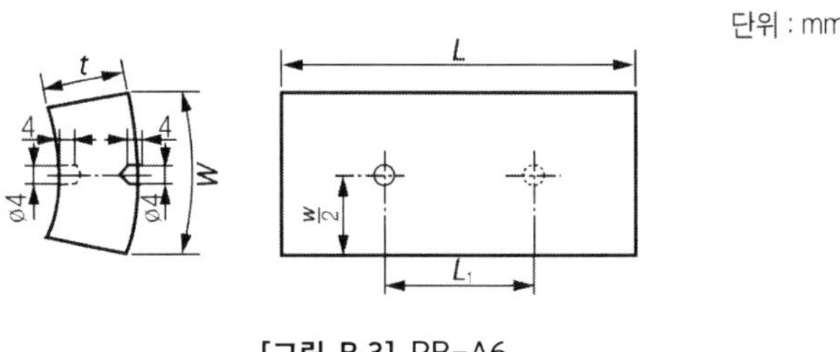

[그림 B.3] RB-A6

여기에서 L : 대비 시험편의 길이

L_1 : 1.5스킵 이상의 길이

W : 대비 시험편의 나비, 60 mm 이상으로 한다.

t : 대비 시험편의 두께

구멍의 수직도는 0.5° 이하로 한다.

구멍의 앞끝 각도는 118°로 한다.

구멍의 작은 모떼기를 하지 않는다.

B.3 사용하는 탐촉자

B.3.1 탐촉자의 접촉면

a) 곡률 반지름이 150 mm 이하인 시험체의 원둘레 이음 용접부를 탐상하는 경우는, 탐촉자의 접촉면은 시험체의 곡률에 맞추어야 한다. 탐촉자의 접촉면의 곡률 반지름은 시험체의 곡률 반지름의 1.1배 이상 2.0배 이하로 한다.

b) 곡률 반지름이 150 mm를 넘는 시험체의 원둘레 이음 용접부를 탐상하는 경우는, 탐촉자의 접촉 면의 곡면 가공은 하지 않는다.

B.3.2 탐촉자의 공칭 굴절각

사용하는 탐촉자의 공칭 굴절각은 원칙적으로 표 B.1에 따른다.

[표 B.1] 원둘레 이음의 탐상에 사용하는 탐촉자의 공칭 굴절각

살 두께(mm)	사용하는 탐촉자의 공칭 굴절각(도)	음향 이방성을 가진 시험체의 경우에 사용하는 공칭 굴절각(도)
40 이하	70	65 또는 60 [a]
40 초과 60 이하	70 또는 60	
60 초과	70과 45의 병용 또는 60과 45의 병용	65와 45의 병용 또는 60과 45의 병용 [a]

[a] 공칭 굴절각 60°는 공칭 굴절각 65° 적용이 곤란한 경우에 적용한다.

B.4 탐상 장치의 조정

B.4.1 측정 범위의 조정

B.4.1.1 RB-A8(RB-A6)을 사용하는 경우

a) 시간축의 예비 조정 시간축은 미리 수직 탐촉자를 사용하여 A1형 표준 시험편의 91 mm 또는 A3 형계 표준 시험편의 45.5 mm의 길이 부분을 사용하여 필요한 횡파의 측정 범위로 예비 조정한다.

b) 원점의 수정 원점의 수정은 다음 방법에 따른다. 다만, 음향 이방성을 가진 시험체의 경우에는 RB-6A을 사용한다.

1) RB-A8을 사용하는 경우

그림 B.4의 G와 H의 위치에서 각각의 에코 높이가 최대가 될 때의 겉보기 빔 노정 W_G와 W_H를 읽는다. 탐촉자를 다시 그림 B.4의 G의 위치에 놓고, 최대 에코를 나타내는 위치가 다음 조건에 일치하도록 제로점 조정만 하여 원점을 수정한다.

최대 에코의 위치 $= \dfrac{W_H - W_G}{2} - 1.5$

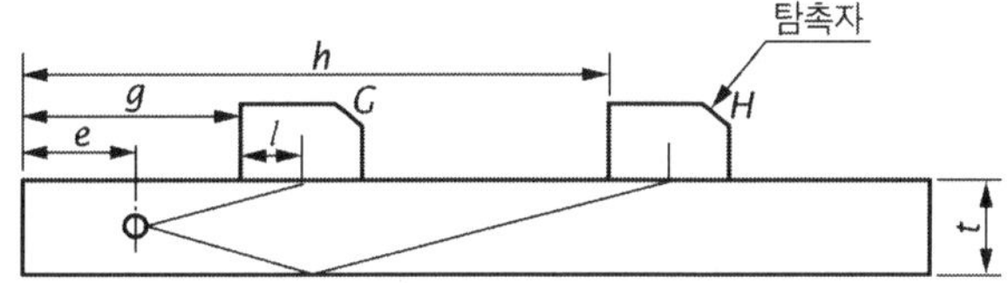

[그림 B.4] RB-A8에 따른 장치의 조정

2) RB-A6을 사용하는 경우

그림 B.5의 P와 R 또는 P와 Q의 위치에서 각각의 에코 높이가 최대 가 될 때의 겉보기빔노정 W_P와 W_R 또와 W_P와 W_Q를 읽는다 . 탐촉자를 다시 그림 B.5의 P의 위치에 놓고 최대 에코를 나타내는 위치가 다음 조건에 일치하도록 제로점 조정만을 하여 원 점을 수정한다.

최대 에코의 위치$= \dfrac{W_R - W_p}{2}$N 또는 $(W_Q - W_P)$

다만, 그림 B.5의 P의 위치에서의 빔 노정이 60 mm 이하인 경우에는 탐촉자를 Q의 위치에 놓고, 최대 에코의 위치가 $2(W_R - W_Q)$의 값에 일치하도록 제로점 조정만을 하여 원점을 수정한다.

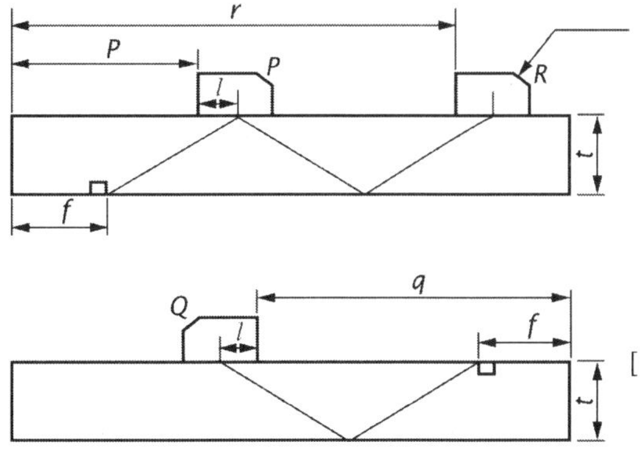

[그림 B.5] RB-A6에 따른 장치의 조정

B.4.1.2 A1형 표준 시험편 또는 A3형계 표준 시험편을 사용하는 경우

A1형 표준 시험편 또는 A3형계 표준 시험편을 사용하는 경우의 측정 범위는 7.1.2에 따라 조정한다.

B.4.2 입사점 및 탐상 굴절각의 측정

B.4.2.1 RB-A8(RB-A6)을 사용하는 경우

음향 이방성을 가진 시험체를 탐상하는 경우, 입사점 및 탐상 굴절각은 RB-A6을 사용하여 측정한다.

a) RB-A8을 사용하는 경우

그림 B.4의 G와 H의 위치에서 각각의 RB-A8의 끝면에서 탐촉자까지의 거리 g 및 h를 측정한다. 접근 한계 길이 l을 다음 식에 따라 산출하여 입사점의 위치를 결정한다.

$$l = e - \frac{3g - h}{2}$$

탐상 굴절각 θ는 g 및 h를 사용하여 다음 식에 따라 산출한다.

$$\theta = \tan^{-1}\left(\frac{h - g}{t}\right)$$

b) RB-A6을 사용하는 경우

그림 B.5의 P 및 R 또는 P 및 Q의 위치에서 각각의 에코 높이가 최대가 되도록 하여 RB-A6의 끝면에서 탐촉자 앞면까지의 거리 p 및 r 또는 p 및 q를 측정한다. 탐촉자 앞면에서 입사점까지의 거리 l을 다음 식에 따라 산출하여 입사점의 위치를 구한다.

$$l = f - \frac{3p - r}{2} \quad \text{또는} \quad l = q + f - 2p$$

탐상 굴절각 θ는 그림 B.5의 p 및 r 또는 p 및 q를 사용한 다음 식에 의해 산출한다.

$$\theta = \tan^{-1}\left(\frac{r - p}{2t}\right) \quad \text{또는} \quad \theta = \tan^{-1}\left(\frac{q - p}{t}\right)$$

다만, 그림 B.5의 P의 위치에서의 빔 노정이 60 mm 이하인 경우에는 q 및 r을 측정하여 다음식에 따라 산출한다.

$$\theta = \tan^{-1}\left(\frac{r - q}{t}\right)$$

B.4.2.2 RB-4를 사용하는 경우

RB-4를 사용하는 경우의 입사점 및 탐상 굴절각은 7.1.1 및 7.1.3에 따라 측정한다.

B.4.3 에코 높이 구분선의 작성

B.4.3.1 RB-A8(RB-A6)을 사용하는 경우

에코 높이 구분선은 사용하는 탐촉자를 사용하여 7.1.4에 준하여 다음 순서로 작성한다. 다만, 음향 이방성을 가진 시험체를 탐상하는 경우의 에코 높이 구분선은 RB-A8을 사용하여 작성한다.

a) RB-A8을 사용하는 경우

1) $\frac{1}{4}$ 스킵, $\frac{3}{4}$ 스킵 및 $\frac{4}{5}$ 스킵의 최대 에코의 피크 위치를 눈금판 위에 플롯한다. 그러한 3점을 직선으로 연결하여 하나의 에코 높이 구분선으로 한다.

2) 1 스킵의 점에서 왼쪽은 수평으로 선을 긋는다.

b) RB-A6을 사용하는 경우

1) 0.5 스킵과 1.0스킵, 또는 1.0스킵과 1.5스킵의 최대 에코의 피크 위치를 눈금판에 플롯하여, 그들 2점을 직선으로 연결한다.

2) 0.5스킵의 점에서 왼쪽은 수평으로 선을 긋는다.

B.4.3.2 RB-4를 사용하는 경우

RB-4를 사용하는 경우의 에코 높이 구분선은 7.1.4에 따른다.

B.4.4 감도 보정량을 구하는 방법

B.4.4.1 RB-A8(RB-A6)을 사용하는 경우

RB-A8(RB-A6)을 사용하는 경우는 원칙적으로 감도 보정은 하지 않는다.

B.4.4.2 RB-4를 사용하는 경우

a) 시험체를 바깥면에서 탐상하는 경우

곡률 반지름이 250 mm 이상으로 바깥면에서 탐상하는 경우의 감도 보정량은 사용하는 경사각 탐촉자의 공칭 주파수, 진동자의 공칭 치수 및 탐촉 매질에 의해 그림 B.6 및 그림 B.7에서 1 dB의 정밀도로 구한다. 다만, 감도 보정량이 2 dB 이하인 경우에는 감도 보정은 하지 않는다.

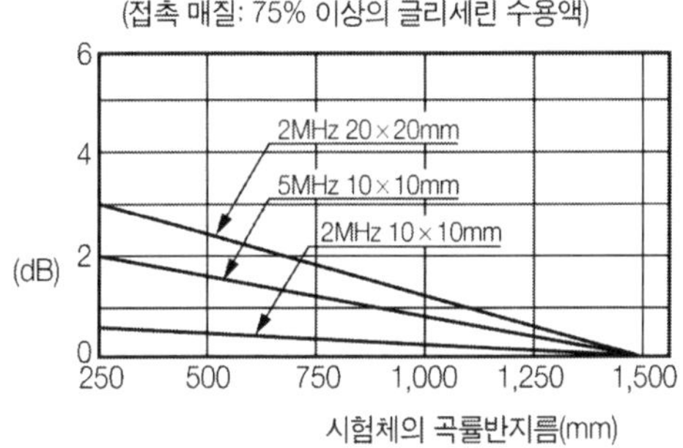

[그림 B.6] 원둘레 이음의 곡률에 의한 감도 보정량

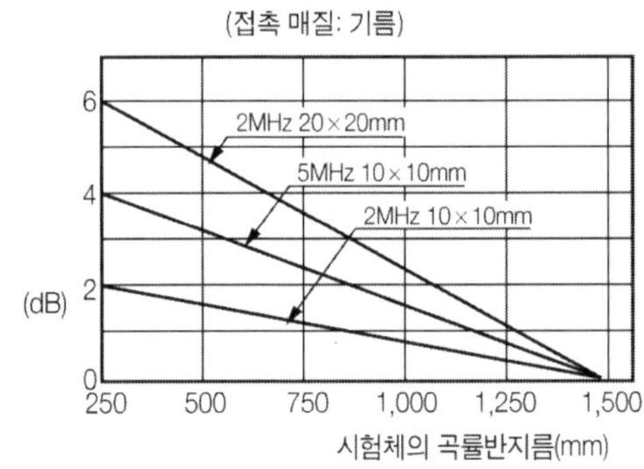

[그림 B.7] 원둘레 이음의 곡률에 의한 감도 보정량

b) 시험체를 내면(오목면)에서 탐상하는 경우

1) 사용하는 경사각 탐촉자와 동일한 형식인 2개의 경사각 탐촉자를 그림 B.8 a)와 같이 맞대고, 투과 주사($T-R1$의 배치) 및 V 주사($T-R2$의 배치)에서 투과 펄스가 가장 높아지도록 탐촉자 간 거리를 조정한다. 구한 2개의 투과 펄스의 피크를 플롯하여 직선으로 연결한다[그림 B.8 c) 참조].

2) 1)과 같은 감도로 그림 B.8 b)와 같이 2개의 탐촉자를 탐상 방향에 맞춰서 배치하고, V 주사를

하여 투과 펄스가 가장 높아지도록 탐촉자 간 거리를 조정한다. 다음으로 그 빔 노정에서의 투과 펄스 높이의 차를 1 dB 단위(반올림)로 읽고 그것을 감도 보정량으로 한다. 다만, 감도 보정량이 2 dB 이하인 경우에는 감도 보정은 하지 않는다.

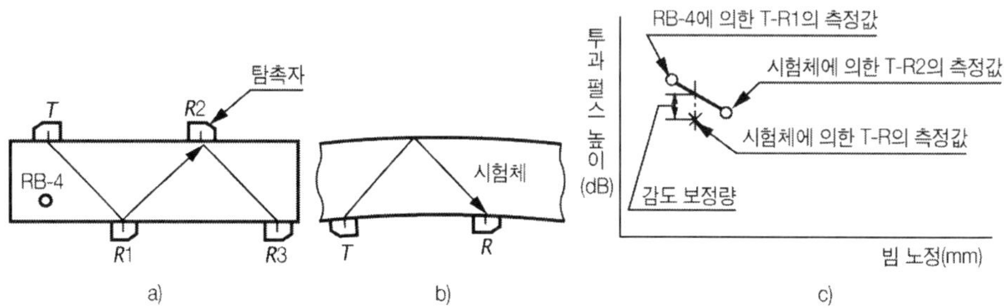

[그림 B.8] 내면에서 탐상하는 경우의 감도 보정방법

B.4.5 탐상 감도의 조정

B.4.5.1 RB-A8(RB-A6)을 사용하는 경우

RB-A8 또는 RB-A6의 표준 구멍의 에코 높이가 *H*선에 일치하도록 게인을 조정하여 탐상 감도로 한다. 다만, 음향 이방성을 가진 시험체의 경우의 감도 조정은 RB-A8에 따라 실시한다.

B.4.5.2 RB-4를 사용하는 경우

RB-4를 사용하는 경우의 탐상 감도의 조정은 7.2.4에 따른다.

B.5 탐상면 및 탐상방법

탐상면 및 탐상의 방법은 원칙적으로 표 B.2에 따른다. 다만, 클래드 강판의 경우에는 탐상면은 페라 이트계 강쪽으로 한다.

[표 B.2] 탐상면, 탐상의 방향 및 방법

판 두께 mm	탐상면 및 탐상의 방향	탐상방법
100 이하	바깥면(볼록면) 양쪽	직사법 및 1회 반사법
100을 넘는 것	내 · 외면(요철면)	양쪽 직사법

B.6 흠 위치의 추정방법

흠 위치의 추정방법은 A.6에 따른다.

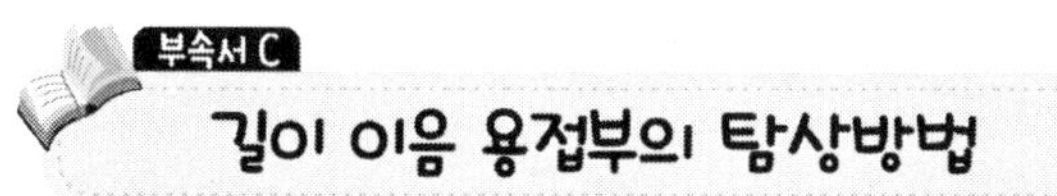

C.1 적용범위

이 부속서는 탐상면의 곡률 반지름이 50 mm 이상 1,500 mm 미만으로 살두께 대 바깥지름 비가 13 % 이하인 길이 이음 용접부의 초음파 탐상 시험방법에 대하여 규정한다.

C.2 용어와 정의

이 부속서에서 사용하는 주된 용어와 정의는 본체 및 KS B 0550에 따르거나 다음에 따른다.

a) **살 두께 반값 탐촉자 거리**

곡률이 있는 시험체의 경사각 탐상에서 살 두께의 중앙에 존재하는 흠 에 대한 탐촉자 흠 거리를 말한다(그림 C.1의 Y_H). 길이 이음의 경사각 탐상에서의 살 두께 반값 탐촉자 거리는 살 두께에 대한 0.5스킵의 탐촉자 거리 (그림 C.1의 Y_L)의 $\frac{1}{2}$은 되지 않는다.

b) **살 두께 반값 빔 노정**

곡률이 있는 시험체의 경사각 탐상에서 살 두께의 중앙에 존재하는 결함에 대한 빔 노정을 말한다(그림 C.1의 W_H). 길이 이음의 경사각 탐상에서의 살 두께 반값 빔 노정은 살 두께에 대한 0.5스킵의 빔 노정 (그림 C.1의 W_L)의 $\frac{1}{2}$은 되지 않는다 .

c) $\frac{t}{D}$ **살 두께(t)의 바깥지름(D)에 대한 비**

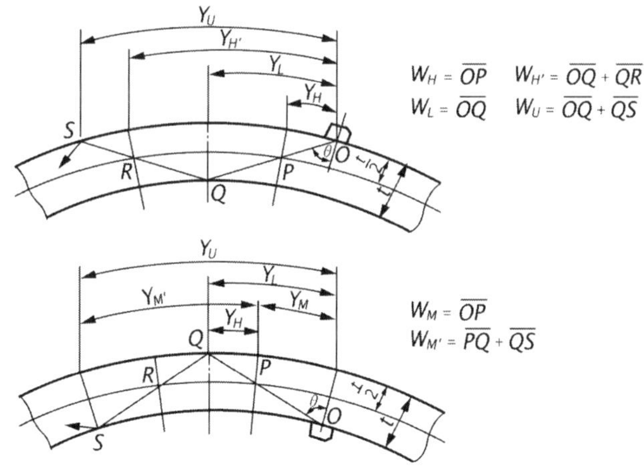

[그림 C.1] 곡률이 있는 시험체의 경사각 탐상에서의 기호

C.3 사용하는 표준 시험편 및 대비 시험편

C.3.1 시험편의 적용범위

- 사용하는 표준 시험편 및 대비 시험편의 적용범위는 시험체의 곡률 반지름에 따라 그림 C.2에 따른다.
- 곡률 반지름이 250 mm 미만인 시험체의 경우에는 대비 시험편은 원칙적으로 RB-A7을 사용한다.
- 곡률 반지름이 250 mm 이상인 시험체의 경우에는 5.3.2의 RB-4를 사용한다.

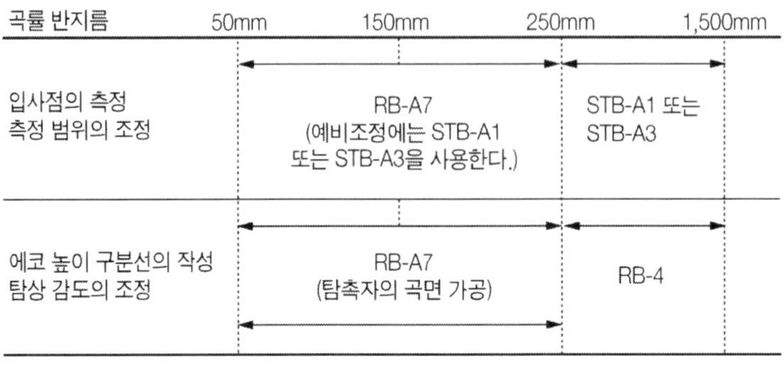

[그림 C.2] 시험편의 적용범위

C.3.2 RB-A7

RB-A7은 다음과 같이 한다.

a) RB-A7은 그림 C.3에 나타내는 모양과 치수로, 시험체 또는 시험체와 초음파 특성과 비슷한 강재로 제작한다.

b) 음향 이방성을 가진 시험체를 탐상하는 경우에는 대비 시험편은 시험체와 동일한 강재로 제작한다.

c) RB-A7의 표면 상태는 시험체의 탐상면과 동등하게 한다.

단위 : mm

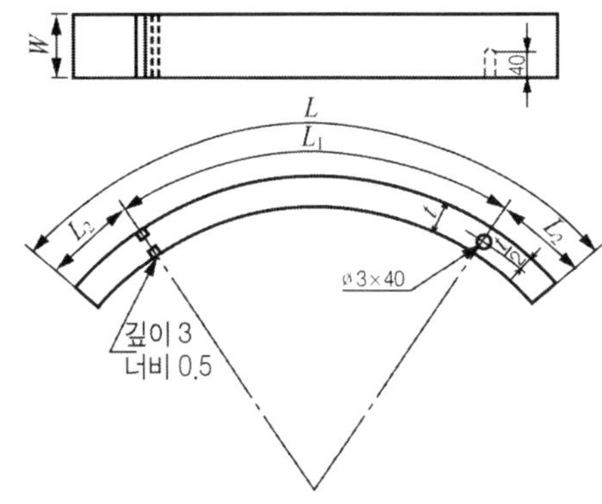

여기에서 L : 대비 시험편의 길이

L_1 : 2스킵 이상의 길이

L_2 : 1스킵 이상의 길이

W : 대비 시험편의 너비, 60 mm 이상으로 한다.

t : 대비 시험편의 두께

[그림 C.3] RB-A7

C.4 사용하는 탐촉자

C.4.1 탐촉자의 접촉면

탐촉자의 접촉면의 곡률 반지름은 시험체 곡률 반지름의 1.1배 이상 1.5배 이내로 한다. 다만, 곡률 반지름이 250 mm 이상이고 대비 시험편 RB-4를 사용하는 경우는 탐촉자의 탐촉면은 평면으로 한다.

C.4.2 탐촉자의 공칭 굴절각

사용하는 탐촉자의 공칭 굴절각은 원칙적으로 표 C.1 및 표 C.2에 따른다.

[표 C.1] 길이 이음의 탐상에 사용 가능한 탐촉자의 공칭 굴절각

$\frac{t}{D}$(%)	사용할 수 있는 공칭 굴절각(°)	$\frac{t}{D}$(%)	음향 이방성을 가진 시험체에 사용할 수 있는 공칭 굴절각(°)
2.3 이하	70, 60, 45	2.3 이하	65, (60), 45
2.3 초과 5.8 이하	60, 45	2.3 초과 4.0 이하	65, 45
5.8 초과 13.0 이하	45, 35	4.0 초과 13.0 이하	45, 35

비고 괄호 안에 있는 숫자는 공칭 굴절각 65°를 적용하기 곤란한 경우에 선택한다.

[표 C.2] 길이 이음의 탐상에 사용하는 탐촉자의 공칭 굴절각

살 두께(mm)	사용하는 공칭 굴절각(°)
60 이하	1. 종류 사용할 수 있는 공칭 굴절각에서 선정
60 초과	2 종류 [a] 사용할 수 있는 공칭 굴절각에서 선정

a $\frac{t}{D}$가 2.3 % 이하에서 2종류의 공칭 굴절각을 사용하는 경우는 원칙적으로 15°이상 떨어진 공칭 굴절각을 선정한다.

C.5 탐상 장치의 조정

C.5.1 측정 범위의 조정

C.5.1.1 RB-A7을 사용하는 경우

a) 시간축의 예비 조정 미리 수직 탐촉자를 사용하여 A1형 표준 시험편의 91 mm 또는 A3형계 표준 시험편의 45.5 mm의 길이 부분을 사용하여 필요한 횡파의 측정 범위에 시간축을 예비 조정한다.

b) 원점의 수정 RB-A7을 사용하여 그림 C.4의 P 및 Q의 위치에 순차적으로 사용 탐촉자를 놓고, 각각의 홈에서의 에코 높이가 최대가 되는 부분에서 겉보기의 빔 노정 W_P와 W_Q를 눈금판에서 읽 는다. 탐촉자를 다시 P의 위치에 놓고, 최대 에코를 나타내는 위치가 눈금판에서 $W_Q - W_P$값에 일치하도록 제로점 조정만 하여 원점을 수정한다.

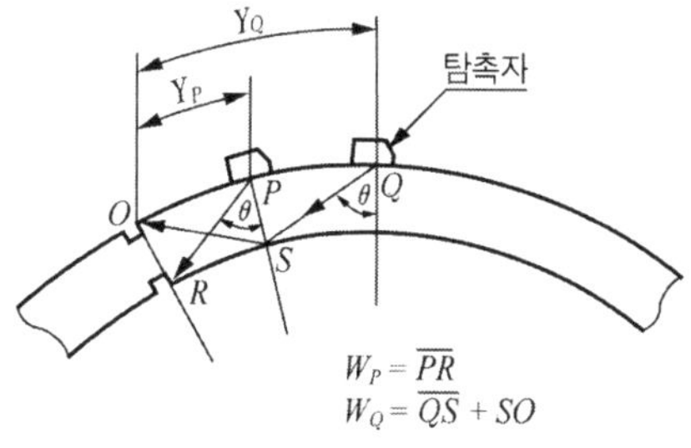

[그림 C.4] Y_P, Y_Q, W_P 및 W_Q

C.5.1.2 A1형 표준 시험편 또는 A3형계 표준 시험편을 사용하는 경우

A1형 표준 시험편 또는 A3형 표준 시험편을 사용하는 경우의 측정 범위는 7.1.2에 따라 조정한다.

C.5.2 탐상 굴절각의 측정

C.5.2.1 RB-A7을 사용하는 경우

a) C.5.1.1 b)에서 측정한 W_Q와 W_P에서 0.5스킵의 빔 노정 W_L을 다음 식에서 산출한다.

$W_L = W_Q - W_P$

다음으로 $\frac{t}{W_L}$를 산출한다.

b) 그림 C.5의 세로축에 $\frac{t}{W_L}$의 값을, 가로축에 $\frac{t}{D}$의 값을 취하여 직교하는 교점에서 탐상 굴절각을 읽는다.

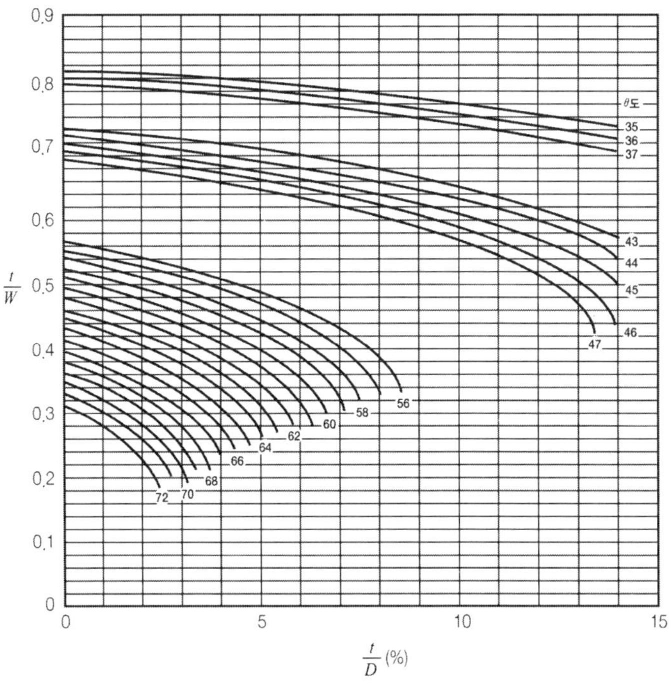

[그림 C.5] 탐상 굴절각의 계산 그림

C.5.2.2 음향 이방성을 가진 시험체를 탐상할 때의 탐상 굴절각

a) 음향 이방성을 가진 시험체를 탐상할 때의 탐상 굴절각은 그림 C.4에서 얻어지는 Y_Q 및 Y_P에서 0.5스킵의 탐촉자 거리 Y_L을 다음 식에서 산출한다.

$Y_L = Y_Q - Y_P$

다음으로 $\frac{t}{Y_L}$를 산출한다.

b) 그림 C.6의 세로축에 $\frac{t}{Y_L}$의 값을 취하고, 가로축에 $\frac{t}{D}$의 값과 직교하는 교점에서 탐상 굴절각을 읽는다.

C.5.2.3 RB-4를 사용하는 경우

7.1.3에 따른다.

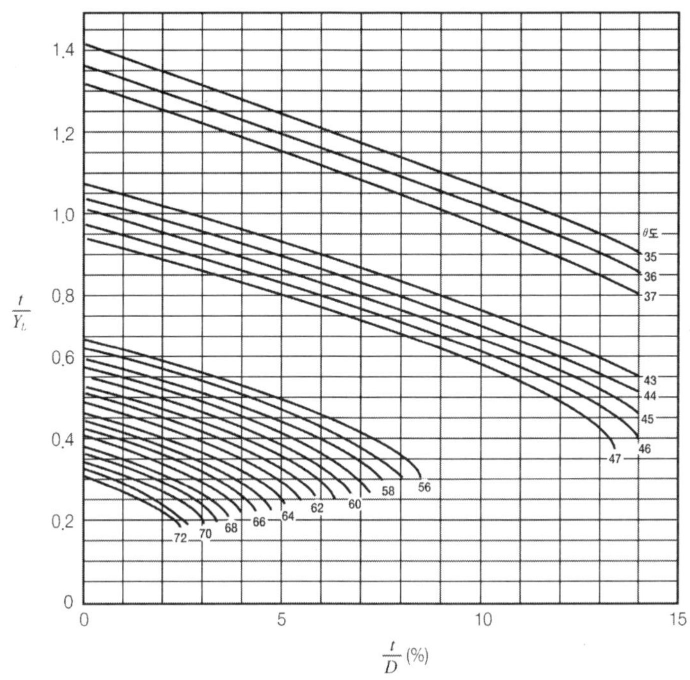

[그림 C.6] $\frac{t}{Y_L}$와 $\frac{t}{D}$의 관계

C.5.3 시간축 위의 특정한 점의 표시

내외면의 위치 및 살 두께 중앙에 대응하는 시간축 위의 위치의 표시는 다음에 따른다 .

a) 내외면 위치의 표시

C.5.1.1 b)에서 측정한 W_P 및 W_Q에서 내외면의 위치에 상당하는 빔 노정을 각각 눈금판에 표시한다.

내면 $W_L = W_Q - W_P$

바깥면 $W_U = W_L \times 2$

b) 살 두께 반값 빔 노정의 표시

그림 C.7과 같이 RB-A7의 표준 구멍을 R 및 S의 위치에서 순차적으로 겨누고, 각각의 에코의 최대값이 얻어졌을 때의 에코의 상승 위치를 눈금판 위에 표시한다. 이는 각각 직사법 및 1회 반사법에 의한 살 두께값 빔 노정 W_H 및 W_H'를 나타낸다(그림 C.8 참조).

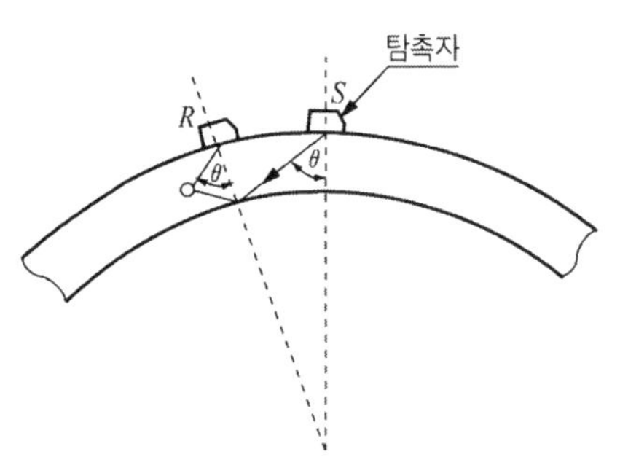

[그림 C.7] 살 두께 반값 빔 노정

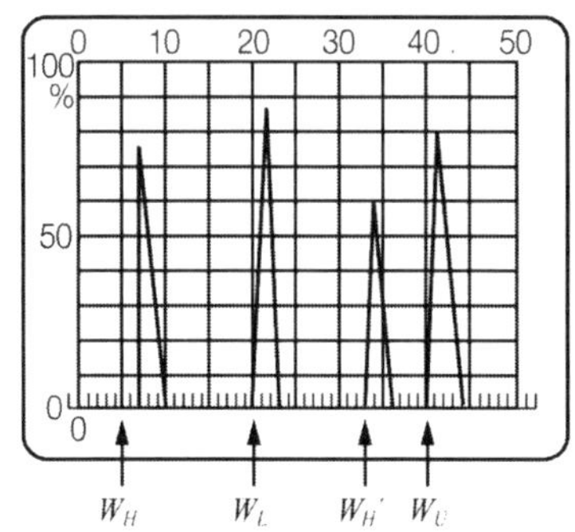

[그림 C.8] 시간축 위의 특정한 점의 표시 보기

C.5.4 에코 높이 구분선의 작성

C.5.4.1 RB-A7을 사용하는 경우 에코 높이 구분선은 RB-A7의 Ø3 mm×40 mm의 표준 구멍을 사용하여, 7.1.4에 준하여 작성한다.

C.5.4.2 RB-4를 사용하는 경우

에코 높이 구분선은 7.1.4에 따라 작성한다.

C.5.5 감도 보정량을 구하는 방법

C.5.5.1 RB-A7을 사용하는 경우

RB-A7을 사용하는 경우는 원칙적으로 감도 보정은 하지 않는다.

C.5.5.2 RB-4를 사용하는 경우

a) 시험체를 바깥면에서 탐상하는 경우 곡률 반지름이 250 mm 이상으로, 바깥면에서 탐상하는 경우는 사용하는 경사각 탐촉자의 공칭 주파수, 진동자의 공칭 치수 및 접촉 매질에 따라 그림 C.9 및 그림 C.10에서 1 dB의 단위(반올림)로 구한다. 다만, 감도 보정량이 2 dB 이하인 경우에는 감도 보정은 하지 않는다.
b) 시험체를 내면에서 탐상하는 경우 시험체의 내면(오목면)에서 탐상하는 경우의 감도 보정은 B.4.4.2 b)에 따른다.

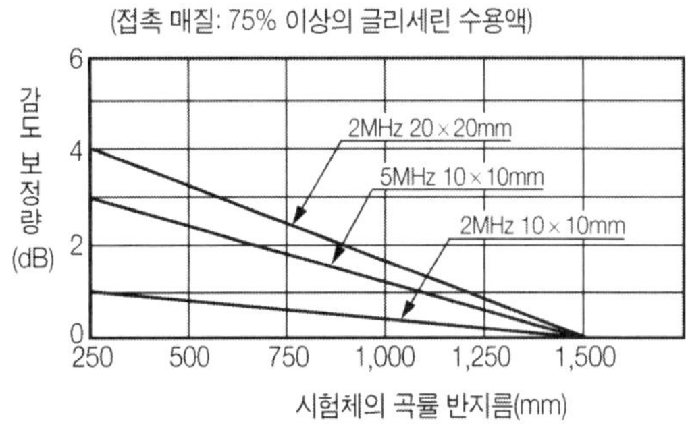

[그림 C.9] 길이 이음의 곡률에 의한 감도 보정량

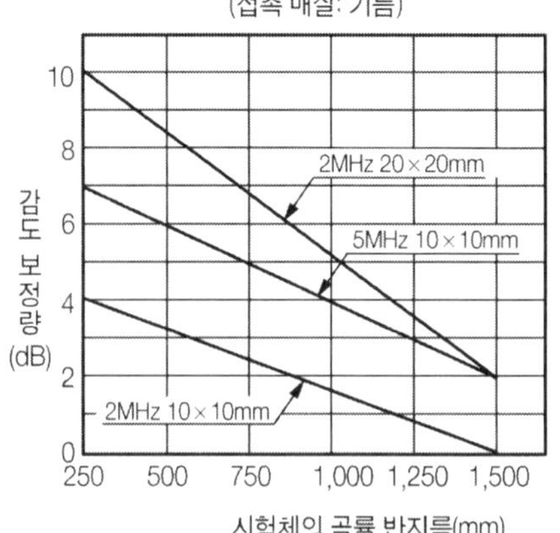

[그림 C.10] 길이 이음의 곡률에 의한 감도 보정량

C.5.6 탐상 감도의 조정

C.5.6.1 RB-A7을 사용하는 경우

RB-A7의 표준 구멍의 에코 높이를 H선에 일치하도록 게인을 조정하여 탐상 감도로 한다.

C.5.6.2 RB-4를 사용하는 경우 탐상 감도의 조정은 7.1.6에 따른다.

C.6 탐상면 및 탐상방법

탐상면 및 탐상의 방법은 원칙적으로 표 C.3에 따른다. 다만, 클래드 강판의 경우 탐상면은 페라이트 계 강쪽으로 한다.

[표 C.3] 탐상면, 탐상의 방향 및 방법

판 두께(mm)	탐상면 및 탐상의 방향	탐상방법
100 이하	바깥면(볼록면) 양쪽	직사법 및 1회 반사법
100을 넘는 것	내 · 외면(요철면) 양쪽	직사법

C.7 흠 위치의 추정방법

길이 이음의 횡단면에서의 흠 위치는 C.7.1 및 C.7.2에 따라 빔 노정 및 탐촉자 거리를 보정하여, C.7.3에 따라 추정한다(그림 C.11 및 그림 C.1 참조). 다만, 음향 이방성을 가진 시험체의 경우는 흠을 검출한 방향에서 구한 탐상 굴절각을 사용한다.

C.7.1 빔 노정의 보정방법

a) 내외면 위치에 대응하는 빔 노정

그림 C.12에 따라 시험체의 $\frac{t}{D}$의 가로축 눈금과 사용하는 탐촉자의 탐상 굴절각 θ와의 교점에 대응하는 세로축 눈금에서 빔 노정의 보정 계수(k)를 읽는다. 내 외면의 위치에 대응하는 빔 노정 W_L 및 W_U는 각각 다음 식에 따라 산출한다.

$$W_L = \frac{t}{\cos\theta} \times k$$

$$W_U = W_L \times 2$$

b) 살 두께 반값 빔 노정

그림 C.12에 따라 시험체의 $\frac{t}{D}$를 $\frac{1}{2}$로 하고 a)와 같이 하여 빔 노정의 보정 계수를 읽고, 이것을 k_H로 한다. 직사법에 의한 살 두께값 빔 노정 W_H 및 1회 반사법에 의한 살두께 반값빔 노정 W_H'.는 각각 다음 식에 따라 산출한다.

직사법 $$W_H = \frac{t}{2\cos\theta} \times k_H$$

1회 반사법 $$W_H' = W_U - W_H$$

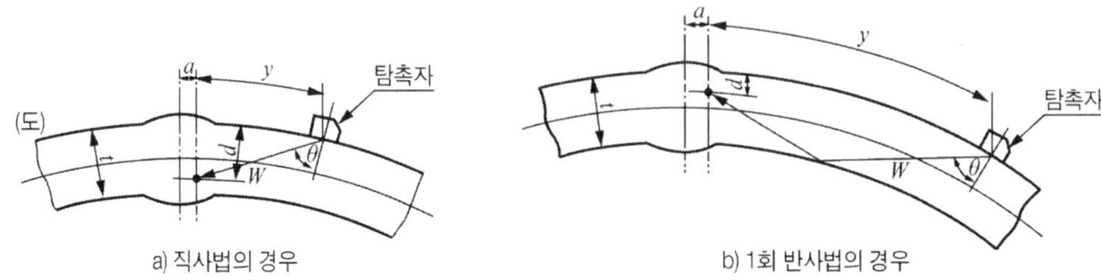

[그림 C.11] 흠 위치의 횡단면 그림

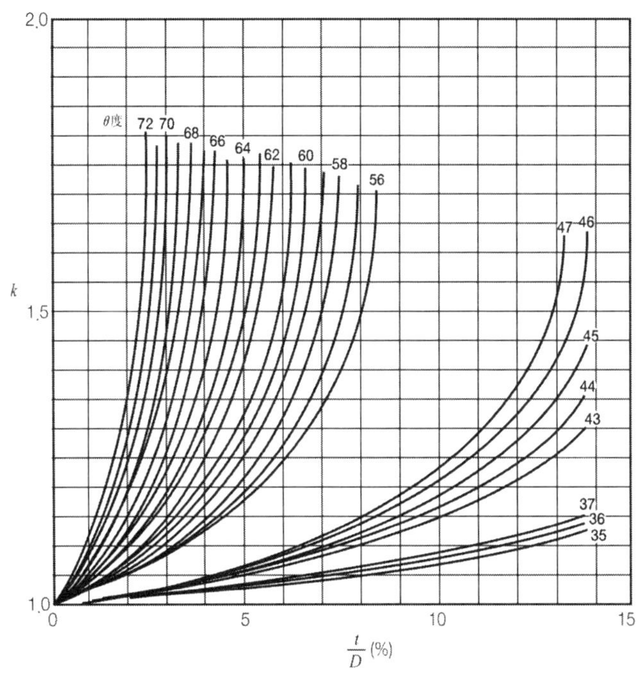

[그림 C.12] $\frac{t}{D}$에 따른 빔 노정 보정 계수(k)

C.7.2 탐촉자 거리의 보정방법

a) 내외면 위치의 탐촉자 거리

그림 C.13에 따라 시험체의 $\frac{t}{D}$의 가로축 눈금과 사용하는 탐촉자의 탐상 굴절각(θ)과의 교점에 대응하는 세로축 눈금에서 탐촉자 거리의 보정 계수를 읽고, 이것을 m으로 한다.

내외면의 탐촉자 거리를 Y_L, Y_U로 하면 각각 다음 식에 따라 산출한다.

$Y_L = (t \cdot \tan\theta) \times m$

$Y_U = Y_L \times 2$

b) 살 두께 반값 탐촉자 거리

$\frac{t}{D}$를 $\frac{1}{2}$로 하고 a)와 같이 하여 탐촉자 거리의 보정 계수를 구하여 이것을 m_H로 한다. 직사법에 의한 살 두께 반값 탐촉자 거리 Y_H 및 1회 반사법에 의한 살 두께값 탐촉자 거리 Y_H'는 각각 다음 식에 따라 산출한다.

직사법 $Y_H = \left(\frac{t}{2} \cdot \tan\theta\right) \times m_H$

1회 반사법 $Y_H' = Y_U - Y_H$

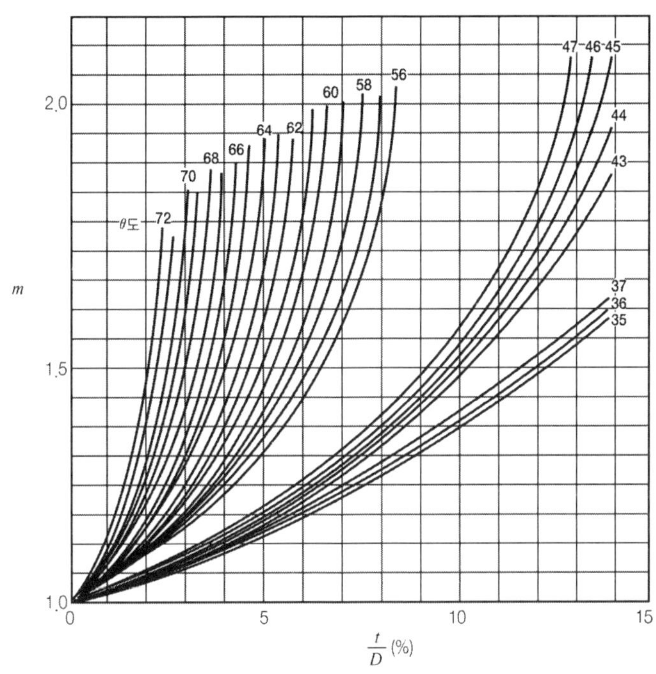

[그림 C.13] 탐촉자 거리의 $\frac{t}{D}$에 의한 보정 계수(m)

C.7.3 흠 위치의 추정 방법

C.7.3.1 바깥면에서 탐상하는 경우

탐촉자 거리 y 및 흠 깊이 d는 읽은 빔 노정 W와 살 두께 반값 빔 노정 W_H 또는 W_H'에서 비례 배분에 의해 산출한다.

a) 빔 노정 W가 W_H 이하인 경우

$$y = Y_H \times \frac{W}{W_H}$$

$$d = \frac{t}{2} \times \frac{W}{W_H}$$

b) 빔 노정 W가 W_H을 넘고 W_L 이하인 경우

$$y = Y_H + (Y_L - Y_H) \times \frac{W - W_H}{W_L - W_H}$$

$$d = \frac{t}{2} \times \left(1 + \frac{W - W_H}{W_L - W_H}\right)$$

c) 빔 노정 W가 W_L을 넘고 $W_H{}'$ 이하인 경우

$$y = Y_L + (Y_H{}' - Y_L) \times \frac{W - W_L}{W_H{}' - W_L}$$

$$d = t\left[1 - \frac{1}{2}\left(\frac{W - W_L}{W_H{}' - W_L}\right)\right]$$

d) 빔 노정 W가 $W_H{}'$를 넘고 W_U 이하인 경우

$$y = Y_H{}' + (Y_U - Y_H{}') \times \frac{W - W_H{}'}{W_U - W_H{}'}$$

$$d = \frac{t}{2}\left(1 + \frac{W - W_H{}'}{W_U - W_H{}'}\right)$$

C.7.3.2 내면에서 탐상하는 경우

내면에서 탐상한 경우의 탐촉자 거리 y 및 흠 깊이 d는 W_M 및 $W_M{}'$를 사용하여 다음과 같이 산출한다.

$W_M = W_L - W_H$, $W_M{}' = W_U - W_M$

$Y_M = Y_L - Y_H$, $Y_M{}' = Y_U - Y_M$

로 하고, 바깥면과 원호의 조사의 보정 계수를

$$C = 1 - \frac{2t}{D}$$

로 하면

a) 빔 노정 W가 W_M 이하인 경우

$$y = C\left(Y_M \times \frac{W}{W_M}\right) \qquad d = \frac{t}{2} \times \frac{W}{W_M}$$

b) 빔 노정 W가 W_M을 넘고 W_L 이하인 경우

$$y = C\left(Y_M + Y_H \times \frac{W - W_M}{W_M}\right) \qquad d = \frac{t}{2}\left(1 + \frac{W - W_M}{W_H}\right)$$

c) 빔 노정 W가 W_L을 넘고 $W_M{}'$ 이하인 경우

$$y = C\left[Y_L + (Y_M - Y_L) \times \frac{W - W_L}{W_M{}' - W_L}\right] \qquad d = t\left(1 - \frac{1}{2} \times \frac{W - W_L}{W_M{}' - W_L}\right)$$

d) 빔 노정 W가 $W_M{}'$를 넘고 W_U 이하인 경우

$$y = C\left(W_M{}' + W_M \times \frac{W - W_M{}'}{W_M}\right) \qquad d = \frac{t}{2}\left(1 + \frac{W - W_M{}'}{W_M}\right)$$

부속서 D

강관 분기 이음 용접부의 탐상방법

D.1 적용범위

이 부속서는 탐상면의 곡률 반지름이 150 mm 이상 1,500 mm 미만으로, 살 두께 최대 바깥지름비가 13 % 이하인 강관 분기 이음 용접부의 초음파 탐상 시험방법에 대하여 규정한다.

D.2 용어와 정의

이 부속서에서 사용하는 주된 용어와 정의는 다음에 따른다(그림 D.1 참조).

D.2.1 T 이음

주관과 지관이 90°에서 만나는 강관분기이음

D.2.2 Y 이음

주관과 한 쌍의 지관이 90° 이외에서 만나는 강관 분기 이음

D.2.3 K 이음

주관과 두 쌍의 지관이 90° 이외에서 만나는 강관 분기 이음

D.2.4 교차각 θ_k

주관과 지관이 만나는 각도

D.2.5 상관각 θ_s

주관의 축과 지관의 축이 작용하는 면과 지관 표면과의 교선에서 지관 원둘레 방향의 각도

D.2.6 편각 θ_L, θ_B

주관 또는 주관 표면 위에서의 각각의 축 방향과 주관 그루브선의 법선 또는 탐상 방향과의 각도

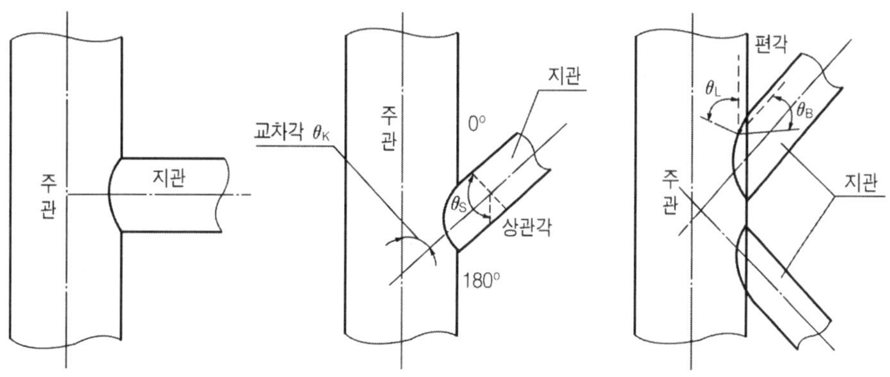

[그림 D.1] *T*, *Y*, *K* 이음 용접부

D.3 사용하는 표준 시험편 및 대비 시험편

사용하는 표준 시험편 및 대비 시험편은 원칙적으로 5.3에 규정하는 A1형 표준 시험편 또는 A3형계 표준 시험편 및 RB-4로 한다.

D.4 사용하는 탐촉자

D.4.1 탐촉자의 접촉면

사용하는 탐촉자의 접촉면은 시험체의 곡률에 관계없이 평면으로 한다.

D.4.2 탐촉자의 공칭 굴절각

공칭 굴절각은 각 탐상 부위의 실체도(그루브 모양도 포함한다.)를 그리고, 초음파의 주빔이 그루브면에 적절한 각도로 입사하도록 지관의 $\frac{t}{D}$, 지관과 주관의 바깥지름비, 교차각, 상관각을 고려하여 45°, 60°, 70°에서 선택한다. 다만, 시험체가 음향 이방성을 가진 경우는 45°, 60°, 65°에서 선택한다.

D.4.3 시험체가 음향 이방성을 갖는 경우

D.4.3.1 T 이음의 지관에서 탐상하는 경우

관축 방향과 압연 방향(L 방향) 사이의 각도 θ_T를 구하여 θ_T의 값에 따라 L 방향, Q 방향 또는 C 방향의 탐상 굴절각을 7.1.3에 따라 측정한다.

a) θ_T가 0° 이상 22.5° 미만인 경우는 L 방향의 탐상 굴절각

b) θ_T가 22.5° 이상 67.5° 미만인 경우는 Q 방향의 탐상 굴절각

c) θ_T가 67.5° 이상 90° 이하인 경우는 C 방향의 탐상 굴절각

D.4.3.2 Y, K 이음의 지관에서 탐상하는 경우

편각 θ_B를 실측하거나 또는 주관과 지관의 바깥지름비, 교차각 θ_K 및 탐상 위치에서의 상관각 θ_S에 따라 그림 D.2에서 편각 θ_B를 구한다. 한편, 관축 방향과 압연 방향 사이의 각도 θ_T를 구하여 $|\theta_B - \theta_T|$의 값에 따라 L 방향, Q 방향 또는 C 방향의 탐상 굴절각을 7.1.3에 따라 측정한다.

a) $|\theta_B - \theta_T|$가 0° 이상 22.5° 미만인 경우는 L 방향의 탐상 굴절각

b) $|\theta_L - \theta_T|$가 22.5° 이상 67.5° 미만인 경우는 Q 방향의 탐상 굴절각

c) $|\theta_L - \theta_T|$가 67.5° 이상 90° 미만인 경우는 C 방향의 탐상 굴절각

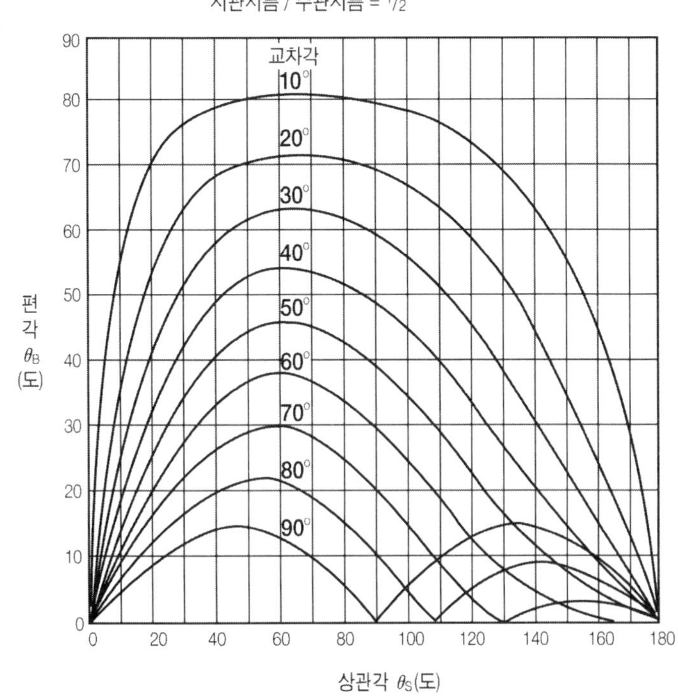

[그림 D.2] 교차각, 상관각에서 θ_B를 구하는 선 그림의 보기

D.4.3.3 주관에서 탐상하는 경우

편각 θ_L을 실측하거나, 또는 주관과 지관의 바깥지름비, 교차각 θ_K 및 탐상 위치에서의 상관각 θ_S에 의해 그림 D.3에서 편각 θ_L을 구한다. 한편 관축 방향과 압연 방향 사이의

각도 θ_T를 구하여 $|\theta_L - \theta_T|$의 값에 따라 L 방향, Q 방향, 또는 C 방향의 탐상 굴절각을 7.1.3에 따라 측정한다.

a) $|\theta_L - \theta_T|$가 0° 이상 22.5° 미만인 경우는 L 방향의 탐상 굴절각

b) $|\theta_L - \theta_T|$가 22.5° 이상 67.5° 미만인 경우는 Q 방향의 탐상 굴절각

c) $|\theta_L - \theta_T|$가 67.5° 이상 90° 미만인 경우는 C 방향의 탐상 굴절각

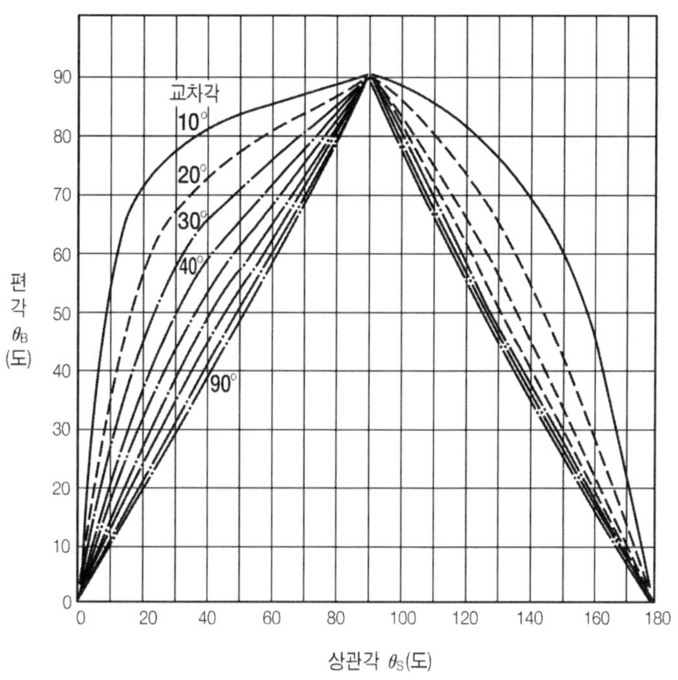

[그림 D.3] 교차각, 상관각에서 θ_L을 구하는 선 그림의 보기

D.5 탐상 장치의 조정

D.5.1 측정 범위의 조정

측정 범위는 7.1.2에 따라 조정한다.

D.5.2 에코 높이 구분선의 작성

RB-4를 사용한 에코 높이 구분선의 작성은 7.1.4에 따른다.

D.5.3 감도 보정량을 구하는 방법

D.5.3.1 바깥면(볼록면)에서 탐상하는 경우

사용하는 경사각 탐촉자의 공칭 주파수, 진동자 치수, 접촉 매질 및 바깥지름에 따라 T 이음부의 지관에서 탐상하는 경우는 그림 D.4 또는 그림 D.5에서, 그 밖의 경우는 그림 D.6 또는 그림 D.7에서 감도 보정량을 1 dB의 단위(반올림)로 구한다. 다만, 감도 보정량이 2 dB 이하인 경우에는 감도 보정은 하지 않는다.

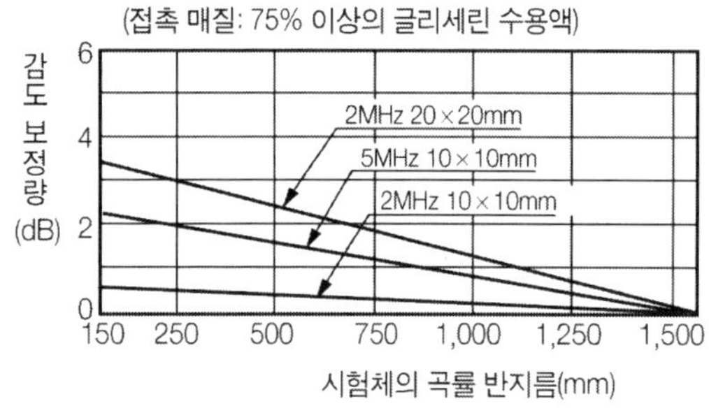

[그림 D.4] 원둘레 이음의 곡률에 의한 감도 보정량

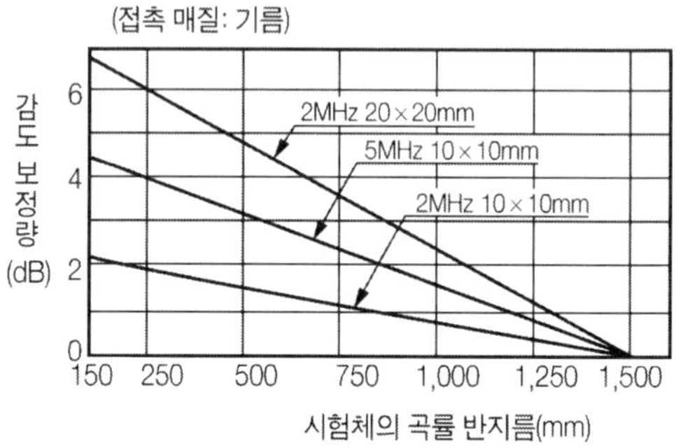

[그림 D.5] 원둘레 이음의 곡률에 의한 감도 보정량

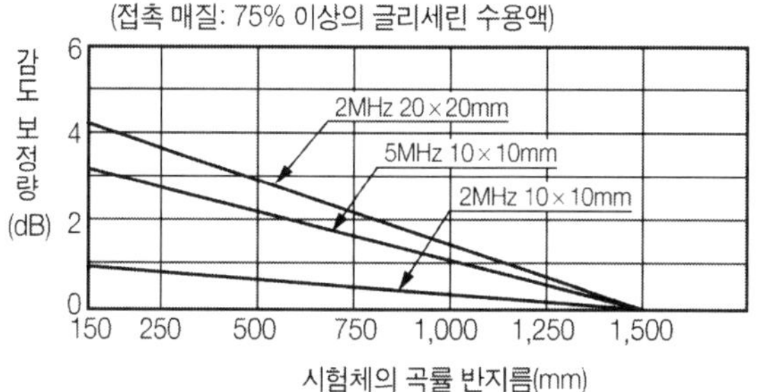

[그림 D.6] 길이 이음의 곡률에 의한 감도 보정량

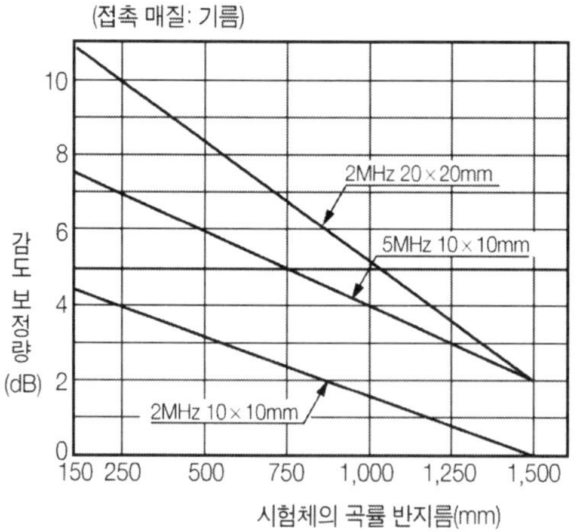

[그림 D.7] 길이 이음의 곡률에 의한 감도 보정량

D.5.3.2 내면(오목면)에서 탐상하는 경우

감도의 보정은 B.4.4.2 b)에 따른다.

D.5.4 탐상 감도의 조정

탐상 감도의 조정은 7.1.6에 따른다.

D.6 탐상면 및 탐상방법

D.6.1 탐상의 준비

D.6.1.1 살 두께 측정

주관 및 지관의 4점의 두께를 초음파 두께계로 측정하여 측정점을 부재에 표시하고, 동시에 도면에 나타낸 값과 대조한다.

D.6.1.2 접촉자 용접부 거리 및 빔 노정을 구하는 방법

a) Y, K 이음의 지관에서 탐상하는 경우 주관과 지관의 바깥지름비, 교차각 및 상관각에서 그림 D.3 또는 실측에 의해 관축 방향과 탐상 방향과의 편각 θ_B를 구하여, 실측에 의한 $\frac{t}{D}$ 또는 공칭값에 의한 $\frac{t}{D}$의 값에서 그림 D.8을 사용하여 탐상 방향의 겉보기의 $\frac{t}{D}$ 값을 구한다.

b) 주관에서 탐상하는 경우 관축 방향과 탐상 방향이 이루는 편각 θ_L 및 실측에 의한 t 또는 공칭값에 의한 $\frac{t}{D}$의 값에서 그림 D.8을 사용하여 탐상 방향의 겉보기의 $\frac{t}{D'}$값을 구한다.

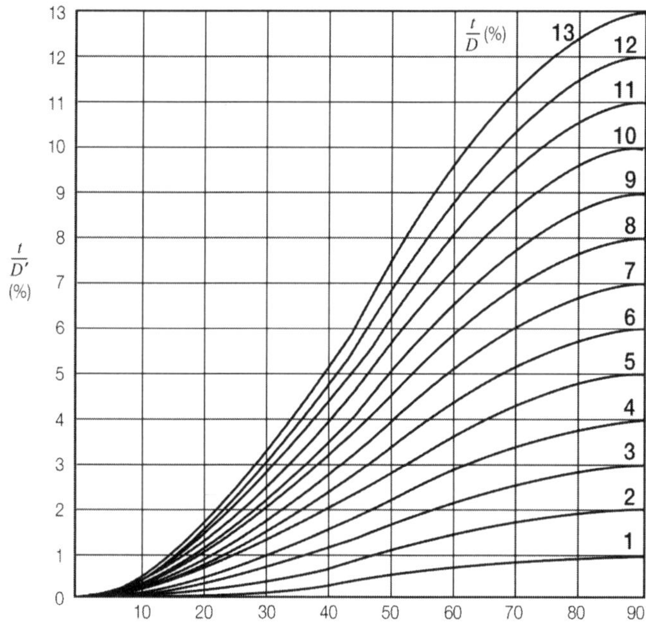

[그림 D.8] 편각 θ_B 또는 θ_L과 $\frac{t}{D}$에서 $\frac{t}{D'}$를 구하는 선 그림

c) 탐촉자 용접부 거리 및 빔 노정

a) 및 b)에서 구한 $\frac{t}{D'}$의 값을 그림 C.12 및 그림 C.13 의 $\frac{t}{D}$로 하여 보정계수 k 및 m을 구하고, 계산에 의해 0.5스킵점 및 1.0스킵점의 빔 노정 및 탐촉자 용접 부 거리를 다음 식에 따라 산출한다.

$$W_{0.5} = \frac{t}{\cos\theta} \times k \qquad W_{1.0} = 2 \times W_{0.5}$$

$$Y_{0.5} = \frac{t}{\tan\theta} \times m \qquad Y_{1.0} = 2 \times Y_{0.5}$$

다만, 시험체가 음향 이방성을 가진 경우는 θ는 탐상 굴절각으로 한다.

D.6.1.3 탐촉자 용접부 거리의 표시

탐촉자 용접부 거리의 표시는 D.6.1.2 c)에서 구한 0.5스킵점 및 1스킵점의 탐촉자 용접부 거리를 지관 또는 주관 위에 실시한다.

D.6.2 탐상면 및 탐상 방향

탐상은 원칙적으로 지관 바깥면에서 실시한다. 다만, 곡률 반지름이 400 mm 이상인 경우에는 필요에 따라 내면에서도 실시한다. 탐상 방향은 용접선에 대하여 수직으로 하고, 약간의 목회전 주사를 실시한다.

D.7 흠 위치의 추정방법

a) 최대 에코에서 얻어진 탐촉자 용접부 거리, 빔 노정을 기록한다.
b) 초음파 빔 방향의 용접부 단면의 모양을 형떼기 게이지 또는 점토에 의해 형떼기하여 작도한다.
c) 작성한 용접부 단면 모양에 탐촉자 용접부 거리, 빔 노정 및 STB 굴절각 또는 탐상 굴절각에서의 작도에 의해 흠 위치를 추정하거나 C.7과 같은 방법으로 계산에 의해 흠 위치를 추정한다. 다만, 음향 이방성을 가진 시험체의 경우는 흠을 검출한 방향에서 구한 탐상 굴절각을 사용한다.

부속서 E

노즐 이음 용접부의 탐상방법

E.1 적용범위

이 부속서는 탐상면의 곡률 반지름이 250 mm 이상 1,500 mm 미만으로, 살 두께 대 바깥지름비가 13 % 이하인 노즐 이음 용접부의 초음파 탐상 시험방법에 대하여 규정한다.

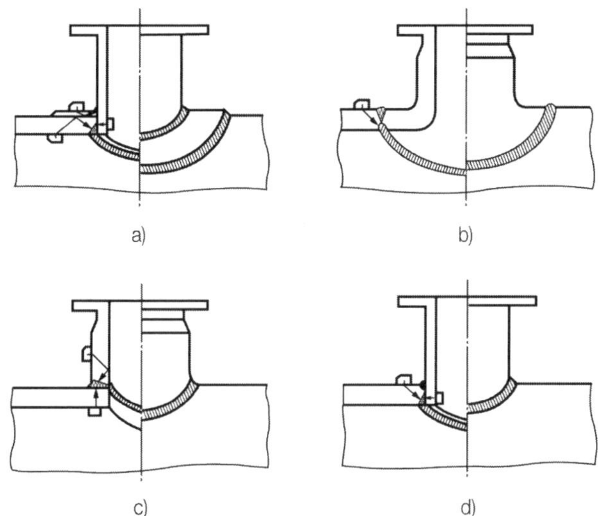

[그림 E.1] 노즐 이음 용접부의 보기

E.2 사용하는 표준 시험편 및 대비 시험편

사용하는 표준 시험편 및 대비 시험편은 원칙적으로 5.3에 규정하는 A1형 표준 시험편 또는 A3형계 표준 시험편 및 RB-4로 한다.

E.3 사용하는 탐촉자

E.3.1 탐촉자의 접촉면

사용하는 탐촉자의 접촉면은 평면으로 한다.

E.3.2 탐촉자의 공칭 굴절각

공칭 굴절각은 각 탐상 부위의 실체도(그루브 모양도 포함한다.)를 그려서 초음파의 주빔이 그루브면에 적절한 각도로 입사하도록 선택한다. 다만, 음향 이방성을 가진 시험체의 경우에는 65° 이하의 공칭 굴절각을 선택한다.

E.4 탐상 장치의 조정

E.4.1 측정 범위의 조정

측정 범위는 7.1.2에 따라 조정한다.

E.4.2 입사점, STB 굴절각 및 탐상 굴절각의 측정

탐촉자의 입사점 및 STB 굴절각은 7.1.1 및 7.1.3에 따라 측정한다.

음향 이방성을 가진 시험체의 경우의 탐상 굴절각은 RB-4 또는 시험체에서 각 탐상 방향으로 측정한다.

E.4.3 에코 높이 구분선의 작성

RB-4를 사용한 에코 높이 구분선의 작성은 7.1.4에 따른다.

E.4.4 감도 보정량을 구하는 방법

E.4.4.1 원통 몸통에 부속되는 노즐 이음 용접부의 경우

a) 바깥면(볼록면)에서 탐상하는 경우 사용하는 경사각 탐촉자의 공칭 주파수, 진동자 치수, 접촉 매질 및 원통 몸통의 바깥지름에 따라 감도 보정량을 그림 C.9 또는 그림 C.10에서 1 dB 단위(반올림)로 구한다. 다만, 감도 보정량이 2dB 이하인 경우에는 감도 보정은 하지 않는다.

b) 내면(오목면)에서 탐상하는 경우 B.4.4.2 b)에 따른다.

E.4.4.2 거울판에 부속되는 노즐 이음 용접부의 경우

a) 바깥면(볼록면)에서 탐상하는 경우

1) 사용하는 경사각 탐촉자와 같은 형식의 2개의 경사각 탐촉자를 그림 E.2 a)에 나타내는 $T-r1$ 및 $T-r2$ 또는 $T-r0$ 및 $T-r2$와 같이 맞대어 배치하여, 두 개의 탐촉자 간 거리에서 각각의 투과 펄스 높이가 최대가 되는 점을 구한다. 이들 두 개의 투과 펄스의 피크를 플롯하여 직선으로 연결한다[그림 E.2 c) 참조].

2) 1)과 같은 감도로, 시험체 위에서 탐상 방향과 동일 방향으로 V 주사를 하여 투과 펄스가 가장 높아지도록 탐촉자 간 거리를 조정한다. 다음으로 그 빔 노정에서의 이러한 투과 펄스 높이와 1)에서 구한 직선 위의 같은 빔 노정에서의 투과 펄스값의 차를 1 dB 단위(반올림)로 읽고, 그 것을 감도 보정량으로 한다. 다만, 감도 보정량이 2 dB 이하인 경우에는 감도 보정은 하지 않는다.

b) 내면(오목면)에서 탐상하는 경우

감도 보정은 B.4.4.2 b)에 따른다.

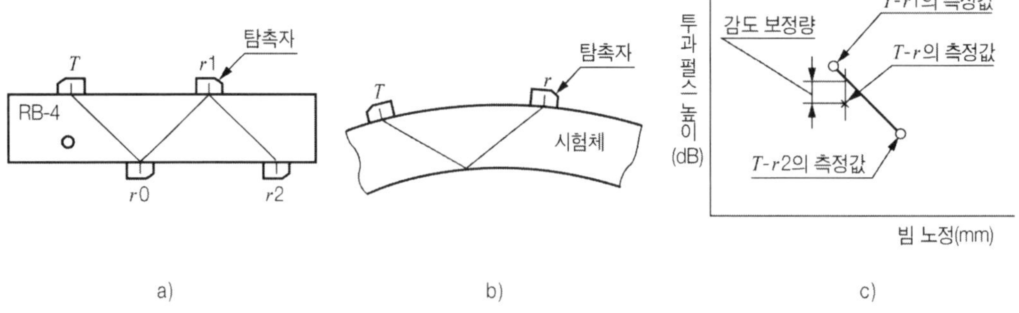

[그림 E.2] 바깥면에서 탐상한 경우의 감도 보정방법

E.4.4.3 노즐 바깥면에서 탐상하는 경우

사용하는 경사각 탐촉자의 공칭 주파수, 진동자 치수, 접촉 매질 및 노즐의 바깥지름에 따라 감도 보정량을 그림 B.6 또는 그림 B.7에서 1 dB 단위(반올림)로 구한다. 다만, 감도 보정량이 2 dB 이하인 경우에는 감도 보정은 하지 않는다.

E.4.5 탐상 감도의 조정

탐상 감도의 조정은 7.1.6에 따른다.

E.5 탐상면 및 탐상방법

E.5.1 탐촉자 용접부 거리 및 빔 노정의 확인

E.5.1.1 원통 몸통에 부속되는 노즐 이음 용접부의 경우

그림 E.3과 같이 원통 몸통의 축 방향을 0°로 하고, 0°, 30°, 45°, 60°, 90°의 각 편각에서의 0.5스킵과 1스킵의 탐촉자 용접부 거리 및 각각의 빔 노정을 다음 두 가지 중 한쪽에 따라 구한다.

a) 그림 E.4와 같이 형떼기 게이지 등을 사용하는 방법에 의해 각 부위의 실체도(그루브 모양도 포함한다.)를 그리고, 탐촉자 용접부 거리 및 빔 노정을 실체도에서 구한다. 탐상면 위의 그 탐촉자 용접부 거리 Y_L 및 Y_U의 위치에 표시선을 긋는다.

b) 원통 몸통의 축 방향과 탐촉자 방향과의 편각 θ_C 및 실측에 의한 $\frac{t}{D}$ 또는 공칭값에 의한 $\frac{t}{D}$의 값에서 그림 E.5를 사용하여 $\frac{t}{D}$의 값을 구한다.

그리고 $\frac{t}{D'}$의 값을 그림 C.12 및 그림 C.13의 $\frac{t}{D}$로 하여 보정 계수 m 및 k를 구하여 계산에 의 해 탐촉자 용접부 거리 및 빔 노정을 다음 식에 따라 산출한다.

$Y_L = (t \cdot \tan\theta) \times m,\ \ Y_U = 2 \times Y_L$

$W_L = (t \cdot \tan\theta) \times k,\ \ W_U = 2 \times W_L$

탐상면 위의 그 탐촉자 용접부 거리 Y_L 및 Y_U의 위치에 표시선을 긋는다.

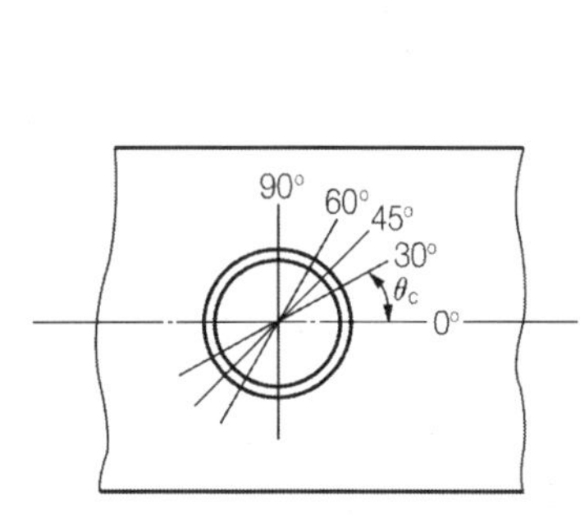

[그림 E.3] 원통 몸통의 축 방향과 탐촉자 방향과의 편각 θ_C의 관계

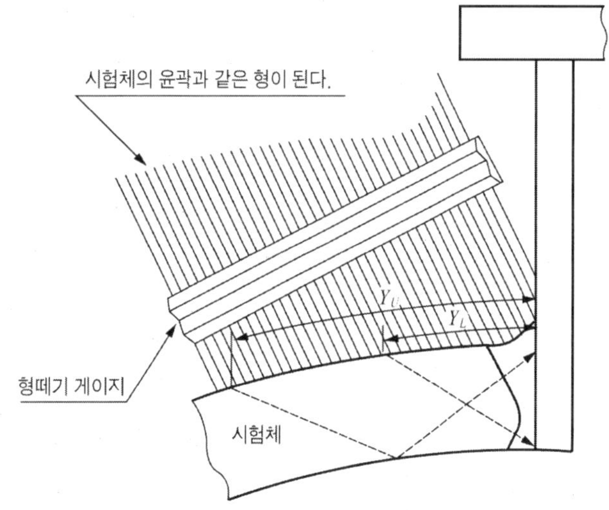

[그림 E.4] 형떼기 게이지의 사용 보기

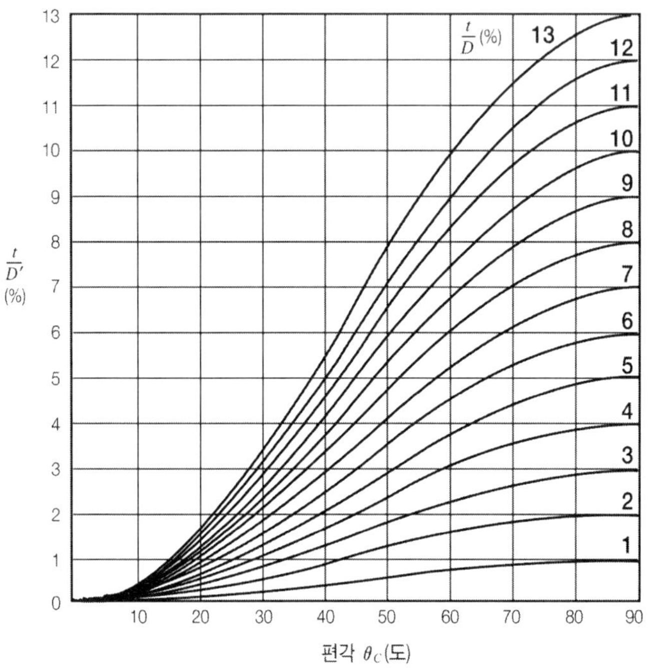

[그림 E.5] 편각 θ_C와 $\frac{t}{D}$에서 $\frac{t}{D'}$를 구하는 선그림

E.5.1.2 거울판에 부속되는 노즐 이음 용접부의 경우

a) 전 반구형 및 접시형 거울판의 중심원 위에 노즐 이음이 있는 경우(그림 E.6 참조), C.7.1 및 C.7.2에 따라 탐촉자 용접부 거리 및 빔 노정을 구한다. 탐상면 위의 그 탐촉자 용접부 거리 Y_L 및 Y_U의 위치에 표시선을 긋는다.

정반타원형 거울판의 경우에는 E.5.1.1에 따라 탐촉자 용접부 거리 및 빔 노정을 구하여 탐상면 위에 그 탐촉자 용접부 거리 Y_L 및 Y_U의 위치에 표시선을 긋는다.

b) 거울판 중심원 위 밖에 노즐 이음이 있는 경우(그림 E.6 참조)는 E.5.1.1 a)의 방법에 따라 각 부위의 실체도(그루브 모양을 포함한다.)를 그리고, 탐촉자 용접부 거리 및 빔 노정을 구한다. 탐상면 위의 그 탐촉자 용접부 거리 Y_L 및 Y_U의 위치에 표시선을 긋는다.

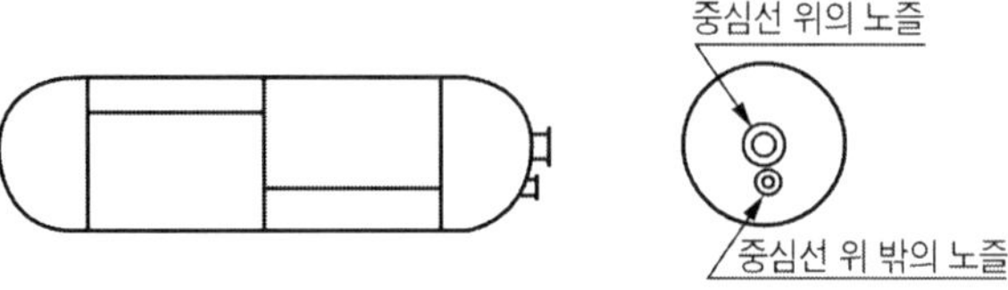

[그림 E.6] 노즐의 부착 위치

E.5.2 탐상방법

a) 수직 탐상은 되도록이면 노즐의 내면(오목면) 또는 본체의 내면(오목면)에서 실시한다. 경사각 탐상은 원통, 몸통, 거울판 또는 노즐의 바깥면(볼록면) 또는 내면(오목면) 중 어느 쪽 또는 양면에서 실시한다.
b) 그림 E.1 c)에 나타내는 세트 온타입의 노즐 이음 용접부의 경우는 노즐넥의 바깥면에서 경사각 탐상하여 몸통 또는 거울판부의 내면에서 가능한 한 수직 탐상을 한다.
c) 보강재 부착 노즐 이음 용접부를 탐상하는 경우에는 보강재 및 원통 몸통 또는 거울판의 내면에서 탐상한다.

E.6 흠 위치의 추정방법

E.5.1에 따른 작도법 또는 C.7.3에 나타내는 방법으로 흠 위치를 추정한다. 다만, 음향 이방성을 가진 시험체의 경우에는 흠을 검출한 방향에서 구한 탐상 굴절각을 사용한다.

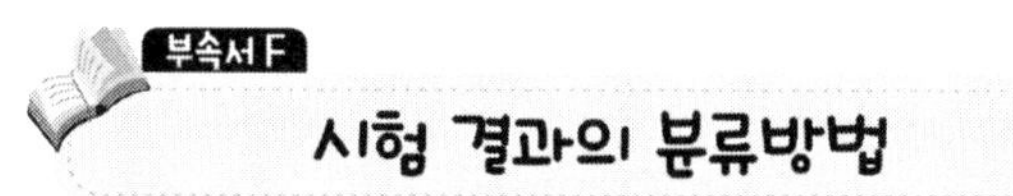

F.1 적용범위

이 부속서는 경사각 탐상 시험 및 수직 탐상 시험 결과를 분류하는 경우에 적용한다.

F.2 시험 결과의 분류

시험 결과의 분류는 흠 에코 높이의 영역과 흠의 지시 길이에 따라, 표 F.1에 따라 실시한다. 2 방향 에서 탐상한 경우에 동일한 흠의 분류가 다를 때는 하위 분류를 채용한다.

표 F.1 흠 에코 높이의 영역과 흠의 지시 길이에 따른 흠의 분류

단위: mm

영역 / 판 두께 (mm) / 분류	*M* 검출 레벨의 경우는 Ⅲ *L* 검출 레벨의 경우는 Ⅱ와 Ⅲ			Ⅳ		
	18 이하	18 초과 60 이하	60을 넘는 것	18 이하	18 초과 60 이하	60을 넘는 것
1류	6 이하	$\frac{t}{3}$ 이하	20 이하	4 이하	$\frac{t}{4}$ 이하	15 이하
2류	9 이하	$\frac{t}{2}$	30 이하	6 이하	$\frac{t}{3}$ 이하	20 이하
3류	18 이하	t 이하	60 이하	9 이하	$\frac{t}{2}$ 이하	30 이하
4류	3류를 넘는 것					

비고 t는 그루브를 뗀 쪽의 모재의 두께(mm). 다만, 맞대기 용접에서 맞대는 모재의 판 두께가 다른 경우는 얇은 쪽의 판 두께로 한다.

- 이 표 F.1의 적용에 있어서 동일하다고 간주되는 깊이에서 흠과 흠의 간격이 큰 쪽의 흠의 지시 길 이와 같거나 그것보다 짧은 경우는 동일한 흠군으로 간주하고, 그들을 간격까지 포함시켜 연속한 흠으로 다룬다.
- 흠과 흠의 간격이 양자의 흠의 지시 길이 중 큰 쪽의 흠의 지시 길이보다 긴 경우는 각각 독립한 흠으로 간주한다.
- 그리고 경사 평행 주사, 분기 주사 및 용접선 위 주사에 의한 시험 결과의 분류는 당사자 사이의 협정에 따른다.

알루미늄 맞대기 용접부의 초음파 경사각 탐상 시험방법

Methods of ultrasonic angle beam examination for butt welds of aluminium plates

1. 적용범위

이 표준은 두께 5 mm 이상의 알루미늄 및 알루미늄 합금 판(이하 알루미늄이라 한다.)의 완전 용입 맞대기 용접부에 대하여, 펄스 반사법에 의한 기본 표시의 탐상기를 사용하여 실시하는 초음파 경사 각 탐상 시험방법에 대하여 규정한다.

또한, 시험 결과의 분류 방법을 부속서 A에서 규정한다.

2. 인용표준

다음의 인용표준은 이 표준의 적용을 위해 필수적이다. 발행연도가 표기된 인용표준은 인용된 판만을 적용한다. 발행연도가 표기되지 않은 인용표준은 최신판(모든 추록을 포함)을 적용한다.

KS B 0534 초음파 탐상 장치의 성능 측정 방법

KS B 0535 초음파 탐촉자의 성능 측정 방법

KS B 0544 알루미늄 및 알루미늄 합금 용접부의 초음파 탐상 시험의 기술 검정에서의 시험방법 및 판정 기준

KS B 0550 비파괴 시험 용어

KS B 0831 초음파 탐상 시험용 표준 시험편

3. 용어와 정의

이 표준의 목적을 위하여 KS B 0550에 규정된 용어와 정의 및 다음을 적용한다.

3.1 진동자의 등가 치수

시험체 중으로 굴절 통과한 초음파의 진행 방향에서 보았을 때의 겉보기의 진동자 치수는 [ ]를 사용하여 실치수와 구별한다.

3.2 흠의 지시 길이

탐촉자의 이동 거리에 따라 측정한 흠의 겉보기 길이

4. 시험 기술자

초음파 탐상 시험을 수행하는 기술자는 KS B 0544를 바탕으로 한 B종 시험에 합격한 자 또는 이와 동등 이상의 기량을 가진 자로 한다.

5. 탐상 장치의 사용 조건

5.1 탐상기의 사용 조건

5.1.1 증폭 직선성

증폭 직선성은 KS B 0534의 4.1(증폭 직선성)에 따라 측정하여 ±3 %로 한다.

5.1.2 시간축의 직선성

시간축의 직선성은 KS B 0534의 4.2(시간축 직선성)에 따라 측정하여 ±1 %로 한다.

5.1.3 감도 여유값

감도 여유값은 KS B 0534의 4.3(수직 탐상의 감도 여유값)에 따라 측정하여 40 dB 이상으로 한다.

5.1.4 사용 조건의 확인

5.1.1～5.1.3의 사용 조건에 대해서는 KS B 0534에 따라 장치의 사용 개시 시 및 12개월마다 확인한다.

5.2 경사각 탐촉자의 사용 조건

5.2.1 주파수

공칭 주파수는 5 MHz, 시험 주파수는 4.5～5.5 MHz로 한다.

5.2.2 진동자 및 굴절각

진동자의 치수 및 알루미늄 중에서의 공칭 굴절각은 표 1에 나타낸 것을 사용한다. 또한, 공칭 굴절각과 탐상 굴절각의 차는 ±2°로 한다.

[표 1] 경사각 탐촉자의 진동자 치수와 공칭 굴절각

진동자의 치수(mm)	공칭 굴절각
등가 치수 [5×5] [10×10]	40° 45° 50° 55° 60° 65° 70°
실치수 5×5 10×10	

5.2.3 빔 중심축의 치우침

빔 중심축의 치우침은 KS B 0535의 14.1(빔 중심축의 편심과 편심각)에 따라 측정하여, 판독 단위 1°로 측정하여 이 각도가 2°를 넘지 않는 것으로 한다.

5.3 표준 시험편(STB) 및 대비 시험편(RB)

5.3.1 표준 시험편

표준 시험편은 KS B 0831에 규정하는 STB-A1, STB-A3 또는 STB-A31을 사용한다.

5.3.2 대비 시험편

대비 시험편(RB-A4 AL)은 시험체 또는 시험체와 초음파 특성이 비슷한 알루미늄으로 제작하고, 그 모양 및 치수는 그림 1 및 표 2에 따른다. 또한, 그림 1에 규정하는 이외의 위치에 표준 구멍을 추가하여도 좋다.

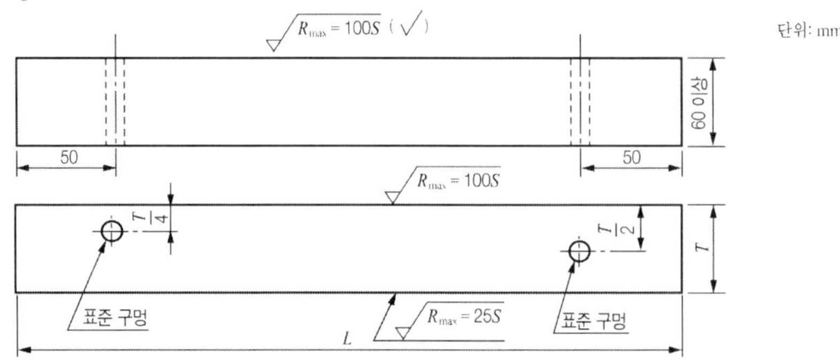

비고 L: 대비 시험편의 길이(사용하는 빔 노정에 의해 정한다.)
T: 대비 시험편의 두께(표 2 참조)

[그림 1] 대비 시험편 (RB-A4 AL)의 모양

[표 2] 대비 시험편(RB-A4 AL)의 치수

단위: mm

시험편의 호칭	시험편의 적용 측정 범위	대비 시험편의 두께 T	표준 구멍의 지름
No. 1	100 이하	12.5 또는 t[a]	2.0
No. 2	200 이하	25 또는 t	5.0
No. 3	250 이하	50 또는 t	5.0

[a] t : 시험편 모재의 두께

5.3.3 표준 시험편 및 대비 시험편의 종류와 용도

표준 시험편 및 대비 시험편의 종류와 용도는 표 3에 따른다.

[표 3] 표준 시험편 및 대비 시험편의 종류와 용도

종류	용도
STB-A1	경사각 탐촉자의 입사점의 측정, 측정 범위의 조정
STB-A3 또는 STB-A31	경사각 탐촉자의 입사점의 측정 , 측정 범위 250 mm 이하인 경우의 조정
RB-A4 AL	경사각 탐촉자의 굴절각의 측정, 거리 진폭 특성 곡선의 작성 및 탐상 감도의 조정

5.4 접촉 매질

접촉 매질에는 글리세린 수용액 , 글리세린 페이스트 또는 이것과 동등한 성질을 가진 것을 사용한다.

6. 탐상 시험의 준비

6.1 시험부의 모양 · 치수의 측정

시험부(열 영향부를 포함)에서는 모재의 두께 및 용접부의 모양(덧살의 나비, 용접각의 변형, 눈금차 등)을 측정하여 기록한다.

6.2 탐촉자의 선정

1탐촉자법에 사용하는 경사각 탐촉자의 굴절각은 대상으로 하는 흠에 따라 표 4에 따른다. 기본이 되는 탐상은 공칭 굴절각 70°로 하고, 특히 그루브면의 융합 불량 등의 검출을 목적으로 하는 경우, 그루브 모양을 고려하여 결정한다.

또한, 진동자 치수는 사용하는 빔 노정에 따라 표 5에 따른다.

탠덤 탐상법에 사용하는 탐촉자에 대해서는 대상으로 하는 흠의 깊이 위치에 따라 표 6에 따른다.

[표 4] 1탐촉자법에 사용하는 경사각 탐촉자의 공칭 굴절각

대상으로 하는 흠	공칭 굴절각(θ_N)
전반	70°
그루브면의 융합 불량	90 - α°[a]에 가장 가까운 표 1의 공칭 굴절각
뒷면에 뚫린 용입 불량	45°(모재의 두께가 40 mm 이하인 경우에는 70°이어도 좋다.)

[a] α(°): 베벨각

[표 5] 1탐촉자법에 사용하는 경사각 탐촉자의 진동자의 치수

단위: mm

빔 노정	진동자의 치수
50 이하	[5×5] 또는 5×5
50 초과 100 이하	[5×5], [10×10], 5×5 또는 10×10
100을 넘는 것	[10×10] 또는 10×10

[표 6] 탠덤 탐상법에 사용하는 경사각 탐촉자

흠의 깊이 위치 d (mm)	탐촉자
25 이하	5M[10×10] A70AL 또는 5M10×10A70AL
25를 넘는 것	5M[10×10] A45AL 또는 5M10×10A45AL

6.3 초음파 특성의 차에 의한 감도 보정량의 측정

시험체와 대비 시험편의 초음파 특성의 차이에 의한 감도 보정량 ΔH_{LA}는 탐상에 사용하는 탐촉자 및 그것과 같은 형식의 경사각 탐촉자를 사용하여 다음과 같이 구한다.

$$\Delta H_{LA} = \Delta L_T + 2 \cdot \Delta\alpha \cdot l_{\max} (\mathrm{dB})$$

여기에서 ΔL_T: 시험체와 대비 시험편의 전달 손실량의 차

$\Delta\alpha$: 시험체와 대비 시험편의 감쇠 계수의 차

$l_{\max}$: 탐상에 사용하는 최대 빔 노정

6.4 장치의 조정

6.4.1 입사점의 측정

입사점은 STB-A1, STB-A3 또는 STB-A31을 사용하여 1 mm의 단위로 측정한다.

6.4.2 탐상 굴절각의 측정

탐상 굴절각은 다음 방법으로 측정한다.

a) 1탐촉자법의 경우

RB-A4 AL의 표준 구멍을 표 7에 나타내는 스킵 거리가 되는 위치에서 겨누고, 그림 2에 나타낸 시험체 표면 위에서의 탐촉자와 표준 구멍과의 거리 y를 측정하여 깊이 d에서 다음 식에 따라 탐상 굴절각 θ를 0.5.단위로 구한다.

$$\theta = \tan^{-1}\left(\frac{y}{d}\right)(^\circ)$$

[표 7] 탐상 굴절각의 측정에 사용하는 RB-A4 AL의 스킵 거리

진동자 치수(mm)	공칭 굴절각	RB-A4 AL(No.1)	RB-A4 AL(No.2)	RB-A4 AL(No.3)
[5×5] 또는 5×5	40°~60°	3/8 스킵	1/4 스킵	1/8 스킵
	65°, 70°	1/4 스킵		
[10×10] 또는 10×10	40°~60°	5/4 스킵	3/4 스킵	3/8 스킵
	65°, 70°	5/8 스킵	3/8 스킵	1/4 스킵

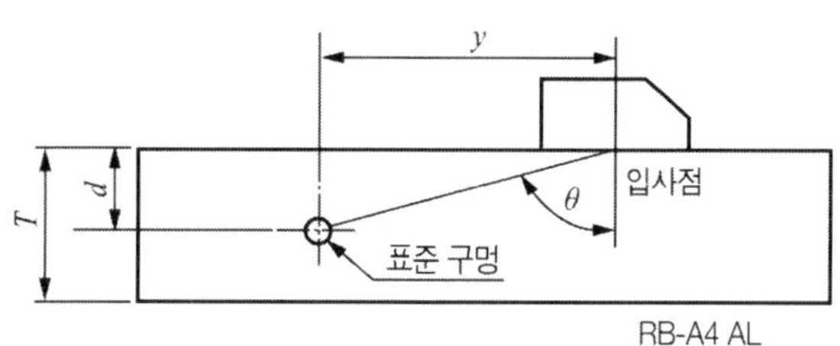

[그림 2] 1탐촉자법에서의 탐상 굴절각의 측정 방법

b) **탠덤 탐상법의 경우**

STB 굴절각의 차가 ±1°인 2개의 탐촉자를 사용하여 그림 3과 같이 시험체의 모재부에서 *V*투과 펄스를 구하여, 그때의 입사점의 간격 y 및 모재의 두께 t에서 다음 식에 따라 탐상 굴절각 θ를 0.5° 단위로 구한다.

$$\theta = \tan^{-1}\left(\frac{y}{2t}\right)(^\circ)$$

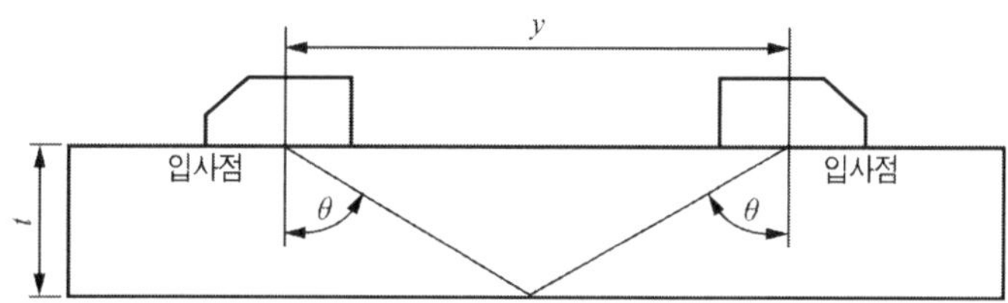

[그림 3] 탠덤 탐상법에서의 탐상 굴절각의 측정 방법

6.4.3 측정 범위의 조정

측정 범위의 조정은 STB-A1, STB-A3 또는 STB-A31을 사용하여 실시하고 다음에 따른다.

a) **측정 범위가 100 mm 및 200 mm인 경우**

STB-A1의 R100 mm 및 STB-A3 또는 STB-A31의 R50 mm가 알루미늄 중에서 각각 98 mm 및 49 mm에 상당하는 것으로서 측정 범위를 조정한다.

b) **측정 범위가 125 mm 및 250 mm인 경우**

STB-A1의 R100 mm 및 STB-A3 또는 STB-A31의 R50 mm가 알루미늄 중에서 각각 97.5 mm 및 48.75 mm 에 상당하는 것으로서 측정 범위를 조정한다.

c) **측정 범위가 250 mm를 넘는 경우**

STB-A1의 R100 mm가 알루미늄 중에서 98 mm 또는 97.5 mm에 상당하는 것으로서 측정 범위를 조정한다.

6.4.4 장치의 조정 시기

장치의 조정은 작업 개시시 및 그 후 4시간 이내마다 실시한다.

6.5 거리 진폭 특성 곡선의 작성

거리 진폭 특성 곡선의 작성은 다음에 따른다.

a) 거리 진폭 특성 곡선의 작성은 RB-A4 AL 및 탐상에 사용하는 탐촉자에 사용한다.

b) 거리 진폭 특성 곡선은 표시기 눈금판 또는 그것을 덮는 보조 눈금판에 직접 기입한다.

c) 표 6에 나타낸 스킵 거리보다 빔 노정이 짧은 범위는 그 스킵의 에코 높이로 한다.

d) 사용하는 빔 노정의 범위 내에서 거리 진폭 특성 곡선의 높이가 90 % 이하이며 10 % 이상이 되도록 작성한다.

7. 1탐촉자법

7.1 기준 레벨 및 평가 레벨

7.1.1 기준 레벨

기준 레벨은 RB-A4 AL의 표준 구멍에서의 에코 높이의 레벨에 6.3에 나타낸 감도 보정량을 더하여 기준 레벨로 하고, H_{RL}로 나타낸다.

또한, RB-A4 AL의 No.1의 지름 2.0 mm의 표준 구멍을 사용하는 경우에는 가로 구멍의 지름차에 의한 감도 보정량을 −4 dB로 한다.

7.1.2 평가 레벨

에코 높이에 따라 흠을 평가하기 위하여 6.5에 규정한 거리 진폭 특성 곡선을 기준 레벨로 하여 표 8에 나타낸 A, B 및 C의 3종류의 평가 레벨을 만든다.

[표 8] 평가 레벨과 에코 높이의 레벨

평가 레벨의 종류	에코 높이의 레벨
A 평가 레벨	H_{RL} − 12 dB
B 평가 레벨	H_{RL} − 18 dB
C 평가 레벨	H_{RL} − 24 dB

7.2 평가 레벨의 지정

시험의 목적에 따라 A 평가 레벨, B 평가 레벨 또는 C 평가 레벨 중 어느 쪽을 지정한다.

7.3 탐상면 및 주사 범위

탐상면 및 주사 범위는 그 시험체의 모재의 두께에 따라 a)~c)와 같이 정한다. 다만, 대상으로 하는 흠이 그루브면의 융합 불량인 경우에는 그루브면을 수직에 가까운 방향에서 겨눌 수 있는 탐상면 및 탐촉자 위치를 선정하도록 한다.

a) 모재의 두께가 40 mm 이하인 경우, 한쪽 면에서 직사법 및 1회 반사법에 의해 탐상한다[그림 4 a) 참조].
b) 모재의 두께가 40 mm를 넘고 80 mm 이하인 경우, 양면 양쪽에서 직사법에 의해 탐상한다[그림 4 b) 참조]. 다만, 용접부의 모양 등에 따라, 특히 1회 반사법에 의해 탐상이 필요한 경우에는 대상으로 하는 흠의 존재가 예상되는 위치에서 초음파가 충분히 전반하는 것을 확인한 후에 한쪽 면 양쪽에서 직사법 및 1회 반사법에 의해 탐상하여도 좋다.
c) 모재의 두께가 80 mm를 넘는 경우, 양면 양쪽에서 직사법에 의해 탐상한다[그림 4 b) 참조].

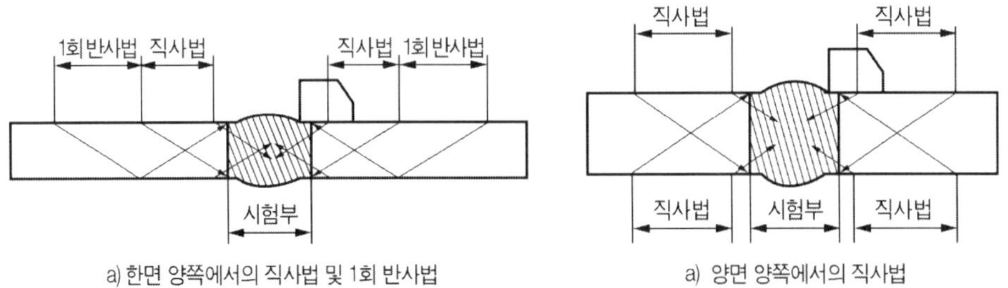

[그림 4] 1탐촉자법에서의 탐상면과 주사 범위

7.4 평가의 대상으로 하는 흠과 그 구분

최대 에코 높이를 나타내는 위치 및 방향으로 탐촉자를 놓고, 그 최대 에코 높이가 7.2에서 지정한 평가 레벨을 넘는 경우에는 탐촉자의 위치, 빔 노정, 용접 이음의 상황 등에서 흠인지의 여부를 판정한다. 흠으로 판정된 것을 평가 대상으로 하여, 표 9에 따라 A종, B종 또는 C종 중 어느 쪽으로 구분한다.

[표 9] 흠의 구분과 에코 높이

흠의 구분	에코 높이
A종	A 평가 레벨을 넘는 것
B종	A 평가 레벨 이하로 B 평가 레벨을 넘는 것
C종	B 평가 레벨 이하로 C 평가 레벨을 넘는 것

7.5 흠의 위치 표시

흠의 위치는 최대 에코 높이를 나타내는 위치에 표시한다.

7.6 흠의 지시 길이의 측정

최대 에코 높이를 나타내는 위치에 탐촉자를 놓고 좌우 주사를 한다. 이때, 약간의 전후 주사를 하지만 목 진동 주사는 하지 않는다. 흠으로부터의 에코 높이가 표 10에 나타낸 레벨과 일치하는 탐촉자 위치에서의 빔의 중심축 위의 반사원의 위치를 흠의 끝으로 한다. 탐상면상에서의 흠의 시단과 종단의 간격을 1 mm 단위로 측정하여 흠의 지시 길이로 한다.

또한, 2진동자 수직 탐촉자를 사용한 경우에는 음향 격리면을 용접선에 평행으로 한 경우와 수직으로 한 경우의 양쪽에 대하여 측정하여 양자 중 긴 쪽을 흠의 지시 길이로 한다.

[표 10] 흠의 끝을 정하기 위한 레벨

흠의 구분	흠의 끝을 정하기 위한 레벨
A종	$H_{F\max} - 10\,\text{dB}$[a]
B종, C종	7.2에서 지정한 레벨

[a] H_{Fmax}: 최대 에코 높이

다른 굴절각 또는 다른 탐상면에서 하나의 흠을 검출한 경우, 그림 5와 같이 각각 시단과 종단을 구하고, 그것들의 간격의 최대 길이를 흠의 지시 길이로 한다.

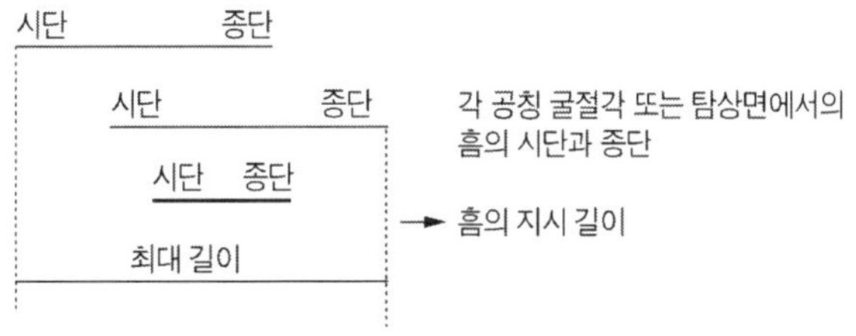

[그림 5] 흠의 지시 길이의 측정

8. 탠덤 탐상법

8.1 기준 레벨 및 평가 레벨

8.1.1 기준 레벨

V 투과 펄스의 레벨을 지름 5.0 mm의 표준 구멍에서의 에코 높이 레벨로 환산하여 기준 레벨로 한다. 기준 레벨은 모재부에서의 V 투과 펄스의 레벨을 H_V로 하고, 모재의 두께 t 및 교축점의 깊이 위치 d에 따라 표 11에서 구한다.

[표 11] 탠덤 탐상법의 기준 레벨 H_{RL}

굴절각	모재의 두께 t(mm)	교축점의 깊이 위치 d mm		
		$d < t/4$	$t/4 < d < t/2$	$d > t/2$
70°	$30 < t < 80$	H_V[a] - 20 dB	H_V - 22 dB	H_V - 24 dB
	$50 < t < 80$	H_V - 22 dB	H_V - 24 dB	H_V - 26 dB
45°	$50 < t < 80$	H_V - 18 dB	H_V - 18 dB	H_V - 18 dB
	$80 < t < 125$	H_V - 18 dB	H_V - 18 dB	H_V - 20 dB
	$125 < t < 200$	H_V - 18 dB	H_V - 20 dB	H_V - 22 dB

[a] H_V(dB): 투과 펄스의 레벨

8.1.2 평가 레벨

평가 레벨은 H_{RL} - 12 dB로 한다.

8.2 탐상면 및 주사 범위

한면 양쪽에서 탐상한다. 주사 범위는 시험부를 초음파 빔이 충분히 덮는 범위로 한다.

8.3 평가의 대상으로 하는 흠과 그 구분

최대 에코 높이를 나타내는 위치에 탐촉자를 놓고, 그 최대 에코 높이가 평가 레벨을 넘는 경우, 탐촉자의 위치와 간격, 용접 이음의 상황 등에서 흠인지의 여부를 판정한다. 흠으로 판정된 것을 평가의 대상으로 하여 모두 A종으로 구분한다.

8.4 흠의 위치의 표시

흠의 위치는 최대 에코 높이를 나타내는 교축점의 위치에서 표시한다.

8.5 흠의 지시 길이의 측정

최대 에코 높이 H_{Fmax}를 나타내는 위치에 탐촉자를 놓고 좌우 주사를 실시한다. 흠에서의 에코 높이가 H_{Fmax} -10 dB과 일치하는 탐촉자 위치에서의 교축점 위치를 흠의 끝으로 한다. 탐상면 위에서의 흠의 시단과 종단의 간격을 1 mm의 단위로 측정하여 흠의 지시 길이로 한다.

또한, 양쪽에서 하나의 흠을 검출한 경우에는 각각 시단과 종단을 구하여, 그것들의 간격의 최대 길이를 흠의 지시 길이로 한다.

9. 시험 결과의 분류 방법

시험 결과의 분류 방법은 부속서 A에 따른다.

10. 기록

시험을 실시한 후, 시험 성적서에는 다음 사항을 기재하고, 기록과 시험체를 언제라도 대조할 수 있도록 해두어야 한다.

a) 시험체에 관한 사항
  1) 시공자명 또는 제조자명
  2) 공사명 또는 제품명
  3) 시험체의 외형 · 치수 및 시험 부위의 기호 또는 번호
  4) 재질
  5) 모재의 두께
  6) 용접부의 이음 모양, 그루브 모양 및 용접 방법

b) 시험 연월일

c) 시험 기술자의 소속, 이름 및 자격

d) 시험 조건
  1) 사용 장치, 시험편 및 재료
    1.1) 탐상기(명칭, 제작 회사, 제조 번호, 점검 연월일, 점검자, 성능 및 사용 조건의 확인 결과)
    1.2) 탐촉자(호칭, 제작 회사, 제조 번호, 점검 연월일, 점검자, 성능 및 사용 조건의 확인 결과)
    1.3) 표준 시험편 및 대비 시험편
    1.4) 접촉 매질
  2) 탐상 방법
  3) 탐상면 및 주사 범위(탐상면의 기호, 반사횟수 등)
  4) 기준레벨 및 평가 레벨
    4.1) 거리 진폭특성 곡선
    4.2) 지정한 평가 레벨

e) 시험 결과
  1) 시험부의 모양 · 치수
  2) 흠 지시의 유무
  3) 흠의 위치
  4) 흠의 구분
  5) 흠의 지시 길이
  6) 흠의 분류

f) 그 밖의 필요 사항

g) 비고

A.1 적용범위

이 부속서는 시험 결과를 분류하는 경우에 적용한다.

A.2 시험 결과의 분류

시험 결과의 분류는 흠의 구분 및 흠의 지시 길이에 따라 표 A.1에 따라 실시한다.

[표 A.1] 흠의 지시 길이에 따른 흠의 분류

단위: mm

분류		모재의 두께 t^a								
		5 이상 20 이하			20 초과 80 이하			80을 초과하는 것		
		A종	B종	C종	A종	B종	C종	A종	B종	C종
흠의 분류	1류	–	5 이하	6 이하	$t/8$ 이하	$t/4$ 이하	$t/3$ 이하	10 이하	20 이하	26 이하
	2류	–	6 이하	10 이하	$t/6$ 이하	$t/3$ 이하	$t/2$ 이하	13 이하	26 이하	40 이하
	3류	5 이하	10 이하	20 이하	$t/4$ 이하	$t/2$ 이하	t 이하	20 이하	40 이하	80 이하
	4류	3류를 넘는 것								

[a] t : 맞대는 모재의 두께가 다른 경우는 얇은 쪽의 두께로 한다.

표 A.1의 적용에 있어서 동일하다고 간주되는 깊이에서 흠과 흠의 간격이 큰 쪽의 흠의 지시 길이와 같거나 그것보다 짧은 경우는 동일의 흠으로 간주하고, 그것들을 간격까지 포함시켜 연속한 흠으로 다룬다. 흠과 흠의 간격이 양자의 흠의 지시 길이 중 흠의 지시 길이보다 긴 경우는 각각 독립한 흠으로 간주한다.

초음파탐상 실험실습

발 행 일 | 2013년 7월 25일
개정2판 | 2019년 8월 1일

글 쓴 이 | 박익근, 김철영
발 행 인 | 박승합
발 행 처 | 노드미디어

주 소 | 서울특별시 용산구 한강대로 341 대한빌딩 206호
전 화 | 02-754-1867
팩 스 | 02-753-1867
이 메 일 | enodemedia@daum.net
홈페이지 | http://www.enodemedia.co.kr

등록번호 | 제302-2008-000043호

I S B N | 978-89-8458-285-9 93550

정가 30,000원